大学软件学院软件开发系列教材

C#程序开发实用教程

(第 2 版) (微课版)

聂世方　编著

清華大学出版社

北　京

内 容 简 介

本书是针对零基础读者编写的C#程序开发入门教材。本书侧重案例实训，书中配有丰富的微课，读者可以打开微课视频，更为直观地学习有关C#程序开发的热点案例。

本书分为16章，包括初识C#语言、C#语言基础、运算符与表达式、流程控制语句、字符与字符串、数组与集合、类与结构、抽象类与接口、窗体与控件、C#中的文件流、C#中的语言集成查询、C#程序的异常和调试、使用ADO.NET操作数据库、C#中的GDI+技术和C#应用程序的打包等内容，最后通过开发热点综合项目——人事管理系统，进一步巩固读者的项目开发经验。

通过书中提供的精选热点案例，可以让初学者快速掌握C#程序开发技术。通过微信扫码看视频，读者可以随时在移动端学习开发技能。

图书在版编目(CIP)数据

C#程序开发实用教程：微课版/聂世方编著. —2版. —北京：清华大学出版社，2022.10
大学软件学院软件开发系列教材
ISBN 978-7-302-61508-8

Ⅰ. ①C… Ⅱ. ①聂… Ⅲ. ①C语言—程序设计—高等学校—教材 Ⅳ. ①TP312.8

中国版本图书馆CIP数据核字(2022)第139338号

责任编辑：张彦青
装帧设计：李　坤
责任校对：李玉萍
责任印制：刘海龙
出版发行：清华大学出版社
网　　址：http://www.tup.com.cn, http://www.wqbook.com
地　　址：北京清华大学学研大厦A座　　邮　　编：100084
社 总 机：010-83470000　　邮　　购：010-62786544
投稿与读者服务：010-62776969, c-service@tup.tsinghua.edu.cn
质量反馈：010-62772015, zhiliang@tup.tsinghua.edu.cn
印 装 者：三河市金元印装有限公司
经　　销：全国新华书店
开　　本：185mm×260mm　　印　张：20.25　　字　数：490千字
版　　次：2013年4第1版　2022年9第2版　　印　次：2022年9第1次印刷
定　　价：75.00元

产品编号：093866-01

前　言

现在学习和关注 C#的人越来越多，而很多 C#的初学者都苦于找不到一本通俗易懂、容易入门和案例实用的参考书。通过本书的案例实训，大学生可以很快地上手流行的工具，提高职业化能力。

本书特色

■ 零基础、入门级的讲解

无论您是否从事计算机相关行业，也无论您是否接触过 C#程序开发，都能从本书中找到最佳起点。

■ 实用、专业的范例和项目

本书在编排上紧密结合深入学习 C#程序开发的过程，从 C#程序开发环境搭建开始，逐步带领读者学习 C#程序开发的各种应用技巧，侧重实战技能，使用简单易懂的实际案例进行分析和操作指导，让读者学起来简明轻松，操作起来有章可循。

■ 随时随地学习

本书提供了微课视频，读者通过手机扫码即可观看，随时随地解决学习中的困惑。

本书微课视频涵盖书中所有知识点，详细讲解每个实例及项目的开发过程及技术关键点。读者比看书能更轻松地掌握书中所讲解的知识，而且扩展的讲解部分使读者能得到比书中更多的收获。

■ 超多容量王牌资源

八大王牌资源为您的学习保驾护航，包括精美教学幻灯片、本书案例源代码、同步微课视频、教学大纲、C#程序开发常见疑难问题解答、12 大 C#企业经典项目、名企招聘考试题库、毕业求职面试资源库。

读者对象

本书是一本完整介绍 C#程序开发技术的教程，内容丰富、条理清晰、实用性强，适合以下读者学习使用：

- 零基础的 C#程序开发自学者
- 希望快速、全面掌握 C#程序开发的人员
- 高等院校或培训机构的老师和学生
- 参加毕业设计的学生

如何获取本书的配套资料和帮助

为帮助读者高效、快捷地学习本书知识点，我们不但为读者准备了与本书知识点有关的配套素材文件，而且还设计并制作了精品视频教学课程，同时还为教师准备了 PPT 课件资源。购买本书的读者，可以通过扫描下方的二维码获取相关的配套学习资源。

读者在学习本书的过程中，使用 QQ 或者微信的扫一扫功能，扫描本书各标题右侧的二维码，在打开的视频播放页面中可以在线观看视频课程，也可以下载并保存到手机中离线观看。

附赠资源

创作团队

本书由聂世方编写。在编写本书过程中，笔者尽量争取将 C#程序开发所涉及的知识点以浅显易懂的方式呈现给读者，但难免有疏漏和不妥之处，敬请读者不吝指正。

编　者

目　录

第 1 章

初识 C#语言

C#是微软公司推出的一种精确、简单、类型安全、面向对象的编程语言，它是继 Java 流行起来后所诞生的一种新语言，具有广泛的应用性，且功能强大。学习好 C#语言，可以为以后的程序开发之路打下坚实的基础。本章将带领读者步入 C#语言的殿堂，初识 C#语言的世界。

1.1 C#概述

C#是微软公司专门为.NET 量身打造的编程语言，是一种全新的语言，它与.NET 有着密不可分的关系。

1.1.1 认识 C#语言

C#(C sharp)是微软公司设计的一种面向对象的编程语言。C#语言构建在.NET 框架之上，它是由 C 和 C++派生的一种简单、现代、面向对象和类型的编程语言，是微软公司专门为使用.NET 平台而创建的，它不仅继承了 C 和 C++的灵活性，而且能够提供高效的编写与开发功能。

1.1.2 C#语言的特点

C#具有以下特点：

1. 语法简洁

不允许直接操作内存，去掉了 C/C++语言中的指针操作。

2. 彻底的面向对象设计

C#是一种完全面向对象的语言，不像 C++语言，既支持面向过程程序设计，又支持面向对象程序设计。在 C#语言中不再存在全局函数、全局变量，所有的函数、变量和常量都必须定义在类中，避免了命名冲突。C#具有面向对象语言编程的一切特性，如封装、继承、多态等。在 C#的类型系统中，每种类型都可以看作一个对象，但 C#只允许单继承，即一个类只能有一个基类，即单一类的单一继承性，这样可以避免类型定义的混乱。

3. 与 Web 紧密结合

C#与 Web 紧密结合，支持绝大多数的 Web 标准，如 HTML、XML、SOAP 等。利用简单的 C#组件，程序设计人员能够快速地开发 Web 服务，并通过 Internet 使这些服务能被运行于任何操作系统上的应用所调用。

4. 强大的安全性机制

C#具有强大的安全机制，可以消除软件开发中的许多常见错误，并能够帮助程序设计人员使用最少的代码来完成功能，这不但减轻了程序设计人员的工作量，而且有效地避免了错误的发生。另外，.NET 提供的垃圾回收器能够帮助程序设计人员有效地管理内存资源。

5. 兼容性

C#遵守.NET 的通用语言规范(Common Language Specification，CLS)，从而能够保证与其他语言开发的组件兼容。

6. 灵活的版本处理技术

在大型工程的开发中，升级系统的组件非常容易出现错误。为了解决这个问题，C#语言本身内置了版本控制功能，使程序设计人员可以更容易地开发和维护各种商业应用。

7. 完善的错误、异常处理机制

对错误的处理能力的强弱是衡量一种语言是否优秀的重要标准。在开发中，即使最优秀的程序设计人员也会出现错误。C#提供了完善的错误和异常触发机制，使程序在交付应用时更加健壮。

1.1.3　认识.NET 框架

学习 C#，就必须简单了解.NET 框架。按照官方给出的定义，.NET 代表的是一个集合、一个环境，它可以作为平台支持下一代 Internet 的可编程结构。而 C#就是.NET 的代表性语言。.NET 框架是微软公司推出的编程平台，Visual Studio 2019 所使用的版本是 4.7.2。

C#是专门为了与.NET Framework 一起使用而设计的，.NET Framework 是一个功能非常丰富的平台，集开发、部署和执行分布式应用程序于一身。在安装 Visual Studio 2019 的同时，.NET Framework 4.7.2 也会被安装到本地计算机中。

1.2　C#的开发环境

Visual Studio 2019 是一套比较完善的开发工具集，它不仅用于生成 ASP.NET Web 应用程序、XML Web Services、桌面应用程序和移动应用程序，还提供了在设计、开发、调试和部署 Web 应用程序、XML Web Services 和传统的客户端应用程序时所需的工具。

1.2.1　安装 Visual Studio 2019

在使用 Visual Studio 2019 编程前，要先安装其开发工具。下面将详细介绍安装 Visual Studio 2019 的操作。

01 下载 Visual Studio 2019 安装程序，如图 1-1 所示。

02 双击下载的软件，进入安装界面，如图 1-2 所示。

图 1-1　Visual Studio 2019 程序安装包

图 1-2　Visual Studio 2019 安装界面

03 单击“继续”按钮，会弹出“Visual Studio 2019 程序安装加载页”界面，显示正在加载程序所需的组件，如图 1-3 所示。

04 加载完成后应用程序会自动跳转到“Visual Studio 2019 程序安装起始页”界面，如图 1-4 所示。该界面提示有三个版本可供选择，分别是 Visual Studio Enterprise 2019、Visual Studio Professional 2019 Preview 和 Visual Studio Community 2019 Preview，用户可以根据自己的需求选择。对于初学者而言，一般推荐使用 Visual Studio Community 2019 Preview。

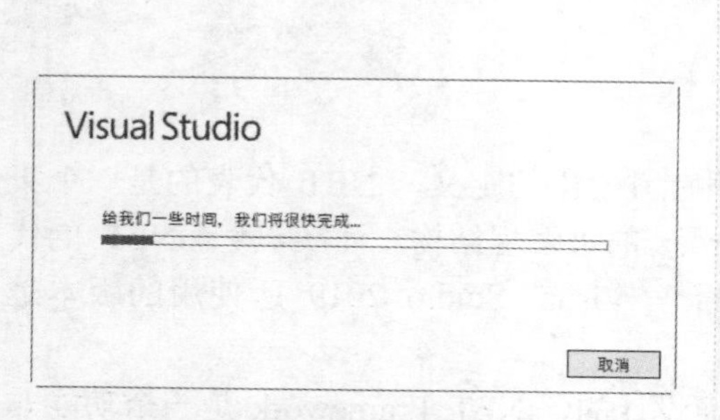

图 1-3　安装加载页

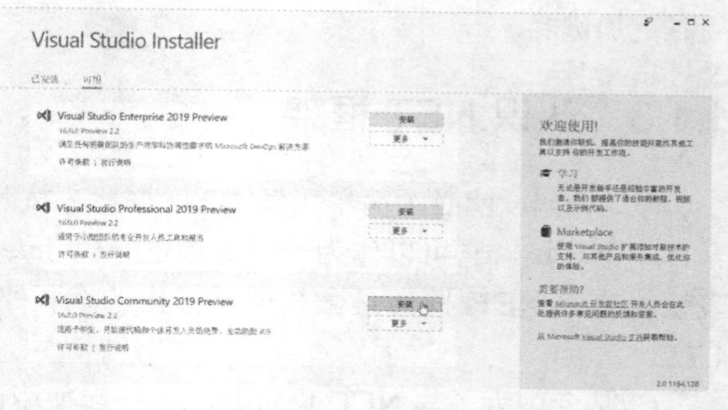

图 1-4　安装起始页

05 单击“安装”按钮，弹出“Visual Studio 2019 程序安装选项页”界面，在该界面的菜单中选择“工作负荷”，然后选择“通用 Windows 平台开发”和“.NET 桌面开发”复选框。用户也可以在“位置”处选择产品的安装路径，如图 1-5 所示。

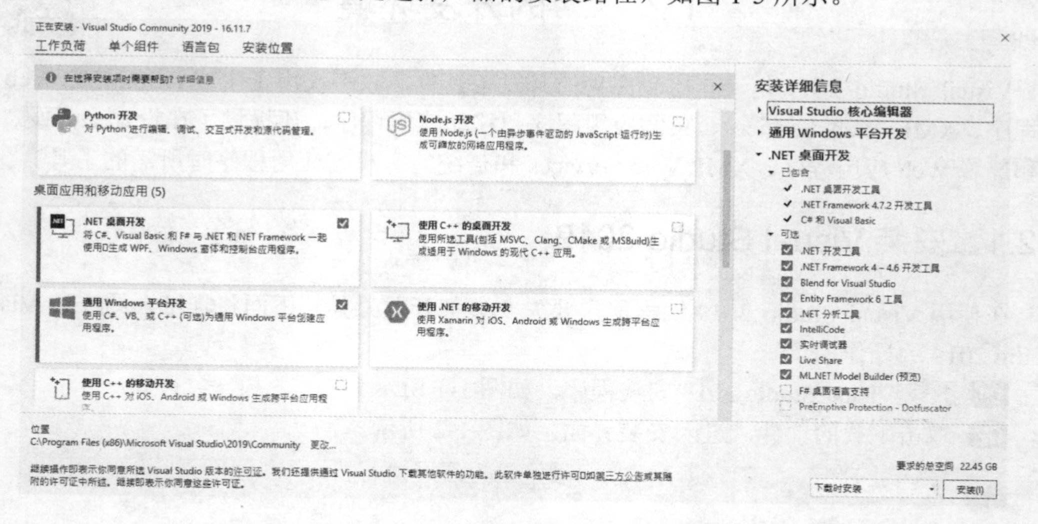

图 1-5　“Visual Studio 2019 程序安装选项页”界面

06 选择好要安装的功能后，单击“安装”按钮，进入如图 1-6 所示的“Visual Studio 2019 程序安装进度页”界面，显示安装进度。安装程序自动执行安装过程，直至该安装过程执行完毕。

图 1-6　“Visual Studio 2019 程序安装进度页”界面

1.2.2　启动 Visual Studio 2019

Visual Studio 2019 安装完毕后，会提示重启操作系统。重新启动操作系统后，即可启动 Visual Studio 2019。

01 单击“开始”按钮，在弹出的菜单中选择“所有程序”➡Visual Studio 2019 Preview 菜单命令，如图 1-7 所示。

02 在 Visual Studio 2019 启动后会弹出“欢迎窗口”界面，如果注册过微软的账户，可以单击“登录”按钮登录微软账户。若不想登录，则可以直接单击“以后再说”跳过登录操作，如图 1-8 所示。

图 1-7　启动 Visual Studio 2019 Preview

图 1-8　“欢迎窗口”界面

03 在弹出的“Visual Studio 界面配置”界面中，单击“开发设置”下拉按钮，选择“Visual C#”选项。主题默认为“蓝色”(这里可以选择自己喜欢的风格)，然后单击“启动 Visual Studio”按钮，如图 1-9 所示。

04 弹出“Visual Studio 2019 起始页”界面，至此程序开发环境安装完成，如图 1-10 所示。

05 单击“继续但无需代码”链接，即可进入 Visual Studio 2019 主界面，如图 1-11 所示。

Visual Studio 2019

打开最近项

克隆或签出代码

打开项目或解决方案

打开本地文件夹

创建新项目

图 1-9 “Visual Studio 界面配置”界面　　图 1-10 “Visual Studio 2019 起始页”界面

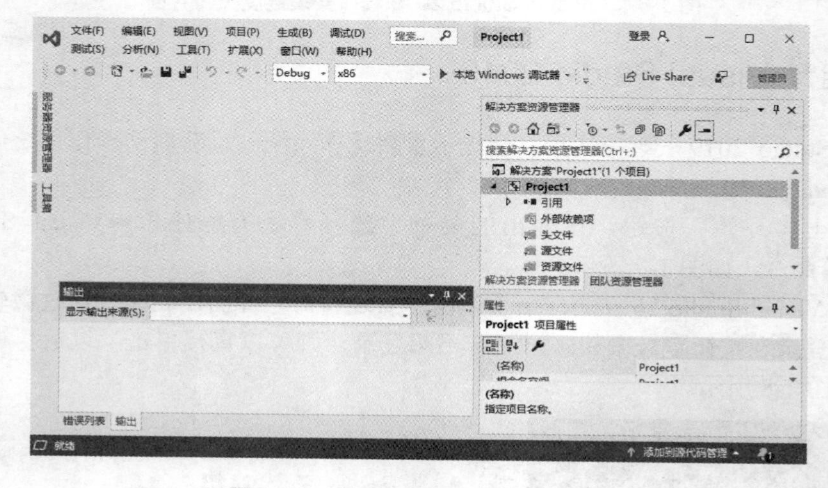

图 1-11 Visual Studio 2019 主界面

1.3 我的第一个 C#程序

本节使用 Visual Studio 2019 和 C#语言来编写名为“Hello World!”的小程序，程序实现后将在控制台上显示“Hello World!”字样。具体的编写步骤如下：

01 启动 Visual Studio 2019，选择“文件”→“新建”→“项目”菜单命令来创建项目，如图 1-12 所示。

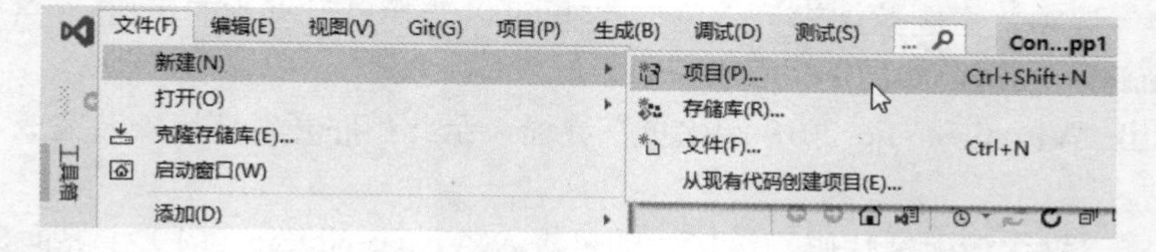

图 1-12 新建项目

02 打开“创建新项目”对话框，选择“控制台应用(.NET Framework)”选项，如图 1-13 所示。

图 1-13　创建项目

03 单击“下一步”按钮，在打开的“配置新项目”对话框中设置项目的名称、解决方案的名称、保存位置等。其中，解决方案的名称与项目名称要统一，如图 1-14 所示。

图 1-14　配置新项目

04 单击“创建”按钮，即可完成项目创建，进入 Visual Studio 2019 的工作界面，如图 1-15 所示。

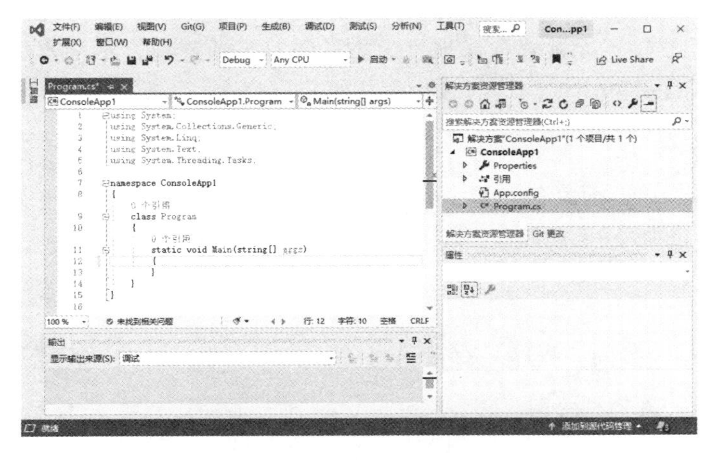

图 1-15　项目创建完成界面

05 在默认打开的 Program.cs 文件中的 Main 方法中输入代码，使用 WriteLine()方法输出“Hello World!”字符串。

06 运行上述程序，结果如图 1-16 所示。

```
static void Main(string[] args)
{
    Console.WriteLine("Hello World!");
    Console.ReadLine();
}
```

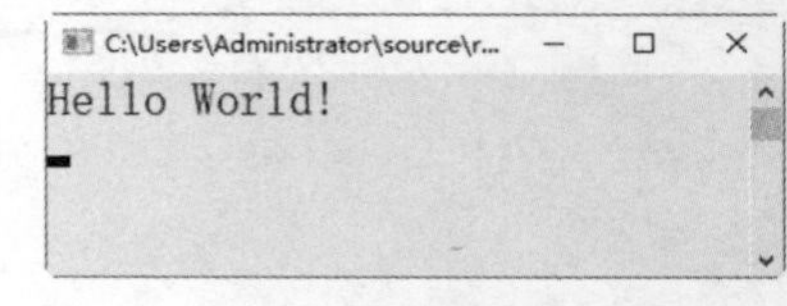

图 1-16 运行结果

在本案例中，通过在 Main 函数下编写代码，使用 WriteLine()方法编写输出数据，并使用 ReadLine()方法以字符串的形式返回结果。

1.4 如何学好 C#

通过前几节的学习，相信读者对 C#有了大致的了解。那么，怎样才能学好 C#语言呢？

1. 选好资料

选择一本适合自己的学习资料，什么样的学习资料是适合初学者的呢？第一，看书的目录，看一下书的目录是否一目了然，是否能让你清楚地知道要学习的架构。第二，所选择的书是否有 80%～90%的内容能看懂。

2. 逻辑清晰

逻辑要清晰，这其实是学习所有编程语言的特点。C#语言的精华是面向对象的思想，就好比指针是 C 语言的精华一样。你要清楚地知道你写这个类的作用，写这个方法的目的。

3. 基础牢固

打好基础很重要，不要被对象、属性、方法等词汇所迷惑，最根本的是先了解基础知识。同时也要养成良好的习惯，这对以后编程很重要。

4. 查看帮助文件

学会看 MSDN 帮助手册，不要因为很难而自己又是初学者所以就不看。虽然它的文字有时候很难看懂，总觉得不够直观，但是 MSDN 永远是最好的参考手册。

5. 多练习

学习 C#要多练、多问，程序只有自己写了、实践了才会掌握，不能纸上谈兵！

1.5 就业面试问题解答

问题 1：为什么在使用 WriteLine()方法时会提示未包含 Writeline 的定义？

答：使用 C#方法的时候一定要注意区分大小写，C#程序的命名方法要注意大小写敏感，否则会造成不必要的麻烦。

问题 2：为什么有的程序在编译的过程中没有错误，但最后计算的结果是错误的呢？

答：程序的编译过程仅仅是检查源程序中是否存在语法错误，编译系统无法检查出源程序中的逻辑思维错误，因此，即使编译过程没有错误，也不能保证程序能够计算出正确的结果。当出现错误时，建议用户尽量修改源程序，在编译阶段最好做到“0 error(s)，0 warning(s)”，从而养成一个良好的编程习惯。

1.6　上机练练手

上机练习 1：输出信息“学习 C#语言并不难！”。

编写程序，在窗口中输出语句“学习 C#语言并不难！”，程序运行结果如图 1-17 所示。

图 1-17　输出信息

上机练习 2：打印星号字符图形。

编写程序，在窗口中输出用星号组成的三角形，程序运行结果如图 1-18 所示。

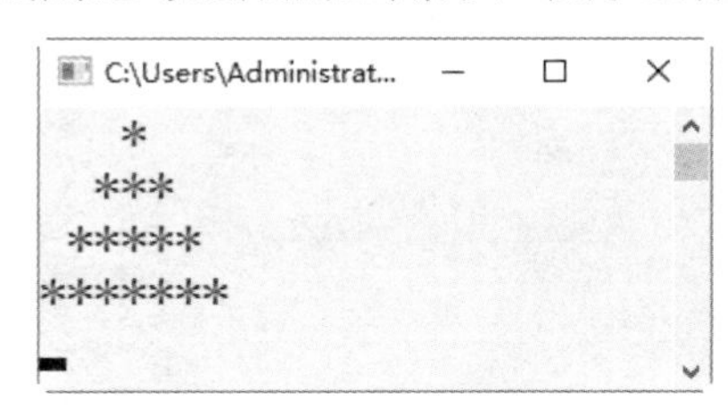

图 1-18　打印三角形

第 2 章

C#语言基础

对于初学者来说，学习编程需要从认识最基本的 C#程序结构以及语言基础开始。本章将带领读者了解 C#程序的开发过程，剖析 C#程序的结构，掌握 C#代码的编写规范，熟练使用 C#的数据类型、常量、变量等。

2.1　剖析第一个 C#程序

C#程序中包含类、命名空间、Main 方法、字符串常量、注释等部分，这些都是 C#程序中经常用到的，与其他语言程序一样，首先从编写一个简单的程序开始学习。下面用 C#语言来编写第一个程序——Hello World！程序。

实例 1　在屏幕上输出 Hello World！(源代码\ch02\2.1.txt)。

```
using System;
using System.Collections.Generic;
using System.Linq;
using System.Text;
using System.Threading.Tasks;
namespace ConsoleApp1
{
    class Program
    {
        static void Main(string[] args)
        {
            Console.WriteLine("Hello World! ");
            Console.ReadLine();
        }
    }
}
```

程序运行的结果如图 2-1 所示。

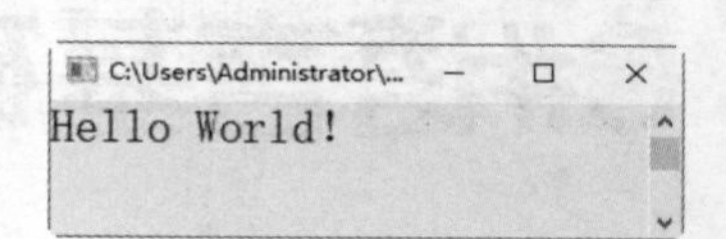

图 2-1　程序运行结果

这是一段输出 Hello World! 的小程序，程序代码中以 using 开头的指令，用于引入命名空间。第 6 行是建立命名空间 ConsoleApp1，第 8 行是在命名空间中声明一个类 Program，从第 10 行开始到结束，是程序执行入口，Main 方法是每个 C#程序都需要有的，大括号({ })代表 Main 方法的函数体，在函数体内可以编写要执行的代码。

C#程序代码中所有的字母、数字、括号以及标点符号均为英文输入法状态下的半角字符，而不能输入中文输入法或者英文输入法状态下的全角字符。如图 2-2 所示为中文输入法状态下的分号，当程序运行时，就会给出相应的错误提示。

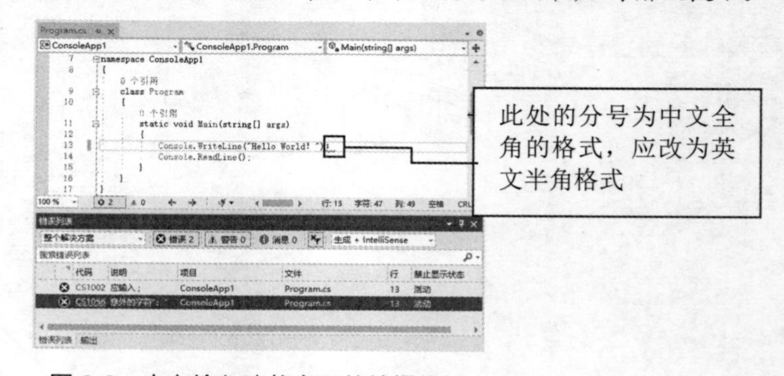

图 2-2　中文输入法状态下的编译错误

2.1.1　注释

在 C#编程中，所谓注释即为对某行或某段代码的解释说明或忽略代码，它的作用是方便自己阅读与维护或让他人能够更好地理解自己的程序，而编译器在编译程序时不会执行注释过的代码。在 C#中，注释分为两种：行注释和块注释。

在“Hello World!”程序中使用行注释，如下：

```
static void Main(string[] args)          //程序的 Main()方法
{
   Console.WriteLine("Hello World!");    //使用 WriteLine()方法编写输出数据
   Console.ReadLine();                   //使用 ReadLine()方法以字符串的形式返回结果
}
```

如果代码中需要注释的行数较少，建议使用行注释，注释的表示形式为“//注释的内容”。

在“Hello World!”程序中使用块注释，如下：

```
/*使用程序的 Main()函数实现输出“Hello World!”字符串
static void Main(string[] args)
{
   Console.WriteLine("Hello World!");
   Console.ReadLine();
}
*/
```

如果需要注释的内容是连续多行的大段代码，建议使用块注释。块注释的表示形式为“/* 注释的内容 */”。

注意

注释可以出现在代码的任何地方，但是不能分割关键字和标识符。

2.1.2　命名空间

在处理大型项目时会创建许多类，有时这些类的名称会相同而发生冲突。有两个途径解决这个问题。一个途径是对这些类重命名，使其不再冲突；另一个途径是使用命名空间，命名空间除了可以避免名称冲突外，还有助于组织代码。在代码中使用命名空间可以降低在其他应用程序中重用此代码的复杂性。

命名空间相当于 Windows 操作系统中的文件夹，文件夹内既可以放置文件也可以放置文件夹，因此命名空间内既可以放置类也可以嵌套另一个命名空间。定义命名空间的格式如下。

```
namespace 命名空间名称
{
…
}
```

其中，namespace 为定义命名空间的关键字；命名空间名称为用户自定义名称。

如果要调用某个命名空间中的类或者方法，首先需要使用 using 指令引入命名空间，基本格式如下。

```
using 命名空间名;
```

注意　命名空间内可以嵌套命名空间，在导入时需要用点将命名空间名隔开，如导入系统的窗体命名空间为 using System.Windows.Forms;。

实例 2　在屏幕上输出"欢迎来到 C#世界"(源代码\ch02\2.2.txt)。

编写程序，创建一个控制台应用程序，建立一个命名空间 N1，在该命名空间中有一个类 A，在项目中使用 using 指令引入命名空间 N1。然后在命名空间 Test 中实例化命名空间 N1 中的类，最后调用该类中的 M 方法。

```
using System;
using N1;   //使用 using 指令引入命名空间 N1
namespace N1   //建立命名空间 N1
{
    class A   //在命名空间 N1 中声明一个类 A
    {
        public void M()
        {
            Console.WriteLine("欢迎来到 C#世界");   //输出字符串
            Console.ReadLine();
        }
    }
}
namespace Test
{
    class Program
    {
        static void Main(string[] args)
        {
            A N2 = new A();        //实例化 N1 中的类 A
            N2.M();                //调用类 A 中的 M 方法
        }
    }
}
```

程序运行结果如图 2-3 所示。在本例中首先编写命名空间 N1 的类 A 代码，接着建立命名空间 Test，并将 N1 中的类 A 实例化，最后调用类 A 中的 M 方法。

图 2-3　命名空间的使用

2.1.3　类

类是一种数据结构，它可以封装数据成员、函数成员和其他的类，是 C#程序的核心与基本构成模块。在使用任何新的类之前都需要对类进行声明。一个类一旦被声明，就可以被当作一种新的类型来使用。在 C#中通过使用 class 关键字来声明类。声明形式如下：

```
[类修饰符]  class  [类名]  [基类或接口]
{
    [类体]
}
```

类名是一种标识符，命名时必须符合标识符的命名规则。类名一般要能够体现出类的含义与用途，类名的首字母一般采用大写形式，也可以使用组合词。

例如，声明一个类 A，该类没有任何意义，只演示如何来声明一个类。

```
class A
{
}
```

2.1.4　Main 方法

Main 方法是程序的入口点，C#程序中有且仅有一个 Main 方法，在该方法中可以创建对象和调用其他方法。Main 方法必须是静态方法，即用 static 修饰。

C#是一种面向对象的编程语言。由于程序启动时还没有创建类的对象，因此，必须将入口点 Main 定义为静态方法，返回值可以为 void 或者 int。Main 方法的一般表示形式如下：

```
[修饰符] static void/int Main([string[ ] args])
{
    [方法体]
}
```

2.1.5　C#语句

语句是构造所有 C#程序的基本单位。语句可以声明局部变量或常数、调用方法、创建对象、赋值等。C#语言中的语句必须以分号结束。例如，声明一个整型变量 score，并给它赋值为 85。代码如下：

```
int score =85;
```

2.2　程序编写规范

本节将详细介绍代码书写过程中的规则以及命名规范，遵循代码的书写规则和命名规范可以使程序代码更加规范化，对代码的理解与维护起着至关重要的作用。

2.2.1　代码书写规则

良好的代码书写习惯对于软件的开发和维护都是有益的，下面介绍 C#代码的书写规则。

(1) 一行不要超过 80 个字符。

(2) 尽量不要手工更改计算机生成的代码，若必须更改，一定要改成和计算机生成的代码风格一样。

(3) 关键性的语句要写注释。

(4) 不要使用 goto 系列语句，除非是为了跳出深层循环。

(5) 避免写超过 5 个参数的方法。

(6) 避免在同一个文件中放置多个类。

2.2.2 命名规范

命名规范在编写代码中起着重要的作用，虽然不遵循命名规范，程序也可以运行，但是遵循命名规范可以很直观地了解代码所代表的含义。下面列出了一些命名规范。

(1) 命名方法和类型名称的第一个字母必须大写，并且后面的连接词的第一个字母也为大写。例如，定义一个公共类，并在该类中创建一个公共方法。代码如下：

```
public class BookStore          //创建一个公共类
{
    public void BookNum()       //在公共类中创建一个公共方法
    {
    }
}
```

(2) 命名局部变量和方法的参数时，名称中第一个单词的第一个字母小写并且连接词的第一个字母大写。例如，声明一个字符串变量和创建一个公共方法。代码如下：

```
string strBookName;   //声明一个字符串变量 strBookName
public void AddBook(string strBookId,int inBookPrice);//创建一个具有两个参数的公共方法
```

(3) 所有的成员变量前加前缀“_”。例如，在公共类 BookStore 中声明一个私有成员变量_connectionString。代码如下：

```
public class BookStore                        //创建一个公共类
{
    private string _connectionString    //声明一个私有成员变量
}
```

2.3 C#数据类型

C#为程序员提供了种类丰富的内置数据类型，包括布尔型、字符型、整型、浮点型等，这些数据类型还被称为值类型。除此之外，还提供了引用数据类型，包括字符串(String)类型、动态(Dynamic)类型、对象(Object)类型。

2.3.1 整型

C#语言中的整型数据类型按符号划分，可以分为有符号(signed)和无符号(unsigned)两类；按长度划分，可以分为普通整型(int)、短整型(short)和长整型(long)三类，如表 2-1 所示。

表 2-1 整型数据

类 型	描 述	范 围	默认值
byte	8 位无符号整数	0～255	0
int	32 位有符号整数	−2 147 483 648～2 147 483 647	0
long	64 位有符号整数	−9 223 372 036 854 775 808～9 223 372 036 854 775 807	0L
sbyte	8 位有符号整数类	−128～127	0

续表

类　型	描　述	范　围	默认值
short	16 位有符号整数	-32 768～32 767	0
uint	32 位无符号整数	0～4 294 967 295	0
ulong	64 位无符号整数	0～18 446 744 073 709 551 615	0
ushort	16 位无符号整数	0～65 535	0

为了得到某个类型或某个变量的存储大小，用户可以使用 sizeof(type)表达式查看对象或类型的存储字节大小。

实例 3　获取整型数据所占字节数并输出(源代码\ch02\2.3.txt)。

```
static void Main(string[] args)
        {
            Console.WriteLine("int 类型所占字节数:"+sizeof(int));
            Console.WriteLine("long 类型所占字节数:" + sizeof(long));
            Console.WriteLine("short 类型所占字节数:" + sizeof(short));
            Console.WriteLine("sbyte 类型所占字节数:" + sizeof(sbyte));
            Console.WriteLine("byte 类型所占字节数:" + sizeof(byte));
            Console.ReadLine();
        }
```

程序运行结果如图 2-4 所示。

```
C:\Users\Administrator\source\repos\...
int类型所占字节数:4
long类型所占字节数:8
short类型所占字节数:2
sbyte类型所占字节数:1
byte类型所占字节数:1
```

图 2-4　获取整型数据类型信息

在编写整型常量时，可以在常量的后面添加“l”或“u”来修饰整型常量。若添加“l”或“L”则表示该整型常量为“长整型”，如“17L”；若添加“u”或“U”则表示该整型常量为“无符号型”，如“17u”。这里的“l”和“u”不区分大小写。

2.3.2　浮点型

浮点数的小数点位置是不固定的，可以浮动，C#语言提供了两种不同的浮点格式，包括单精度型和双精度型，如表 2-2 所示。

表 2-2　浮点型数据

类　型	描　述	范　围	默认值
double	64 位双精度浮点型	-1.79E+308～+1.79E+308	0.0D
float	32 位单精度浮点型	-3.40E+38～+3.40E+38	0.0F

当精度要求不严格时，比如员工的工资，需要保留两位小数，就可以使用 float 类型；double 类型提供了更高的精度，对于绝大多数用户来说足够用了。

实例 4　获取浮点型数据占用的存储空间并输出(源代码\ch02\2.4.txt)。

```
static void Main(string[] args)
        {
            Console.WriteLine("double 类型所占字节数:" + sizeof(double));
            Console.WriteLine("float 类型所占字节数:" + sizeof(float));
```

```
            Console.ReadLine();
        }
```

程序运行结果如图 2-5 所示。

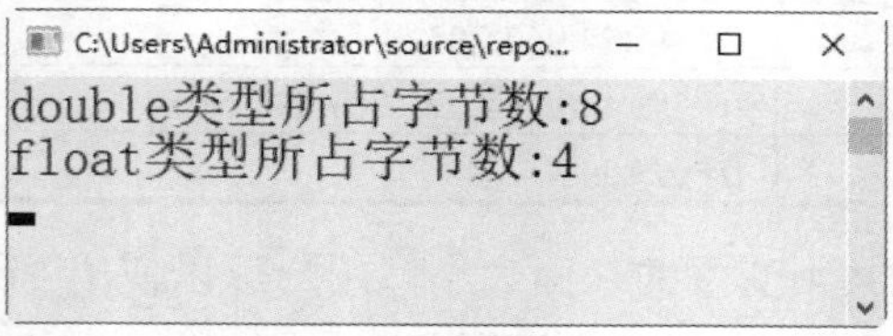

```
C:\Users\Administrator\source\repo...
double类型所占字节数:8
float类型所占字节数:4
```

图 2-5　获取浮点型数据的信息

如果不做任何说明，包含小数点的数值都会被默认为 double 类型，比如 2.58 在没有任何说明的情况下其数值是 double 类型的。如果要把数值以 float 类型来处理，就必须使用 f 或者 F 将其指定为 float 类型，也可以在 double 类型的数据前面加上 float，对其进行强制转换。

2.3.3　字符型

在 C#语言中，字符型数据使用“' '”来表示，如'A' '5' 'm' '$' ';'等，每个字符占两个字节，如表 2-3 所示。

表 2-3　字符型数据

类　型	描　述	范围	默认值
char	16 位 Unicode 字符	U +0000～U +ffff	'\0'

实例 5　输出字符型数据所占字节数(源代码\ch02\2.5.txt)。

```
static void Main(string[] args)
        {
            Console.WriteLine("char 类型所占字节数:" + sizeof(char));
            Console.ReadLine();
        }
```

程序运行结果如图 2-6 所示。

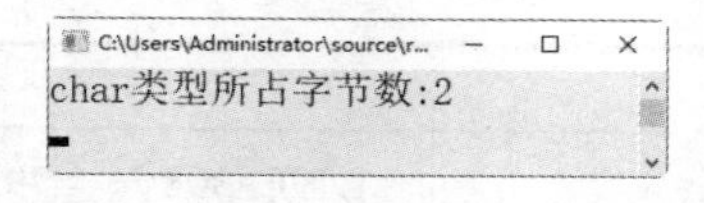

图 2-6　获取字符型数据的信息

2.3.4　布尔型

在逻辑判断中，结果通常只有真和假两个值。C#语言中提供了布尔型(bool)数据来描述真和假。布尔型数据共有两个取值，分别为 true 和 false，true 表示真，false 表示假。

布尔型变量不能与其他类型数据进行转换。如果将整型数据直接赋值给布尔型变量，例如，将 258 赋值给布尔型变量 x，代码如下。

```
bool x=258;
```

在程序运行时会出现如图 2-7 所示的错误提示。

图 2-7　错误提示

布尔类型变量大多数是应用在程序控制语句中的，例如 if 语句。在定义全局变量时，如果没有特殊要求不需要对其进行初始化操作，整型数据和浮点型数据的默认初始化值为 0，布尔型数据的初始化值为 false。

2.3.5　结构类型

C#语言允许用户定义复合值类型，常用的复合值类型包括结构类型和枚举类型。使用结构数据类型可以处理一组类型不同且内容相关的数据。例如，在 C#语言中，作为一个整体的“学生”，可以被定义为结构类型，而学生的学号、姓名、性别、入学成绩等数据可以被定义为结构型成员。

结构型必须使用 struct 来标记，结构型的成员允许包含数据成员、方法成员等。其中，数据成员表示结构的数据项，方法成员表示对数据项的操作。

(1) 定义结构。结构的定义需要使用 struct 关键字，定义格式如下：

```
struct 结构类型名称
{
    public 类型名称 1 结构成员名称 1;
    public 类型名称 2 结构成员名称 2;
…
}
```

“结构类型名称”表示用户定义的新数据类型名称，可以像基本数据类型名称一样用来定义变量，在一对大括号之间定义结构成员。

例如，声明一个矩形结构，该结构定义了矩形的宽 Width 和高 Height，并自定义了一个 Area 方法，用来计算矩形的面积。

```
struct Rect
{
    public double Width;          //定义矩形宽度
    public double Height;         //定义矩形高度
    public double Area()          //定义计算矩形面积的方法
    {
        return Width * Height;
    }
}
```

(2) 声明结构变量。定义结构后，一个新的数据类型就产生了，可以像使用基本数据类型那样，用结构来声明变量，声明上述结构有以下两种方法：

```
Rect MyRect;                      //方法一：声明一个结构变量 MyRect
Rect MyRect = new Rect();         //方法二：使用 new 关键字声明结构变量 MyRect
```

(3) 访问结构变量。一般对结构变量的访问都转化为对结构中的成员的访问，由于结构中的成员都依赖于一个结构变量，因此使用结构中的成员必须指出访问的结构变量。方法是将结构变量和成员用运算符“.”连接在一起，即“结构变量名.成员名”：

```
MyRect.Height = 100;
MyRect.Width = 200;
```

也可以用一个结构变量为另一个结构变量赋值，例如：

```
Rect RectSecond = MyRect;    //用结构变量 MyRect 为结构变量 RectSecond 赋值
```

实例 6 使用结构类型输出书籍信息(源代码\ch02\2.6.txt)。

定义一个结构类型 Book，包含的结构成员有 string 类型的 title、string 类型的 author、string 类型的 subject 以及 int 类型的 bookid。在 Main()方法中，将 title 初始化为 C#语言开发，将 author 初始化为张三，将 subject 初始化为 C# Program，将 bookid 初始化为 20220101，最后输出它们。

```
class Program
{
    struct Book   //定义结构类型 Book 以及相关结构成员
    {
        public string title;
        public string author;
        public string subject;
        public int bookid;
    }
    static void Main(string[] args)
    {
        Book C;                       //声明一个结构变量 C
        C.title = "C#语言开发";   //对结构类型 Book 的结构成员进行初始化
        C.author = "张三";
        C.subject = "C# Program";
        C.bookid = 20220101;
        Console.WriteLine("C title:{0}", C.title);
        Console.WriteLine("C author:{0}", C.author);
        Console.WriteLine("C subject:{0}", C.subject);
        Console.WriteLine("C bookid:{0}", C.bookid);
        Console.ReadLine();
    }
}
```

程序运行结果如图 2-8 所示。

本例演示了如何定义一个带有多个成员的类型结构，在使用定义的结构类型时首先要声明结构变量。在对结构变量进行操作时要注意访问结构变量的方法，即“结构变量名.成员名”。

图 2-8　输出图书信息

2.3.6　枚举类型

在程序设计中，有时会用到由若干个有限数据元素组成的集合，如一周内的星期一到星期日七个数据元素组成的集合，由三种颜色红、黄、绿组成的集合，一个工作班组内十个职工组成的集合，等等，程序中某个变量的取值仅限于集合中的元素。此时，可将这些数据集合定义为枚举类型。

(1) 定义枚举类型。定义枚举类型使用关键字 enum，定义枚举类型的一般格式如下：

```
enum  枚举类型名称
{
    符号常量 1,
    符号常量 2,
    …
}
```

枚举类型的成员均为除 char 外的整型符号常量，常量名之间用逗号分隔。若枚举类型定义中没有指定元素的整型常量值，则整型常量值从 0 开始依次递增，例如：

```
enum Days
{
    Sun, Mon,Tue,Wed,Thu,Fri,Sat
}   //定义了一个枚举类型"Days",其中 Sun 的值为 0, Mon 的值为 1，其余依此类推
```

枚举常量成员的默认值为 0、1、2……，可以在定义枚举类型时为成员赋予特定的整数值，例如：

```
enum MyEnum
{
    a=101,b,c,
    d=201,e,f
}   //在此枚举中，a 为 101，b 为 102，c 为 103，d 为 201，e 为 202，f 为 203
```

(2) 声明与访问枚举变量。声明枚举变量与声明基本类型变量的格式相同，例如：

```
Days MyDays;   //声明一个枚举变量 MyDays
```

可以在声明枚举变量的同时为变量赋值，枚举变量的值，必须是枚举成员，枚举成员需要用枚举类型引导，例如：

```
Days MyDays = MyDays.Sun;   //为枚举变量 MyDays 赋值 Sun
```

对枚举变量的访问如同对基本类型变量的访问，例如：

```
Days MyDays = MyDays.Sun;
int Week=MyDays;   //将 MyDays 的值赋给整型变量 Week
```

实例 7　**使用枚举类型输出星期数(源代码\ch02\2.7.txt)。**

创建一个控制台应用程序，定义一个枚举类型 Days，枚举成员为 Sun、Mon、Tue、Wed、Thu、Fri、Sat。将枚举变量 WeekdayStart 赋值为 Mon，将 WeekdayEnd 赋值为 Fri，最后输出它们。

```
class Program
{
    enum Days { Sun,Mon,Tue,Wed,Thu,Fri,Sat};   //定义枚举类型 Days，并赋值
    static void Main(string[] args)
    {
        Days WeekdayStart = Days.Mon;   //为枚举变量 WeekdayStart 赋值 Mon
        Days WeekdayEnd = Days.Fri;   //为枚举变量 WeekdayEnd 赋值 Fri
        Console.WriteLine("WeekdayStart:{0}", WeekdayStart);
        Console.WriteLine("WeekdayEnd: {0}", WeekdayEnd);
        Console.ReadLine();
    }
}
```

程序运行结果如图2-9所示。

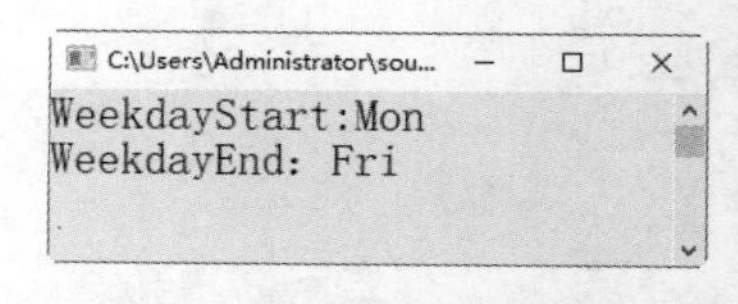

图2-9 枚举类型的应用

本例在为枚举变量赋值时并没有指定变量的类型，因为枚举成员的默认值为0、1、2等整数值。如果我们需要指定变量WeekdayStart的类型，则需要使用强制类型转换。

2.3.7 引用数据类型

C#语言中的引用类型需要使用new关键字来实例化引用类型的对象，并指向堆栈中的对象数据。例如，声明一个Object类型的对象obj，需要使用new关键字。代码如下：

```
object obj = new object();
```

C#语言中的引用类型包括内置引用类型和自定义引用类型两种。其中，内置引用类型是对象(Object)和字符串(String)，自定义引用类型包括数组、类和接口等。

1. 字符串(String)类型

字符串类型是Unicode字符的有序集合，使用string关键字，通常用于表示文本，由双引号括起来的零个或零个以上字符构成。例如，"" "123" "a" "@#$"等都是合法的字符串常量。

在编程过程中，字符串使用非常广泛，C#语言为了让编程人员更广泛灵活地操控字符串数据，提供了非常好用的方法完成字符串连接、字符定位、字符串比较等操作，如表2-4所示。

表2-4 String类型对象的常用方法和说明

方 法	说 明
Length	Length方法返回字符串的长度，长度等于字符串包含的字符数
Clone	返回对String类实例的引用
CompareTo	将当前字符串同另一个字符串进行比较。如果当前字符串更小，就返回一个负数；如果字符串相等，就返回0；如果字符串更大，就返回一个正数
CopyTo	将指定数目的字符从此实例中指定位置复制到Unicode字符数组中指定位置
Equals	比较两个字符串，以确定它们是否包含相同的值。如果是就返回true，否则返回false
IndexOf	返回字符串中第一次出现的某个字符或字符串索引(位置)，如果没有这样的字符或字符串，就返回-1
LastIndexOf	返回字符串中最后一次出现的某个字符或字符串的索引(位置)，如果没有这样的字符或字符串，就返回-1
Insert	在实例中的指定索引位置插入一个指定的String类的实例
Trim	从当前 String 对象移除一组指定字符的所有前导匹配项和尾部匹配项
PadLeft	将字符串右对齐，并在左边填充指定的字符(或空格)
PadRight	将字符串左对齐，并在右边填充指定的字符(或空格)
Remove	从字符串的指定位置开始删除指定数目的字符

在计算字符串长度时，无论中文、英文，一个汉字、一个字母都是一个字符，所以“C#程序设计”的字符长度是6。

2. 动态(Dynamic)类型

用户可以在动态数据类型变量中存储任何类型的值，声明动态类型的语法格式如下：

```
dynamic <variable_name> = value;
```

例如：

```
dynamic d = 20;
```

动态类型与对象类型相似，但是对象类型变量的类型检查是在编译时发生的，而动态类型变量的类型检查是在运行时发生的。

3. 类、接口

类在 C#和.NET Framework 中是最基本的用户自定义类型。类也是一种复合数据类型，包括属性和方法。接口用于实现一个类的定义，包括属性、方法的定义等。

实例 8　类与接口应用实例(源代码\ch02\2.8.txt)。

创建一个控制台应用程序，在其中创建一个类 A，在该类中声明一个字段 value 并初始化为 0，然后在程序中通过 new 创建对该类的引用类型变量，最后输出其值。

```
class Program
{
    class A   //创建一个类 A
    {
        public int value = 0;   //声明一个公共 int 类型变量 value
    }
    static void Main(string[] args)
    {
        int v1 = 0;   //声明一个 int 类型变量 v1 初始化为 0
        int v2 = v1;   //声明一个 int 类型的变量 v2，并将 v1 赋值给 v2
        v2 = 258;   //重新将变量 v2 赋值为 258
        A b1 = new A();   //使用 new 关键字创建引用对象
        A b2 = b1;   //使 b1 等于 b2
        b2.value = 147;   //设置变量 b2 的 value 值
        Console.WriteLine("v1={0},v2={1}", v1, v2);   //输出变量 v1 和 v2
        Console.WriteLine("b1={0},b2={1}", b1.value, b2.value);//输出引用类型对象的 value 值
        Console.ReadLine();
    }
}
```

程序运行结果如图 2-10 所示。

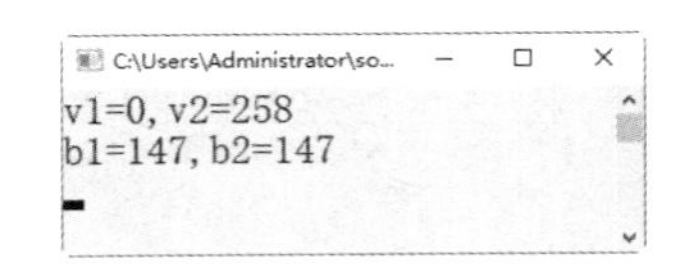

图 2-10　输出数值

在本例中注意 new 关键字引用对象的方法，代码中“A b2 = b1”的意思是 b1 和 b2 指向同一内存地址，所以 b1 为 147，b2 也为 147。引用类型变量中保存的是指向实际数据的引用指针。在进行赋值操作的时候，它和值类型一样，也是先有一个复制的操作，不过它复制的不是实际的数据，而是引用(真实数据的内存地址)。所以引用类型变量在赋值的时候，赋给另一个变量的实际上是内存地址。这样赋值完成后，两个引用变量中保存的是同一个引用，它们的指向完全一样。

2.3.8　值类型和引用类型的区别

从概念上来讲，值类型通常分配在内存的堆栈(stack)上，并且不包含任何指向实例数据的指针，因为变量本身就包含其实例数据。值类型数据要么在堆栈上，要么内联在结构中。而引用类型实例分配在内存的托管堆(managed heap)上，变量保存了实例数据的内存引用。

实例 9　值类型与引用类型应用实例(源代码\ch02\2.9.txt)。

创建一个控制台应用程序，声明一个值类型 struct 结构 V 和一个引用类型 class 类 A，并分别为它们定义一个 int 类型变量 N。实例化类 A 的对象 S2 并赋值为 S1，更改 S2 变量的值为 11。实例化结构 V 的对象 R2 并赋值为 R1，更改 R2 变量的值为 22，输出 S1、S2、R1 和 R2。

```
class Program
{
    public struct V   //定义结构V
    {
        public int N;   //定义 int 型变量N
    }
    public class A   //定义类A
    {
        public int N;   //定义 int 型变量N
    }
    static void Main(string[] args)
    {
        A S1 = new A();   //对类A创建一个名为S1的对象并赋值10
        S1.N = 10;
        A S2 = S1;   //对类A创建一个名为S2的对象并赋值S1
        S2.N = 11;   //更改S2的变量值为11
        Console.WriteLine("S1={0} \t S2={1}", S1.N, S2.N);
        V R1 = new V();   //对结构V创建一个名为R1的对象并赋值20
        R1.N = 20;
        V R2 = R1;   //对结构V创建一个名为R2的对象并赋值R1
        R2.N = 22;   //更改R2变量的值为22
        Console.WriteLine("R1={0} \t R2={1}", R1.N, R2.N);
        Console.ReadLine();
    }
}
```

程序运行结果如图 2-11 所示。

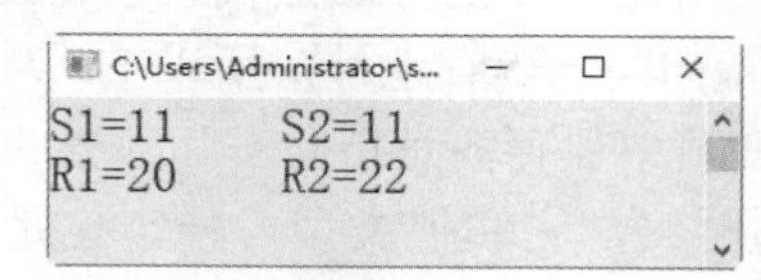

图 2-11　值类型与引用类型的区别

本例的运行结果中显示，S1 与 S2 最终输出值均为 11，说明两个引用类型 S1、S2 都指向了同一个托管堆上的内存空间，当其中一个发生改变的时候，另一个也会发生变化。而由结构 V 实例化出来的对象虽然使用 R2=R1，把 R1 赋值给 R2，但是它在线程栈中分配的是独立的内存空间，当修改某个值的时候，并不会影响到另一个对象，如图 2-12 所示。

总之，值类型和引用类型的区别如下：

(1) 存储位置不一样。

(2) 如果是引用类型，当两个对象指向同一个内存空间时，对其中一个进行赋值操作，另一个对象的值也会发生变化。

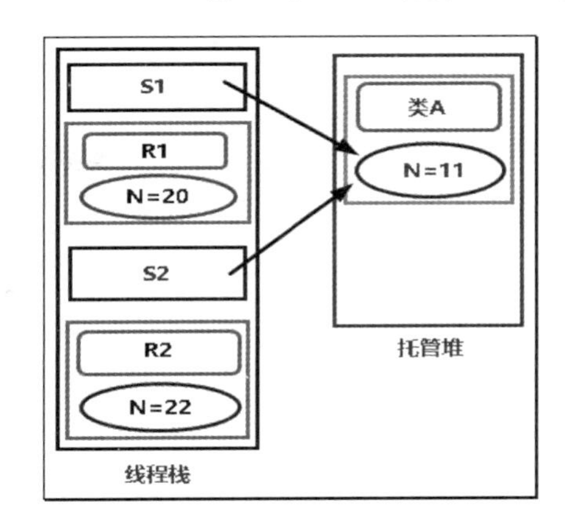

图 2-12　线程栈与托管堆的区别

2.4　数据类型转换

在实际应用中，经常需要在不同类型的数据之间进行操作，这就需要一种新的语法，这个语法就是数据类型转换。类型转换分为隐式转换和显式转换两种。

2.4.1　隐式转换

所谓隐式转换就是不需要声明，而由编译器自动安全地转换成另一种类型。隐式转换是将占用内存空间小的类型转换成占用内存空间大的类型。例如，32 位的 int 型可以隐式转换成 64 位的 double 类型，例如：

```
int x = 3;      //声明 int 类型变量 x
double y = x;  //将 x 值隐式转换成 double 类型再赋值给 y
```

C#语言支持的隐式转换如表 2-5 所示。

表 2-5　C#语言支持的隐式转换

源类型	目标类型
sbyte	short、int、long、float、double、decimal
byte	short、ushort、int、uint、long、float、double、decimal
short	int、long、float、double、decimal
ushort	int、uint、long、ulong、float、double、decimal
int	long、float、double、decimal
uint	long、ulong、float、double、decimal
long	float、double、decimal
ulong	float、double、decimal
float	double
char	ushort、int、uint、long、ulong、float、double、decimal

通过表 2-5，可以发现范围小的类型向范围大的类型转换基本都能成功。存在以下两种特殊情况：

(1) 不存在浮点型和 decimal 类型间的隐式转换。

(2) 不存在到 char 类型的隐式转换。

例如，将整型赋值给字符型，代码如下：

```
int i = 'Z';        //成功，Z 的 Unicode 码为 96，i 的值为 96
char c = 65;        //失败，数字类型无法隐式转换成字符类型
```

当一种类型的值转换为大小相等或更大的另一种类型时，则发生扩大转换。当一种类型的值转换为较小的另一种类型时，则发生收缩转换。例如，将 int 类型的值隐式转换为 long 类型，代码如下：

```
int i=258;    //声明一个整型变量 i 并初始化为 258
long j=i;     //隐式转换成 long 类型
```

2.4.2 显式转换

显式转换也可以称为强制转换，需要在代码中明确地声明要转换的类型。在实际应用中，不同类型数据间要进行运算，隐式转换已无法满足需要，就必须采用显式转换来完成。例如，标签控件 Text 是 string 类型的，如果将 3+2 的结果赋值给该属性，就必须强制转换成 string 类型后，操作才能成功。需要进行显式转换的数据类型如表 2-6 所示。

表 2-6　C#语言支持的显式转换

源类型	目标类型
sbyte	byte、ushort、uint、ulong、char
byte	sbyte、char
short	sbyte、byte、ushort、uint、ulong、char
ushort	sbyte、byte、short、char
int	sbyte、byte、short、ushort、uint、ulong、char
uint	sbyte、byte、short、ushort、int、char
char	sbyte、byte、short
float	sbyte、byte、short、ushort、int、uint、long、ulong、char、decimal
ulong	sbyte、byte、short、ushort、int、uint、long、char
long	sbyte、byte、short、ushort、int、uint、ulong、char
double	sbyte、byte、short、ushort、int、uint、ulong、long、char、decimal
decimal	sbyte、byte、short、ushort、int、uint、ulong、long、char、double

在 C#语言中提供了三种显式转换的方法：在数据前直接加上类型、类型的 Parse 方法和 Convert 类的方法。

(1) 在数据前直接加上类型。

```
(类型)(表达式)
```

例如，下述代码实现了将 int 类型转换成 char 类型和 long 类型。

```
int IntType = 97;
```

```
char CharType = (char)IntType;
long LongType = 100;
int IntType  = LongType;         //错误，需要使用显式强制转换
int IntType = (int)LongType;    //正确，使用了显式强制转换
```

(2) 类型的 Parse 方法。

Parse 方法可以将数字字符串类转换为与之等价的值类型。

```
类型.Parse(数字字符串)
```

例如，下述代码实现了将字符串类型转换成整型。

```
string StringType = "12345";
int IntType = (int)StringType;                 //错误，string 类型不能直接转换为 int 类型
int IntType = Int32.Parse(StringType);         //正确
```

(3) Convert 类的方法。

Convert 类提供多种类型间的转换，包括值类型与引用类型间的转换，引用类型到值类型的转换。

例如，下述代码展示了 Convert 类的转换方法。

```
Long LongType = 100;
string StringType = "12345";
object ObjectType = "54321";
int IntType = Convert.ToInt32(LongType);      //正确，将 long 类型转换成 int 型
int IntType = Convert.ToInt32(StringType);    //正确，将 string 类型转换成 int 型
int IntType = Convert.ToInt32(ObjectType);    //正确，将 object 类型转换成 int 型
```

2.4.3 装箱和拆箱转换

装箱和拆箱的概念是 C#语言的类型系统的核心。它在“值类型”和“引用类型”之间架起了一座桥梁，使任何“值类型”的值都可以转换为 object 类型的值，反过来转换也可以。装箱和拆箱使程序员能够统一地考察类型系统，其中任何类型的数据最终都可以作为对象处理。

为了保证效率，值类型是在栈中分配内存，在声明时初始化才能使用，不能为 NULL(空值)，而引用类型在堆中分配内存，初始化时默认为 NULL。

1. 装箱

装箱就是将一个值类型变量隐式地转换为引用类型对象，虽然也可以显式转换，但一般不需要这样做。对值类型进行装箱会在堆中分配一个对象实例，并将该值复制到新的对象中。例如，下述代码完成了值类型向引用类型的转换。

```
int val = 2017;
object obj = val;   //把值类型装箱成引用类型，隐式转换
```

实例 10　通过装箱隐式转换数据类型(源代码\ch02\2.10.txt)。

创建一个控制台应用程序，声明一个整型变量 val 并赋值 2022，然后将其转换为引用类型对象 obj，输出 val 和 obj 的值。再给 val 赋值 2023，最后输出 val 和 obj 的值。

```
class Program
        {
            static void Main(string[] args)
            {
                int val = 2022;   //声明一个 int 型变量 val 并初始化为 2022
                object obj = val;   //将 val 转换为引用对象 obj
                Console.WriteLine("val 的值为{0},obj 的值为{1}", val, obj);
                val = 2023;   //给 val 赋值 2023
                Console.WriteLine("val 的值为{0},obj 的值为{1}", val, obj);
                Console.ReadLine();
            }
        }
```

程序运行结果如图 2-13 所示。

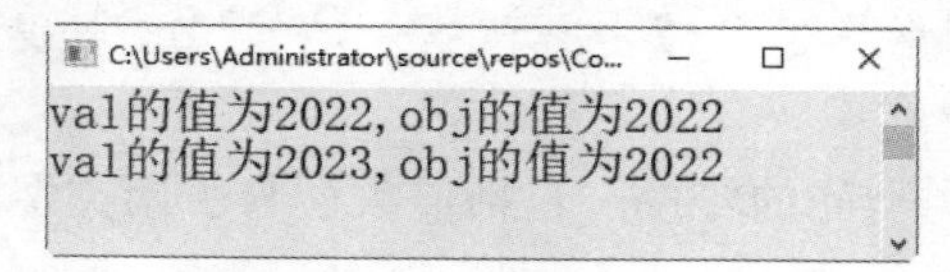

图 2-13　隐式转换数据类型

本例中将值类型的变量 val 转换为引用类型变量 obj，在装箱操作后又对 val 重新赋值，而 obj 的值并未发生改变。也就是说将值类型变量转换为引用类型后，改变值类型变量的值并不会影响装箱对象的值。

2. 拆箱

拆箱就是从引用类型到值类型的显式转换。拆箱操作先检查对象实例，确保它是给定值类型的一个装箱值，然后将该值从实例复制到值类型变量中。拆箱必须显式进行，因为这种转换很容易导致数据丢失或者不恰当的转换。

装箱和拆箱使值类型能够被视为对象。对值类型装箱将把该值类型打包到 Object 引用类型的一个实例中。拆箱将从对象中提取值类型。例如，下述代码完成了引用类型向值类型的转换。

```
int val = 100;
object obj = val;      //把值类型装箱成引用类型，隐式转换
int num = (int) obj;   //把引用类型拆箱成值类型
```

注意　只有进行过装箱的对象才能被拆箱。

实例 1.1　**通过拆箱显式转换数据类型(源代码\ch02\2.11.txt)。**

创建一个控制台应用程序，声明一个 int 型变量 val 初始化为 2022，然后将其转换为引用类型对象 obj，最后再进行拆箱操作，将装箱对象 obj 赋值给整型变量 i。

```
class Program
{
    static void Main(string[] args)
    {
        int val = 2022;   //声明一个 int 型变量 val 并初始化为 2022
        object obj = val;   //将 val 转换为引用对象 obj
```

```
        Console.WriteLine("val 的值为{0},装箱后 obj 的值为{1}", val, obj);
        int i=(int)obj;   //拆箱操作
        Console.WriteLine("拆箱后 obj 的值为{0},i 值为{1}", obj, i);
        Console.ReadLine();
    }
}
```

程序运行结果如图 2-14 所示。

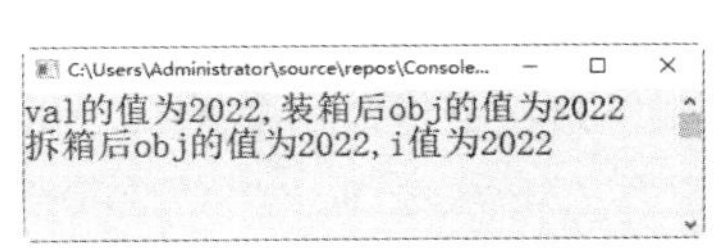

图 2-14 显式转换数据类型

从本例程序的运行结果可以看出，拆箱所得到的值类型结果与装箱对象相等。而在进行拆箱操作时要注意类型的一致性，比如本例中同为 int 型。

2.5 常量及符号

常量是固定值，在程序执行期间不会改变。常量可以是任意基本数据类型，比如整数常量、浮点常量、字符常量或者字符串常量，还有枚举常量。常量可以被当作常规的变量，只是它们的值在定义后不能被修改。

2.5.1 定义常量

常量是使用 const 关键字来定义的。定义一个常量的语法如下：

```
const 数据类型 常量名=常量值;
```

例如，定义双精度 double 类型值为 3.1415 的常量 PI。

```
const double PI=3.1415;
```

声明常量并赋值后，就可以通过直接引用其名称来使用，具体写法如下：

```
double r=3.5;
double area=PI*r*r;
```

实例 12 计算并输出圆的面积(源代码\ch02\2.12.txt)。

编写程序，定义常量 PI 的值，计算圆的面积。

```
static void Main(string[] args)
{
    const double PI = 3.1415;  //定义常量 PI 的值
    double r = 10;
    double area = PI * r * r;
    Console.WriteLine("圆的半径 r="+ r);
    Console.WriteLine("圆的面积 area="+area);
    Console.ReadLine();
}
```

程序运行结果如图 2-15 所示。

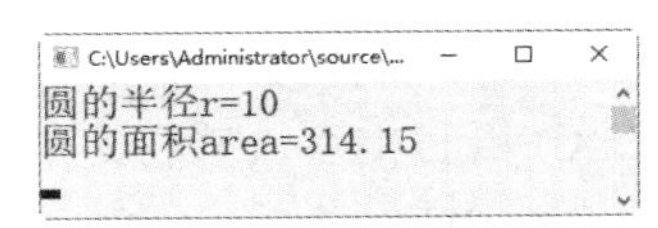

图 2-15 计算圆的面积

2.5.2 整型常量

在 C#语言中，整型常量就是指直接使用的整型常数，如 0、5、−2 等。所有整型常量可以通过三种形式进行表达，分别是十进制、八进制、十六进制，并且各种数制均有正(+)、负(−)之分，正数的符号“+”可省略。

(1) 十进制：包含 0～9 中的数字，但是一定不能以 0 开头，如 15、−255。

(2) 八进制：只包含 0～7 中的数字，必须以 0 开头，如 017(十进制数 15)、0377(十进制数 255)。

(3) 十六进制：包含 0～9 中的数字和 a～f 中的字母，以 0x 或 0X 开头，如 0xf(十进制数 15)、0xff(十进制数−1)、0x7f(十进制数 127)。

下面是一些整数常量的实例。

```
212            /* 合法 */
215u           /* 合法 */
0xFeeL         /* 合法 */
078            /* 非法：8 不是八进制数字 */
032UU          /* 非法：后缀不能重复  */
```

整型数据是不允许出现小数点和其他特殊符号的。另外，在计算机中，整型常量以二进制方式存储在计算机中；在日常生活中，数值的表示以十进制为主。

2.5.3 浮点常量

C#语言中的浮点型常量有两种表示形式，一种是十进制小数形式，另一种是指数形式。

(1) 十进制小数形式：由数字 0～9 和小数点组成。

例如：0.1、25.2、5.789、0.13、5.8、300.5、−267.8230 等均为合法的浮点常量。注意，必须有小数点。

(2) 指数形式：由十进制数加字母“e”或“E”以及阶码(只能为整数，可以带符号)组成。其一般形式为 a E n，其中 a 为十进制小数，n 为十进制整数，它的值为 $a*10^n$，例如 2.8E5、3.9E-2、0.1E7、-2.5E-2 等。

科学计数法要求字母 e(或 E)的两端都必须有数字，而且右侧必须为整数，如下列科学计数法是错误的：e3、2.1e3.2、e。

2.5.4 字符常量

字符常量是用单引号(')括起来的一个字符，一个字符常量在计算机的内存中占据一个字节，例如'a' 'b' '=' '+' '?'都是合法的字符常量。

一个字符常量除了可以是一个普通字符(例如'x')外，还可以是一个转义序列(例如'\t')或者一个通用字符(例如'\u02C0')。在 C#语言中有一些特定的字符，当它们的前面带有反斜杠时有特殊的意义，可用于表示换行符(\n)或制表符 tab(\t)。在这里，列出一些转义序列码，如表 2-7 所示。

表 2-7　转义序列码

转义序列	含　义
\\	\字符
\'	'字符
\"	"字符
\?	?字符
\a	警告(产生蜂鸣)
\b	退格键(Backspace)
\f	换页符(Form feed)
\n	换行符(Newline)
\r	回车
\t	水平制表符 tab
\v	垂直制表符 tab
\ooo	一到三位的八进制数
\xhh . . .	一个或多个数字的十六进制数

实例 13　在命令行中输出字符常量与转义字符(源代码\ch02\2.13.txt)。

```
static void Main(string[] args)
  {
    Console.WriteLine("Hello\tWorld\n\n");    /*输出 Hello   World 并换两次行*/
    Console.WriteLine(" a,A\n");              /*输出 a, A 并换行*/
    Console.WriteLine("123\'\"\n ");          /*输出 123、单引号和双引号，最后换行*/
    Console.ReadLine();
  }
```

程序运行结果如图 2-16 所示。

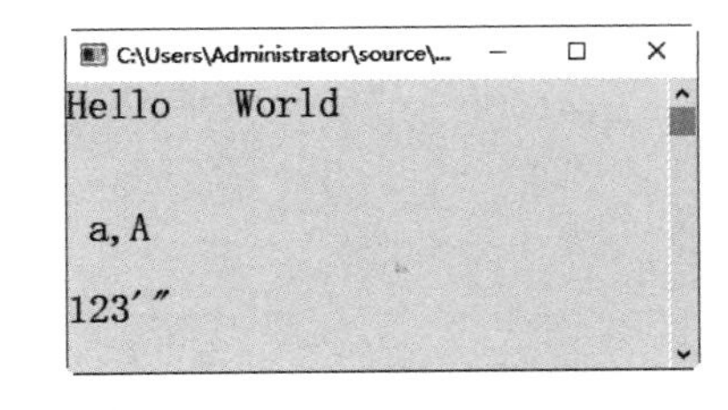

图 2-16　输出字符常量与转义字符

在 C#语言中，字符常量有以下特点：

(1)　字符常量只能用单引号括起来，不能用双引号或其他括号。

(2)　字符常量只能是单个字符，不能是字符串。

(3)　字符可以是字符集中的任意字符。但数字被定义为字符型之后就不能参与数值运算。如'5'和 5 是不同的，'5'是字符常量，不能参与运算。

2.5.5　字符串常量

字符串常量一般括在双引号("")里，或者括在@""里，例如"Hello World"、@"hello, world"、"C program"、"3.14"等都是合法的字符串常量。字符串常量包含的字符与字符常量相似，可以是普通字符、转义序列和通用字符等。

使用字符串常量时，可以把一个很长的行拆成多个行，可以使用空格分隔各个部分。字符串常量和字符常量是不同的量。它们之间主要有以下区别。

(1) 字符常量用单引号括起来，字符串常量用双引号括起来。

(2) 字符常量只能是单个字符，字符串常量则可以含一个或多个字符。

(3) 可以把一个字符常量赋予一个字符变量，但不能把一个字符串常量赋予一个字符变量。

在C#语言中没有相应的字符串变量，但可以用一个字符数组来存放一个字符串常量，这在后面的章节中会详细介绍。

(4) 字符常量占一个字节的内存空间。字符串常量占的内存字节数等于字符串的字节数加 1。增加的一个字节中存放字符“\0”，这是字符串结束的标志。

例如：字符串"C program"在内存中所占的字节可以表示为如下所示的样式。

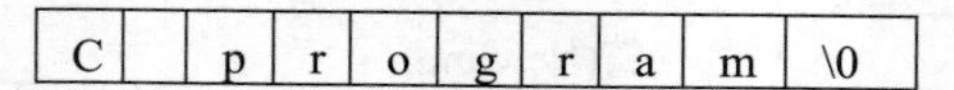

C		p	r	o	g	r	a	m	\0

字符常量'a'和字符串常量"a"虽然都只有一个字符，但在内存中的占用情况是不同的。字符常量'a'在内存中占一个字节，可表示为如下所示的样式。

a

字符串常量"a"在内存中占两个字节，可表示为如下所示的样式。

a	\0

2.5.6 其他常量

除前面介绍的普通常量外，常量还包括布尔常量、枚举常量、宏定义常量等。

(1) 布尔常量：布尔常量只有两个，一个是 true，表示真；另一个是 false，表示假。

不能把 true 的值看成 1，把 false 的值看成 0。

(2) 枚举常量：枚举型数据中定义的成员也都是常量。

2.6 使用变量

变量是指在程序运行过程中其值可以改变的量。在程序中定义变量时，编译系统就会给它分配相应的存储单元，用来存储数据，变量的名称就是存储单元的符号地址。

2.6.1 认识标识符

标识符可用来识别类、变量、函数或任何其他用户定义的项目。在 C#语言中，命名必须遵循如下基本规则：

(1) 标识符必须以字母或下划线(_)开头，后面可以跟一系列的字母、数字(0～9)或下划线(_)。标识符中的第一个字符不能是数字。

(2) 标识符不能包含任何嵌入的空格或符号，例如? - +! @ # % ^ & * ( ) [ ] { } . ; : " ' / \

等。但是，可以使用下划线(_)。

(3) 标识符不能是C#语言中的关键字。

例如，以下为合法的标识符：

```
UserName
Int2
_File_Open
Sex
```

例如，以下为不合法的标识符：

```
99BottlesofBeer
Namespace
It's-All-Over
```

关键字是C#编译器预定义的保留字。这些关键字不能用作标识符。表 2-8 列出了 C#语言中的关键字。

表 2-8　关键字

abstract	as	base	bool	break	byte	case
catch	char	checked	class	const	continue	decimal
default	delegate	do	double	else	enum	event
explicit	extern	false	finally	fixed	float	for
foreach	goto	if	implicit	in	genericmodifier	int
interface	internal	is	lock	long	namespace	new
null	object	operator	out	override	params	private
protected	public	readonly	ref	return	sbyte	sealed
short	sizeof	stackalloc	static	string	struct	switch
this	throw	true	try	typeof	uint	ulong
unchecked	unsafe	ushort	using	virtual	void	volatile
while						

在 C#语言中，有些标识符在代码的上下文中有特殊的意义，如 get 和 set，这些被称为上下文关键字。表 2-9 了上下文关键字。

表 2-9　上下文关键字

add	alias	ascending	descending	dynamic	from	get
global	group	into	join	let	orderby	partial
remove	select	set				

2.6.2　变量的声明

在使用变量之前一定要定义或声明变量，声明变量的一般形式如下：

```
[修饰符]类型 变量名标识符
```

修饰符是任选的，可以没有，变量类型用来说明变量的数据类型。C#语言自带的数据类型包括整型、字符型、浮点型、枚举型、指针类型、数组、引用、数据结构、类等。

例如，int num、double area、char c 等语句都是变量的声明，在这些语句中，int、double 和 char 是变量类型，num、area 和 c 是变量名标识符。这里的变量类型也是数据类型的一种，即变量 num 是 int 类型，area 是 double 类型，c 是 char 类型。

多个同一类型的变量可以在一行中声明，不同的变量名用逗号运算符隔开，例如：

```
int a,b,c;
```

与

```
int a;
int b;
int c;
```

两种声明变量的方式是一样的。

变量名其实就是一个标识符，当然，标识符的命名规则在此处同样适用。因此，变量命名时需要注意以下几点：

- 命名时应注意区分大小写，并且尽量避免使用大小写有区别的变量名。
- 不建议使用以下划线开头的变量名，因为此类名称通常是保留给内部和系统的名字。
- 不能使用 C#语言关键字或预定义标识符作为变量名，如 int、define 等。
- 避免使用类似的变量名，如 total、totals、total1 等。
- 变量的命名最好具有一定的实际意义。如 sum 一般表示求和，area 表示面积。
- 变量需要在使用之前声明。

注意

如果变量没有经过声明而直接使用，就会出现编译器报错的现象。

2.6.3 变量的赋值

变量值是动态改变的，每次改变都需要进行赋值运算。变量赋值的形式如下：

```
变量名=变量值;
```

变量名标识符就是声明变量时定义的，例如：

```
int i;  //声明变量
i=10;  //变量赋值
```

可以在声明变量的时候就把数值赋给变量，这就是变量的初始化，语法格式如下：

```
变量类型 变量名=初始值;
```

变量必须在赋值之前进行定义。符号“=”称为赋值运算符，而不是等号。变量值可以是一个常量或一个表达式。例如：

```
int i=5;
int j=i;
double f=2.5+1.8;
char a='b';
int x=y+2;
```

更进一步，赋值语句不仅可以给一个变量赋值，还可以给多个变量赋值，格式如下：

```
类型变量名 变量名 1=初始值,变量名 2=初始值…;
```

例如：

```
int i=8,j=10,m=12;
```

上面的代码分别给变量 i 赋值 8，给变量 j 赋值 10，给变量 m 赋值 12，相当于语句：

```
int i,j,m;
i=8;
j=10;
m=12;
```

定义变量并赋初值时可以写成“int i=8,j=8,m=8;”，但不能写成“int i=j=m=8;”。

2.6.4 整型变量

在 C#语言中，整型变量是用关键字 int 声明的变量，其值只能为整数。声明方式如下：

```
[修饰符] <int> <变量名>
```

每种整型变量都有不同的表示方式。

实例 14 通过给整型变量赋值，计算两数之和(源代码\ch02\2.14.txt)。

```
static void Main(string[] args)
        {
            int a=10, b=20, c;
            c = a + b;
            Console.WriteLine("a="+a);
            Console.WriteLine("b="+b);
            Console.WriteLine("a+b="+c);
            Console.ReadLine();
        }
```

程序运行结果如图 2-17 所示。

图 2-17　计算两数之和

2.6.5 浮点型变量

浮点型变量是指用来存储浮点型数据的变量，由整数和小数两部分组成。

实例 15 定义整型变量与浮点型变量并给变量赋值，最后输出变量的值(源代码\ch02\ 2.15.txt)。

```
static void Main(string[] args)
        {
            int a = 100;                //定义整型变量
            float b = 3.1415926F;       //定义浮点型变量，F表示float类型
            double c = 3.1415926;       //定义浮点型变量
            Console.WriteLine("a={0}, b={1}, c={2}", a, b, c);
            Console.ReadLine();
        }
```

程序运行结果如图 2-18 所示。在该例中，首先定义了一个整型变量 a 并赋值 100，接着定义一个 float 类型的变量 b 和一个 double 类型的变量 c。给 b 和 c 赋值 3.1415926，将 a、b 和 c 输出。

```
C:\Users\Administrator\source\repos\Console...
a=100, b=3.141593, c=3.1415926
```

图 2-18　输出变量的值

2.6.6　字符型变量

在 C#语言中，字符型数据只占据 1 个字节，其声明关键字为 char。同样地，可以给其加上 unsigned、singed 修饰符，分别表示无符号字符型和有符号字符型。在 C#语言中，字符型变量的声明方式如下：

```
[修饰符] <char> <变量名>
```

通常在 C#语言中，单个字符使用单引号表示。例如，字符 a 可以写为'a'。单引号只能表示一个字符，如果字符的个数大于 1，就变成了字符串，只能使用双引号来表示了。

实例 16　**定义字符型变量并赋值，最后输出字符变量的值(源代码\ch02\2.16.txt)。**

```
static void Main(string[] args)
        {
            char cch;           //定义字符型变量
            cch = 'A';          //变量赋值
            Console.WriteLine("cch=" + cch);
            int ich;            //定义整型变量
            ich = 'A';          //变量赋值
            Console.WriteLine("ich=" + ich);
            Console.ReadLine();
        }
```

程序运行结果如图 2-19 所示。在本例中，首先定义了一个 char 型变量 cch，然后给 cch 赋值为'A'，将字符变量 cch 输出。再定义一个 int 型变量 ich，也给它赋值'A'，然后将该变量输出。

图 2-19　字符变量的应用

从结果来看，定义了字符型变量 cch 和整型变量 ich，它们的赋值都为字符'A'，但输出后结果不同。这是因为字符型数据在赋值为整型变量后，其在计算机内部是转换为整型数据来操作的，如上述代码中的字母 A，系统会自动将其转换为对应的 ASCII 码值 65。因此，整型变量 ich 的输出为 65。

2.7 就业面试问题解答

问题 1：byte、long、double、short 之间转换会出现精度损失吗？

答：会出现精度损失。当 byte、short、long、double 从右向左转换时会出现精度损失。

问题 2：struct 结构实例化的对象与 class 实例化的对象分别在内存中的什么位置？

答：struct 结构实例化出来的对象在内存中被分配到线程栈上，而 class 实例化出来的对象在内存中被分配到托管堆上。

2.8 上机练练手

上机练习 1：计算长方体的体积及各个面的面积。

编写程序，定义全部变量，然后使用全局变量输入长方体的长、宽、高，最后求出长方体的体积以及 3 个不同面的面积。程序运行结果如图 2-20 所示。

上机练习 2：求一元二次方程 $ax^2+bx+c=0$ 的根。

编写程序，根据输入的一元二次方程的三个系数 a、b、c 的值，求一元二次方程 $ax^2+bx+c=0$ 的根。程序运行结果如图 2-21 所示。

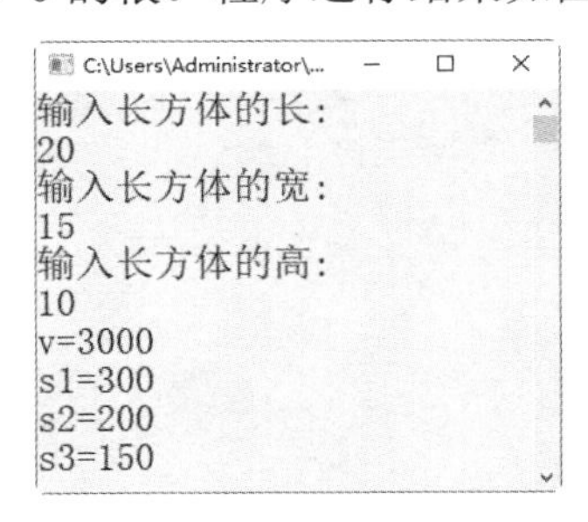

图 2-20 计算长方体的体积及面积

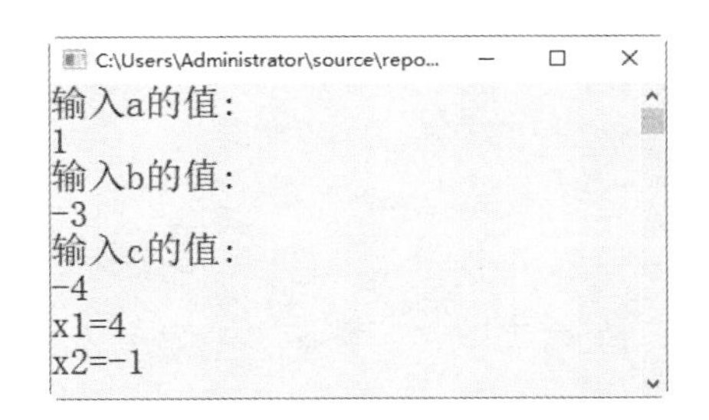

图 2-21 计算方程式的根

第3章

运算符与表达式

在 C#语言的编程世界中，运算符和表达式就像数学运算中的公式一样，可以使用方程和公式解决数学中的问题，也可以使用表达式解决编程中的问题，为开发人员提供了很大的方便，这也是 C#语言灵活性的体现。本章就来介绍运算符与表达式的相关知识。

3.1 认识运算符与表达式

C#语言中的运算符是用来对变量、常量或数据进行计算的符号，指挥计算机进行某种操作，运算符又叫做操作符，例如，“+”是运算符，用于完成两数的求和。

3.1.1 运算符的分类

按照运算符使用的操作数的个数来划分，C#语言中有 3 种类型的运算符。

(1) 一元运算符：一元运算符又称为单目运算符。一元运算符所需的操作数为一个，一元运算符又包括前缀运算符和后缀运算符。例如：

```
x++;               /* 后缀一元运算符 */
--x;                /* 前缀一元运算符 */
```

(2) 二元运算符：二元运算符又称为双目运算符。二元运算符所需的操作数为两个，即运算符的左右各一个操作数。例如：

```
z=x+y;              /* 二元运算符 */
```

(3) 三元运算符：三元运算符又称为三目运算符。C#语言中仅有一个三元运算符“？:”，三元运算符所需的操作数为三个，使用时在操作数之间插入运算符。例如：

```
y=(x>10? 0:1);    /* 三元运算符 */
```

按照运算符的功能来划分，C#语言中常用的运算符包括赋值运算符、算术运算符、关系运算符、位运算符、逻辑运算符、其他运算符等。

3.1.2 运算符的优先级

运算符的种类非常多，通常不同的运算符又构成了不同的表达式，因此它们的运算方法应该有一定的规律。C#语言规定了各类运算符的运算级别及结合性等，如表 3-1 所示。

表 3-1 运算符的优先级别

优先级(1 最高)	说 明	运算符	结合性
1	括号	()	从左到右
2	自加/自减运算符	++/--	从右到左
3	乘法运算符、除法运算符、取模运算符	* / %	从左到右
4	加法运算符、减法运算符	+ -	从左到右
5	小于、小于等于、大于、大于等于	< <= > >=	从左到右
6	等于、不等于	== !=	从左到右
7	逻辑与	&&	从左到右

续表

优先级(1 最高)	说　明	运算符	结合性
8	逻辑或	||	从左到右
9	赋值运算符和快捷运算符	=、+=、*=、/=、%=、-=	从右到左

注意　建议在写表达式的时候，如果无法确定运算符的有效顺序，应尽量采用括号来保证运算的顺序，这样也可使程序一目了然，而且自己在编程时能够思路清晰。

实例 1　运算符优先级的应用(源代码\ch03\3.1.txt)。

```
static void Main(string[] args)
       {
           int x = 30;
           int y = 20;
           int m = 10;
           int n = 5;
           int a;
           a = (x + y) * m / n;
           Console.WriteLine("(x+y)*m/n 的值是{0}", a);
           a = ((x + y) * m) / n;
           Console.WriteLine("((x+y)*m)/n 的值是{0}", a);
           a = (x + y) * (m / n);
           Console.WriteLine("(x+y)*(m/n)的值是{0}", a);
           a = x + (y * m) / n;
           Console.WriteLine("x+(y*m)/n 的值是{0}", a);
           Console.ReadLine();
       }
```

程序运行结果如图 3-1 所示。

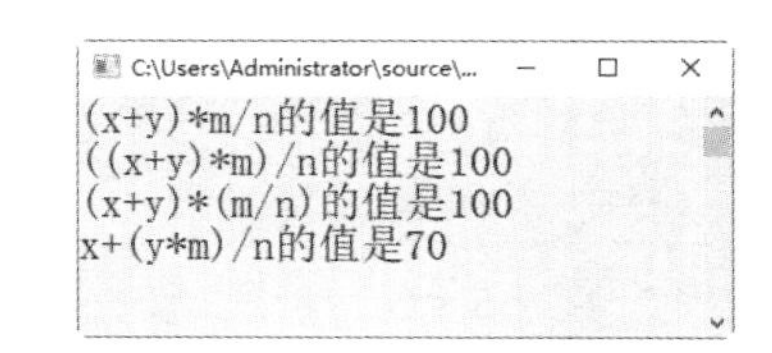

图 3-1　运算符的优先级

3.1.3　认识表达式

在 C#语言中，表达式是由运算符串连起来的式子，串连的对象可以是常量、变量或者函数，并且表达式是用来构成语句的基本单位。例如，以下为一些常见表达式：

```
1+2
a+1
b-(c/d)
```

表达式通过组成它的成员，如变量、常量等的类型来决定返回值的类型，例如“1+2”，两个常量为 int 型，那么返回值的类型也应为 int 型。

实例 2　计算表达式 a+b 的值(源代码\ch03\3.2.txt)。

编写程序，定义 int 型变量 a、b、c，并初始化变量 a、b 的值，然后计算表达式 a+b 的值，再将计算结果赋予变量 c，最后输出 c 的值。

```
static void Main(string[] args)
       {
```

```
        int a = 10, b = 15;
        int c;
        Console.WriteLine("a 的值为: " + a);
        Console.WriteLine("b 的值为: " + b);
        c = a + b;   /* 计算表达式 a+b 的值，将结果赋予 c */
        Console.WriteLine("a+b=" + c);
        Console.ReadLine();
    }
```

程序运行结果如图 3-2 所示。在本案例中，设置了一个简单的表达式“a+b”，它是由两个 int 型变量 a 和 b 组成的。

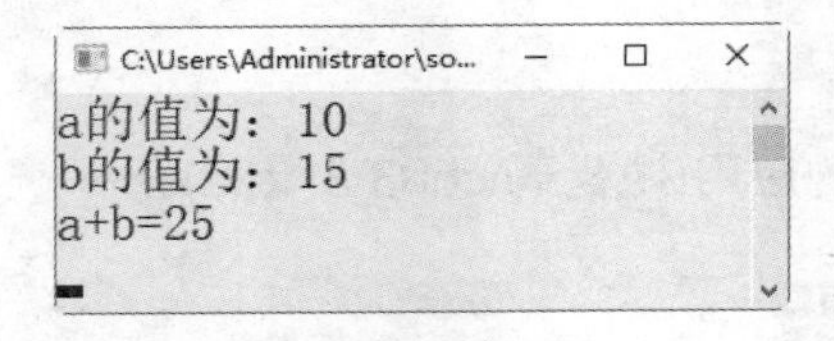

图 3-2　表达式

3.2　使用运算符与表达式

C#语言内置了丰富的运算符及表达式，运算符是一种告诉编译器执行特定的数学或逻辑操作的符号，表达式是由运算符和操作数构成的，表达式中的运算符指出了对操作数的操作，操作数可以是常量、变量或者函数，并且表达式是用来构成语句的基本单位。

3.2.1　算术运算符与表达式

C#语言中的算术运算符是用来处理四则运算的符号，是最简单、最常用的符号，数字的处理几乎都会用到运算符。

1. 算术运算符

表 3-2 所示为 C#语言支持的所有算术运算符。这里假设变量 A 的值为 10，变量 B 的值为 20。

表 3-2　算术运算符

运算符	描　述	实　例
+	把两个操作数相加	A+B 将得到 30
-	从第一个操作数中减去第二个操作数	A-B 将得到-10
*	把两个操作数相乘	A*B 将得到 200
/	分子除以分母	B/A 将得到 2
%	取模运算符，整除后的余数	B%A 将得到 0
++	自增运算符，整数值增加 1	A++将得到 11
--	自减运算符，整数值减少 1	A--将得到 9

在算术运算符中，自增、自减运算符又分为前缀和后缀。当++或--运算符置于变量的

左边时，称为前置运算或前缀，表示先进行自增或自减运算，再使用变量的值。而当++或--运算符置于变量的右边时，称为后置运算或后缀，表示先使用变量的值，再进行自增或自减运算。前置后置的运算方法如表 3-3 所示，这里假设计算的数值为 a 和 b，并且 a 的值为 5。

表 3-3　自增、自减运算符的前置与后置

表达式	类　型	计算方法	结果(假定 a 的值为 5)
b= ++a;	前置自加	a= a+1; b= a;	b=6; a=6;
b = a++;	后置自加	b= a; a= a + 1;	b= 5; a=6;
b = --a;	前置自减	a= a - 1; b=a;	b =4; a=4;
b= a--;	后置自减	b = a; a=a - 1;	b=5; a=4;

实例 3　前置运算符和后置运算符的应用(源代码\ch03\3.3.txt)。

编写程序，声明 int 型变量 a 并初始化为 1，对 a 进行前置和后置运算并分别输出 a 以及运算后得到的值。

```
static void Main(string[] args)
        {
            int a = 1;
            int b;
            b = a++;   // a++ 先赋值再进行自增运算
            Console.WriteLine("a++运算:");
            Console.WriteLine("a 的值为 {0}", a);
            Console.WriteLine("b 的值为 {0}", b);
            a = 1;   // 重新初始化 a
            b = ++a;   // ++a 先进行自增运算再赋值
            Console.WriteLine("++a 运算:");
            Console.WriteLine("a 的值为 {0}", a);
            Console.WriteLine("b 的值为 {0}", b);
            a = 1;   // 重新初始化 a
            b = a--;   // a-- 先赋值再进行自减运算
            Console.WriteLine("a--运算:");
            Console.WriteLine("a 的值为 {0}", a);
            Console.WriteLine("b 的值为 {0}", b);
            a = 1;   // 重新初始化 a
            b = --a;   // --a 先进行自减运算再赋值
            Console.WriteLine("--a 运算:");
            Console.WriteLine("a 的值为 {0}", a);
            Console.WriteLine("b 的值为 {0}", b);
            Console.ReadLine();
        }
```

程序运行结果如图 3-3 所示。本实例中，b=a++先将 a 赋值给 b，再对 a 进行自增运算；b=++a 先将 a 进行自增运算，再将 a 赋值给 b；b=a--先将 a 赋值给 b，再对 a 进行自减

运算；b=--a 先将 a 进行自减运算，再将 a 赋值给 b。

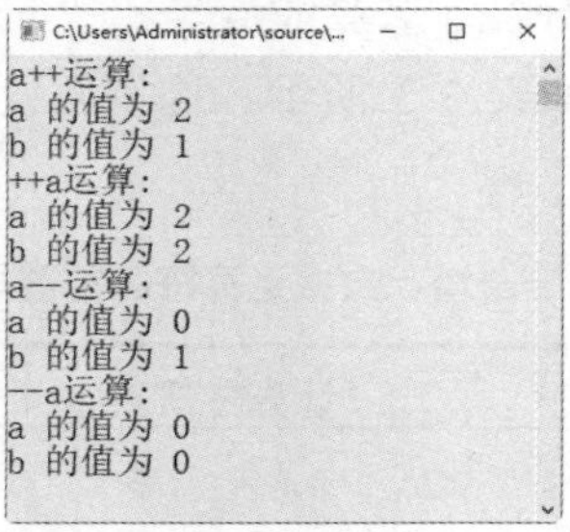

```
a++运算:
a 的值为 2
b 的值为 1
++a运算:
a 的值为 2
b 的值为 2
a--运算:
a 的值为 0
b 的值为 1
--a运算:
a 的值为 0
b 的值为 0
```

图 3-3　前置运算以及后置运算

2. 算术表达式

由算术运算符和操作数组成的表达式称为算术表达式，算术表达式的结合性为自左向右。常用算术运算符及表达式的使用说明如表 3-4 所示。

表 3-4　常用运算符及算术表达式的使用说明

运算符	表达式的样式	表达式的描述	示例(假设 i=1)
+	操作数 1+操作数 2	执行加法运算(如果两个操作数是字符串，则该运算符用作字符串连接运算符，将一个字符串添加到另一个字符串的末尾)	3+2(结果：5) 'a'+14(结果：111) 'a'+ 'b'(结果：195) 'a'+"bcd"(结果：abcd) 12+"bcd"(结果：12bcd)
-	操作数 1-操作数 2	执行减法运算	3-2(结果：1)
*	操作数 1*操作数 2	执行乘法运算	3*2(结果：6)
/	操作数 1/操作数 2	执行除法运算	3/2(结果：1)
%	操作数 1%操作数 2	获得进行除法运算后的余数	3%2(结果：1)
++	操作数++或++操作数	将操作数加 1	i++(结果：1)，++i(结果：2)
--	操作数--或--操作数	将操作数减 1	i--(结果：1)，--i(结果：0)

实例 4　**使用算术表达式对数值进行运算(源代码\ch03\3.4.txt)。**

编写程序，定义 int 型变量 a、b、c，初始化 a 的值为 10，初始化 b 的值为 20，使用算术表达式对 a 和 b 进行运算，将计算结果分别赋予 c 再输出。

```
static void Main(string[] args)
        {
            int a = 10;
            int b = 20;
            int c;
            c = a + b;
            Console.WriteLine("a+b={0}", c);
            c = a - b;
            Console.WriteLine("a-b={0}", c);
            c = a * b;
            Console.WriteLine("a*b={0}", c);
```

```
        c = a / b;
        Console.WriteLine("a/b={0}", c);
        c = a % b;
        Console.WriteLine("a%b={0}", c);
        c = ++a;    // ++a 先进行自增运算再赋值
        Console.WriteLine("++a={0}", c);
        c = --a;   // --a 先进行自减运算再赋值
        Console.WriteLine("--a={0}", c);
        Console.ReadLine();
    }
```

程序运行结果如图 3-4 所示。

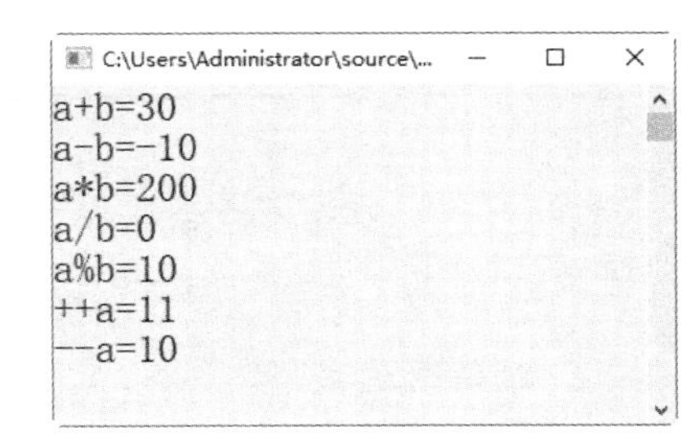

图 3-4　数值的算术运算

在使用算术表达式的过程中，应该注意以下几点：

(1) 在算术表达式中，如果操作数的类型不一致，系统会自动进行隐式转换，如果转换成功，表达式的结果类型以操作数中表示范围大的类型为最终类型，如 3.2+3 结果为 double 类型的 5.2。

(2) 减法运算符的使用同数学中的使用方法类似，但需要注意的是，减法运算符不但可以应用于整型、浮点型数据间的运算，还可以应用于字符型的运算。在字符型运算时，首先将字符转换为其 ASCII 码，然后进行减法运算。

(3) 在使用除法运算符时，如果除数与被除数均为整数，则结果也为整数，它会把小数舍去(并非四舍五入)，如 3/2=1。

3.2.2　赋值运算符与表达式

赋值运算符为二元运算符，要求运算符两侧的操作数类型必须一致(或者右边的操作数必须可以隐式转换为左边操作数的类型)。

1. 赋值运算符

C#语言中提供的简单赋值运算符如表 3-5 所示。

表 3-5　赋值运算符

运算符	描　述	实　例
=	简单的赋值运算符，把右边操作数的值赋给左边操作数	C=A+B 将把 A+B 的值赋给 C
+=	加且赋值运算符，把右边操作数加上左边操作数的结果赋给左边操作数	C += A 相当于 C = C + A
-=	减且赋值运算符，把左边操作数减去右边操作数的结果赋给左边操作数	C -= A 相当于 C = C - A
*=	乘且赋值运算符，把右边操作数乘以左边操作数的结果赋给左边操作数	C *= A 相当于 C = C * A
/=	除且赋值运算符，把左边操作数除以右边操作数的结果赋给左边操作数	C /= A 相当于 C = C / A

续表

运算符	描 述	实 例
%=	求模且赋值运算符，求两个操作数的模赋给左边操作数	C %= A 相当于 C = C % A
<<=	左移且赋值运算符	C <<= 2 等同于 C = C << 2
>>=	右移且赋值运算符	C >>= 2 等同于 C = C >> 2
&=	按位与且赋值运算符	C &= 2 等同于 C = C & 2
^=	按位异或且赋值运算符	C ^= 2 等同于 C = C ^ 2
|=	按位或且赋值运算符	C |= 2 等同于 C = C | 2

注意　在书写复合赋值运算符时，两个符号之间一定不能有空格，否则将会出错。

2. 赋值表达式

由赋值运算符和操作数组成的表达式称为赋值表达式，赋值表达式的功能是计算表达式的值再赋予左侧的变量。赋值表达式的一般形式如下：

```
变量 赋值运算符 表达式
```

赋值表达式的计算过程是：首先计算表达式的值，然后将该值赋给左侧的变量。C#语言中常见的赋值表达式以及使用说明，如表 3-6 所示。

表 3-6　常见赋值表达式以及使用说明

运算符	计算方法	表达式	求 值
=	运算结果 = 操作数	x=10	x=10
+=	运算结果 = 操作数 1 + 操作数 2	x += 10	x = x + 10
-=	运算结果 = 操作数 1 - 操作数 2	x -= 10	x= x - 10
*=	运算结果 = 操作数 1 * 操作数 2	x *= 10	x = x * 10
/=	运算结果 = 操作数 1 / 操作数 2	x /= 10	x = x / 10
%=	运算结果 = 操作数 1 % 操作数 2	x %= 10	x= x % 10
&=	运算结果 = 操作数 1 & 操作数 2	x &= 10	x= x & 10
|=	运算结果 = 操作数 1 | 操作数 2	x |= 10	x= x | 10
>>=	运算结果 = 操作数 1 >> 操作数 2	x >>= 10	x= x >> 10
<<=	运算结果 = 操作数 1 << 操作数 2	x <<= 10	x= x << 10
^=	运算结果 = 操作数 1 ^ 操作数 2	x ^= 10	x= x ^ 10

实例 5　使用赋值表达式对数值进行运算(源代码\ch03\3.5.txt)。

编写程序，定义 int 型变量 a、c，使用赋值表达式对 c 进行相应的运算操作，然后将结果赋予 c 输出。

```
static void Main(string[] args)
        {
```

```
        int a = 10;
        int c;
        Console.WriteLine("当 a 的值为{0}时", a);
        c = a;
        Console.WriteLine("c=a 的值为{0}", c);
        c += a;
        Console.WriteLine("c+=a 的值为{0}", c);
        c -= a;
        Console.WriteLine("c-=a 的值为{0}", c);
        c *= a;
        Console.WriteLine("c*=a 的值为{0}", c);
        c /= a;
        Console.WriteLine("c/=a 的值为{0}", c);
        c=200;
        Console.WriteLine("当 c 的值为{0}时", c);
        c %= a;
        Console.WriteLine("c%=a 的值为{0}", c);
        c <<= 2;
        Console.WriteLine("c<<=2 的值为{0}", c);
        c >>= 2;
        Console.WriteLine("c>>=2 的值为{0}", c);
        c &= 2;
        Console.WriteLine("c&=2 的值为{0}", c);
        c ^= 2;
        Console.WriteLine("c^=2 的值为{0}", c);
        c |= 2;
        Console.WriteLine("c|=2 的值为{0}", c);
        Console.ReadLine();
    }
```

程序运行结果如图 3-5 所示。

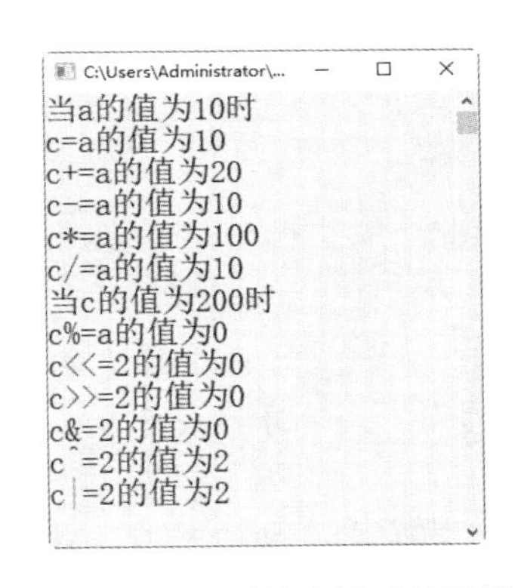

图 3-5　常见赋值表达式的使用

在使用赋值表达式的过程中，应该注意以下几点：

(1) 赋值的左操作数必须是一个变量，C#语言中可以对变量进行连续赋值，这时赋值运算符是右关联的，这意味着从右向左运算符被分组。例如，形如 a=b=c 的表达式等价于 a=(b=c)。

(2) 若赋值运算符两边的操作数类型不一致，如果存在隐式转换，系统会自动将赋值号右边的类型转换为左边的类型再赋值。如果不存在隐式转换，那就先要进行显式类型转换，否则程序会报错。

3.2.3　关系运算符与表达式

可以把关系运算理解为一种“判断”，判断的结构要么是“真”，要么是“假”。C#语言定义关系运算符的优先级低于算术运算符，高于赋值运算符。

1. 关系运算符

C#语言中定义的关系运算符如表 3-7 所示。这里假设变量 A 的值为 10，变量 B 的值为 20。

表 3-7　关系运算符

运算符	描述	实例
==	检查两个操作数的值是否相等，如果相等则条件为真	(A==B)判断结果为假
!=	检查两个操作数的值是否相等，如果不相等则条件为真	(A!=B)判断结果为真
>	检查左操作数的值是否大于右操作数的值，如果是则条件为真	(A>B)判断结果为假
<	检查左操作数的值是否小于右操作数的值，如果是则条件为真	(A<B)判断结果为真
>=	检查左操作数的值是否大于或等于右操作数的值，如果是则条件为真	(A>=B)判断结果为假
<=	检查左操作数的值是否小于或等于右操作数的值，如果是则条件为真	(A<=B)判断结果为真

关系运算符中的等于号==很容易与赋值号=混淆，一定要记住，=是赋值运算符，而==是关系运算符。

2. 关系表达式

由关系运算符和操作数构成的表达式称为关系表达式。关系表达式中的操作数可以是整数型、实数型、字符型等。对于整数型、实数型和字符型，上述六种比较运算符都适用；对于字符串的比较运算实际上只能使用==和!=运算符。关系表达式的格式如下：

```
表达式 关系运算符 表达式
```

例如：

```
3>2
z>x-y
'a'+2<d
a>(b>c)
a!=(c==d)
"abc"!="asf"
```

两个字符串值都为 null 或两个非空字符串的长度相同、对应的字符序列也相同时，比较的结果才能为“真”。

实例 6　使用关系运算符及表达式判断数值之间的关系(源代码\ch03\3.6.txt)。

```
static void Main(string[] args)
        {
                int A = 5;
                int B = 10;
                Console.WriteLine("A={0}", A);
                Console.WriteLine("B={0}", B);
                if (A == B)
                {
                    Console.WriteLine("表达式 1 :  A 等于 B");
                }
                else
                {
                    Console.WriteLine("表达式 1 :  A 不等于 B");
                }
                if (A < B)
                {
```

```
                Console.WriteLine("表达式 2 ：  A 小于 B");
            }
            else
            {
                Console.WriteLine("表达式 2 ：  A 不小于 B");
            }
            if (A > B)
            {
                Console.WriteLine("表达式 3 ：  A 大于 B");
            }
            else
            {
                Console.WriteLine("表达式 3 ：  A 不大于 B");
            }
            Console.ReadLine();
        }
```

程序运行结果如图 3-6 所示。

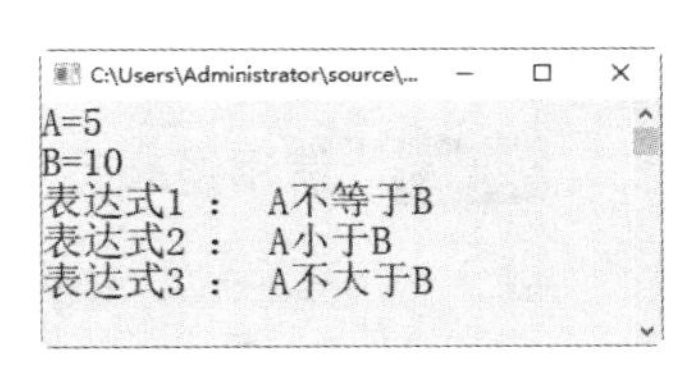

图 3-6　判断数值关系

3.2.4　逻辑运算符与表达式

逻辑运算符两侧的操作数需要转换成布尔值进行运算。逻辑与和逻辑或都是二元运算符，要求有两个操作数，而逻辑非为一元运算符，只有一个操作数。

1. 逻辑运算符

C#语言为用户提供了逻辑运算符，包括逻辑与、逻辑或、逻辑非 3 种逻辑运算符。表 3-8 所示为 C#语言支持的所有逻辑运算符，假设变量 A 的值为 true，变量 B 的值为 false。

表 3-8　逻辑运算符

运算符	描　述	实　例
&&	逻辑与运算符表示对两个类型的操作数进行与运算，并且仅当两个操作数均为“真”时，结果才为“真”	(A && B)为假
||	逻辑或运算符表示对两个类型的操作数进行或运算，当两个操作数中只要有一个操作数为“真”时，结果就是“真”	(A || B)为真
!	逻辑非运算符表示对某个操作数进行非运算，当该操作数为“真”时，结果就是“假”	!(A && B)为真

为了方便掌握逻辑运算符的使用，逻辑运算符的运算结果可以用逻辑运算的“真值表”来表示，如表 3-9 所示。

表 3-9　真值表

a	b	a&&b	a||b	!a
true	true	true	true	false
true	false	false	true	false
false	true	false	true	true
false	false	false	false	true

注意　逻辑运算符与关系运算符的返回结果一样，分为“真”与“假”两种，“真”为 true，“假”为 false。

2. 逻辑表达式

由逻辑运算符组成的表达式称为逻辑表达式。逻辑表达式的结果只能是真与假，要么是 true 要么是 false。逻辑表达式的书写形式一般为：

```
表达式 逻辑运算符 表达式
```

例如，表达式 a&&b，其中 a 和 b 均为布尔值，系统在计算该逻辑表达式时，首先判断 a 的值，如果 a 为 true，再判断 b 的值，如果 a 为 false，系统不需要继续判断 b 的值，直接确定表达式的结果为 false。

实例 7　使用逻辑运算符及表达式判断数值之间的关系(源代码\ch03\3.7.txt)。

```
static void Main(string[] args)
        {
            bool A = true;
            bool B = true;
            bool C, D;
            Console.WriteLine("A={0}", A);
            Console.WriteLine("B={0}", B);
            if (A && B)
            {
                Console.WriteLine("A && B - 条件为真");
            }
            if (A || B)
            {
                Console.WriteLine("A || B - 条件为真");
            }
            /* 改变 A 和 B 的值 */
            C = true;
            D = false;
            Console.WriteLine("C={0}", C);
            Console.WriteLine("D={0}", D);
            if (C && D)
            {
                Console.WriteLine("C && D - 条件为真");
            }
            else
            {
                Console.WriteLine("C && D - 条件不为真");
            }
            if (!(C && D))
            {
                Console.WriteLine("!(C && D) - 条件为真");
            }
            Console.ReadLine();
        }
```

程序运行结果如图 3-7 所示。

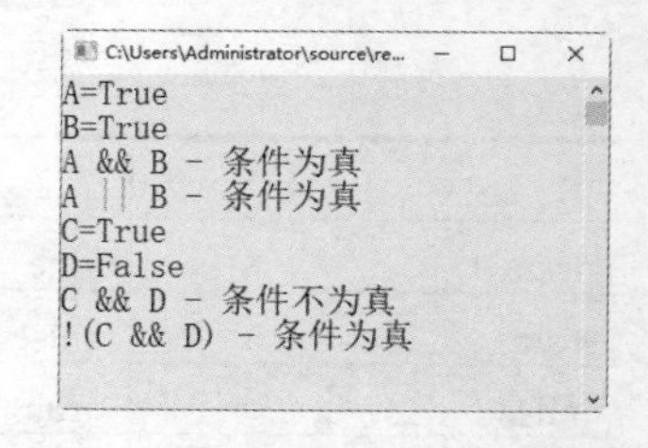

图 3-7　输出表达式的逻辑值

3.2.5　位运算符与表达式

任何信息在计算机中都是以二进制的形式保存的，位运算符是对数据按二进制位进行运算的运算符。

1. 位运算符

C#语言中提供的位运算符如表 3-10 所示。假设变量 A 的值为 60，变量 B 的值为 13。

表 3-10　位运算符

<table>
<tr><th>运算符</th><th>描　述</th><th>实　例</th></tr>
<tr><td>&</td><td>与运算符，按二进制位进行“与”运算。运算规则：
0&0=0;
0&1=0;
1&0=0;
1&1=1;</td><td>(A&B)将得到 12，即为 0000 1100</td></tr>
<tr><td>|</td><td>或运算符，按二进制位进行“或”运算。运算规则：
0|0=0;
0|1=1;
1|0=1;
1|1=1;</td><td>(A|B)将得到 61，即为 0011 1101</td></tr>
<tr><td>^</td><td>异或运算符，按二进制位进行“异或”运算。运算规则：
0^0=0;
0^1=1;
1^0=1;
1^1=0;</td><td>(A^B)将得到 49，即为 0011 0001</td></tr>
<tr><td>～</td><td>取反运算符，按二进制位进行“取反”运算。运算规则：
～1=0;
～0=1;</td><td>(～A)将得到-61，即为 1100 0011，一个有符号二进制数的补码形式</td></tr>
<tr><td><<</td><td>二进制左移运算符。将一个运算对象的各二进制位全部左移若干位(左边的二进制位丢弃，右边补 0)</td><td>A<<2 将得到 240，即为 1111 0000</td></tr>
<tr><td>>></td><td>二进制右移运算符。将一个数的各二进制位全部右移若干位，正数左补 0，负数左补 1，右边丢弃</td><td>A>>2 将得到 15，即为 0000 1111</td></tr>
</table>

2. 位运算表达式

由位运算符和操作数构成的表达式为位运算表达式。在位运算表达式中，系统首先将操作数转换为二进制数，然后再进行位运算，计算完毕后，再将其转换为十进制数整数。

实例 8　使用位运算表达式进行相关的位运算(源代码\ch03\3.8.txt)。

编写程序，定义 int 型变量 a、b，并分别初始化为 20、15；定义 int 型变量 c 并初始化为 0。对 a、b 进行相关位运算操作，将结果赋予变量 c 并输出。

```
static void Main(string[] args)
        {
            int a = 20;   /* 20 = 0001 0100 */
            int b = 15;   /* 15 = 0000 1111 */
            int c = 0;
            Console.WriteLine("a 的值是 {0}", a);
            Console.WriteLine("b 的值是 {0}", b);
            c = a & b;   /* 4 = 0000 0100 */
            Console.WriteLine("a & b 的值是 {0}", c);
            c = a | b;   /* 31 = 0001 1111 */
            Console.WriteLine("a | b 的值是 {0}", c);
            c = a ^ b;   /* 27 = 0001 1011 */
            Console.WriteLine("a ^ b 的值是 {0}", c);
            c = ~a;   /* -21 = 1110 1011 */
            Console.WriteLine("~a 的值是 {0}", c);
            c = a << 2;   /* 80 = 0101 0000 */
            Console.WriteLine("a << 2 的值是 {0}", c);
            c = a >> 2;   /* 5 = 0000 0101 */
            Console.WriteLine("a >> 2 的值是 {0}", c);
            Console.ReadLine();
        }
```

程序运行结果如图 3-8 所示。

注意

位运算中的取补运算是“取反再转补码”，十进制数 20，用二进制表示为“00010100”，“取反”即为“11101011”。而转换成补码为“10101”，对应的十进制数为 21，当最高位是“1”的时候取负，故～a 的结果为-21。

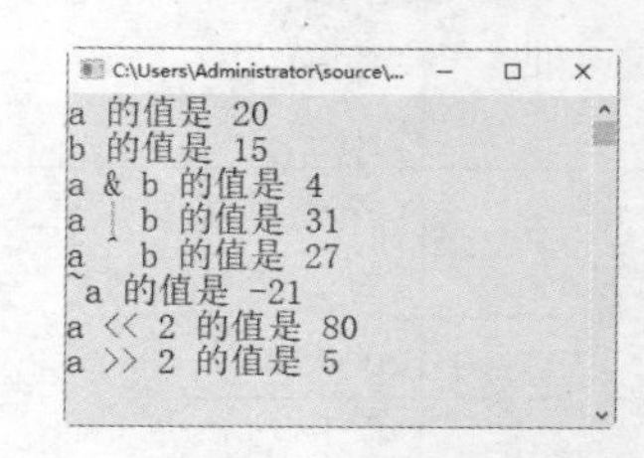

图 3-8　位运算表达式的应用

3.2.6　条件运算符与表达式

由条件运算符组成的表达式称为条件表达式。一般表示形式如下：

```
条件表达式?表达式 1:表达式 2
```

条件表达式的计算过程是先计算条件表达式的值，然后进行判断。如果条件表达式的结果为“真”，计算表达式 1 的值，表达式 1 为整个条件表达式的值；否则，计算表达式 2，表达式 2 为整个条件表达式的值。例如，求出 a 和 b 中最大数的表达式。

```
a>b?a:b   //取 a 和 b 的最大值
```

条件运算符的优先级高于赋值运算符，低于关系运算符和算术运算符。所以有：

```
(a>b)?a:b 等价于 a>b?a:b
```

条件运算符的结合性规则是自右向左，例如：

```
a>b?a:c<d?c:d 等价于 a>b?a:(c<d?c:d)
```

注意

在条件运算符中，“？”与“：”是一对运算符，不可拆开使用。

实例 9 使用条件表达式进行相关比较运算(源代码\ch03\3.9.txt)。

编写程序，定义两个 int 型变量并赋初值，再使用条件表达式比较它们的大小，将较大数输出。

```
static void Main(string[] args)
        {
            int a = 20;
            int b = 15;
            Console.WriteLine("a 的值是 {0}", a);
            Console.WriteLine("b 的值是 {0}", b);
            Console.WriteLine("两数中较大的值为：{0}", a > b ? a : b);
            Console.ReadLine();
        }
```

程序运行结果如图 3-9 所示。

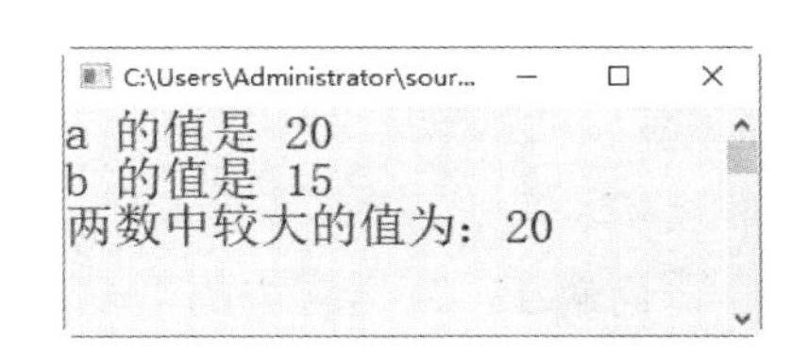

图 3-9 条件表达式的应用

3.2.7 杂项运算符与表达式

在 C#语言中，除了算术运算符、关系运算符等，还有其他一些重要的运算符。表 3-11 所示为常用的杂项运算符。

表 3-11 杂项运算符

运算符	描 述	实 例
sizeof()	返回数据类型的大小	sizeof(int)将返回 4
typeof()	返回 class 的类型	typeof(StreamReader)
&	返回变量的地址	&a;将给出变量的实际地址
is	判断对象是否为某一类型	if(Ford is Car) //检查 Ford 是否是 Car 类的一个对象
as	强制转换，即使转换失败也不会抛出异常	Object obj = new StringReader("Hello"); StringReader r = obj as StringReader;

实例 10 杂项运算符的应用(源代码\ch03\3.10.txt)。

```
static void Main(string[] args)
        {
            /* sizeof 运算符的实例 */
            Console.WriteLine("int 的大小是 {0}", sizeof(int));
            Console.WriteLine("short 的大小是 {0}", sizeof(short));
            Console.WriteLine("double 的大小是 {0}", sizeof(double));
            /* typeof 运算符的实例 */
            Console.WriteLine("int 的原型是 {0}", typeof(int));
            Console.WriteLine("short 的原型是 {0}", typeof(short));
            Console.WriteLine("double 的原型是 {0}", typeof(double));
            /* 三元运算符的实例 */
            int a, b;
            a = 10;
            b = (a == 1) ? 20 : 30;
            Console.WriteLine("b 的值是 {0}", b);
            b = (a == 10) ? 20 : 30;
```

```
        Console.WriteLine("b 的值是 {0}", b);
        Console.ReadLine();
    }
```

程序运行结果如图 3-10 所示。

```
int 的大小是 4
short 的大小是 2
double 的大小是 8
int 的原型是 System.Int32
short 的原型是 System.Int16
double 的原型是 System.Double
b 的值是 30
b 的值是 20
```

图 3-10　杂项运算符的应用

3.3　就业面试问题解答

问题 1：C#语言中的“=”运算符与“==”运算符有什么区别？

答：“=”运算符是赋值运算符，它的功能是将等号右边的结果赋给左边的变量；而“==”运算符是判断是否相等运算符，用于判断等号左右两边的变量或者常量是否相等。

问题 2：“b=a++”和“b=++a”的区别是什么？

答：“b=a++”是先将 a 赋值给 b，再对 a 进行自增运算。“b=++a”是先将 a 进行自增运算，再将 a 赋值给 b。

3.4　上机练练手

上机练习 1：计算三角形的面积。

编写程序，计算三角形的面积 S。根据海伦公式可知，已知三角形的三条边长为 x、y、z，面积公式为 $S=\sqrt{[p(p-x)(p-y)(p-z)]}$，而公式里的 p 为半周长：$p=(x+y+z)/2$。程序运行结果如图 3-11 所示。

上机练习 2：比较两个数的大小。

编写程序，输入 int 型变量 x 和 y，使用比较运算符比较 x 和 y 的大小，将 x 和 y 中较小的数输出。程序运行结果如图 3-12 所示。

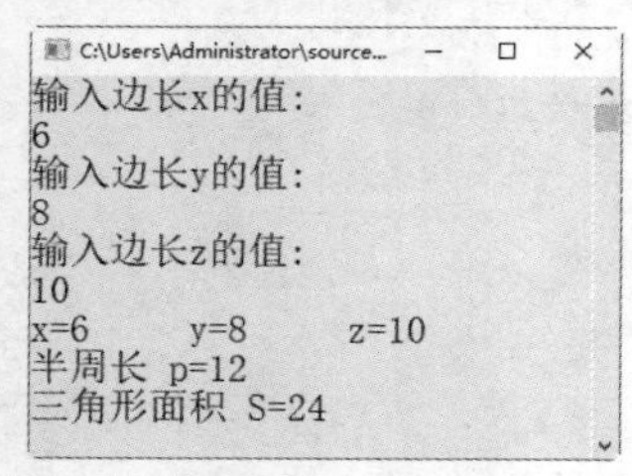

图 3-11　求解三角形面积

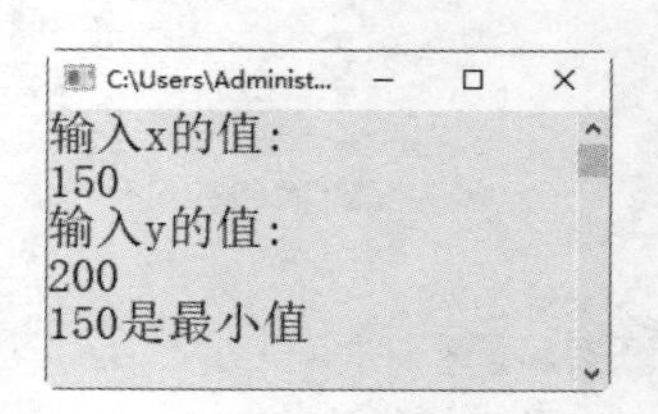

图 3-12　代码运行结果

上机练习 3：求分数序列的和。

编写程序，求分数序列 2/1，3/2，5/3，8/5，13/8，21/13……前 20 项之和，程序运行结果如图 3-13 所示。

图 3-13　分数序列的和

第 4 章

流程控制语句

流程控制语句是由特定的语句定义符组成的，用来描述语句的执行条件和执行顺序。使用流程控制语句可实现程序的各种结构方式，从而实现对程序的流程控制。本章就来介绍 C#语言的流程控制语句。

4.1 顺序结构

无论哪种程序设计语言，程序的基本结构无外乎顺序结构、选择结构和循环结构 3 种。其中，顺序结构是最基本也是最简单的程序结构。但大量实际问题需要根据条件判断，以改变程序的执行顺序或重复执行某段程序，前者称为选择结构，后者称为循环结构。C#语言中的流程控制语句如图 4-1 所示。

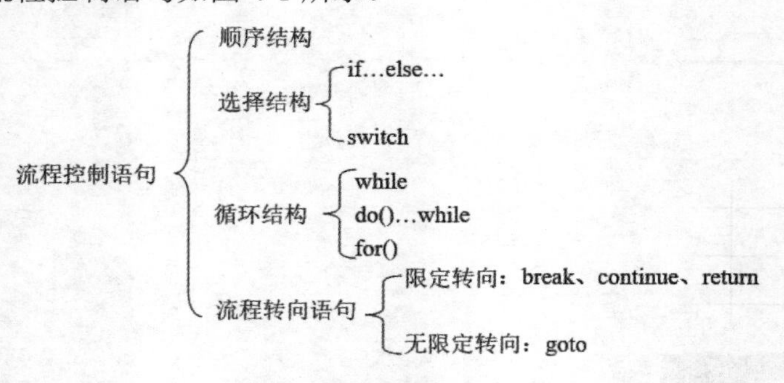

图 4-1 流程控制语句

顺序结构一般由定义常量和变量的语句、赋值语句、输入/输出语句、注释语句等构成。顺序结构的程序在执行过程中，按照语句的书写顺序从上至下依次执行，具体代码从 main()函数开始运行。例如：

```
int c;
int a = 3;
int b = 4;
c = a + b;
```

程序中包含 4 条语句，构成一个顺序结构的程序。可以看出，顺序结构的程序中，每一条语句都需要执行并且执行一次。

实例 1 求圆的面积(源代码\ch04\4.1.txt)。

编写程序，定义圆的半径和圆周率，计算圆的面积并输出。

```
static void Main(string[] args)
       {
          decimal pi = 3.14159M;          //字母 M 表示数据是 decimal 类型
          int r = 12;                     //定义 int 型变量 r 表示圆的半径
          decimal s = 0;                  //用来存放圆的面积
          s = pi * r * r;                 //计算圆的面积
          Console.WriteLine("圆的半径是{0} \n 圆的面积是：{1}",r,s); //在控制台输出结果
          Console.ReadLine();
       }
```

程序运行结果如图 4-2 所示。

图 4-2 求圆的面积

4.2　条件判断语句

在现实生活中，经常需要根据不同的情况做出不同的选择。例如，如果下雨体育课在室内进行，如果不下雨体育课在室外进行。在程序中，要实现这样的功能就需要使用条件判断语句。C#语言提供的条件判断语句如表 4-1 所示。

表 4-1　条件判断语句

语　句	描　述
if 语句	一个 if 语句由一个布尔表达式后跟一个或多个语句组成
if...else 语句	一个 if 语句后可跟一个可选的 else 语句，else 语句在布尔表达式为假时执行
嵌套 if 语句	可以在一个 if 或 else if 语句内使用另一个 if 或 else if 语句
switch 语句	一个 switch 语句允许测试一个变量等于多个值时的情况
嵌套 switch 语句	可以在一个 switch 语句内使用另一个 switch 语句

4.2.1　if 语句

if 语句用来判断所给定的条件是否满足，根据判定结果(真或假)决定所要执行的操作。if 语句的一般表示形式为：

```
if(条件表达式)
{
    语句块;
}
```

关于 if 语句语法格式的几点说明：

(1) if 关键字后的一对圆括号不能省略。圆括号内的表达式要求结果为布尔型或可以隐式转换为布尔型的表达式、变量或常量，即表达式返回的一定是布尔值 true 或 false。

(2) if 表达式后的一对大括号是语句块的语法。程序中的多个语句使用一对大括号括住构成语句块。if 语句中的语句块如果是一句，大括号可以省略。如果是一句以上，大括号一定不能省略。

(3) if 语句表达式后一定不要加分号，如果加上分号代表条件成立后执行空语句，在调试程序时不会报错，只会警告。

(4) 当 if 的条件表达式返回 true 值时，程序执行大括号里的语句块。当条件表达式返回 false 值时，将跳过语句块，执行大括号后面的语句，如图 4-3 所示。

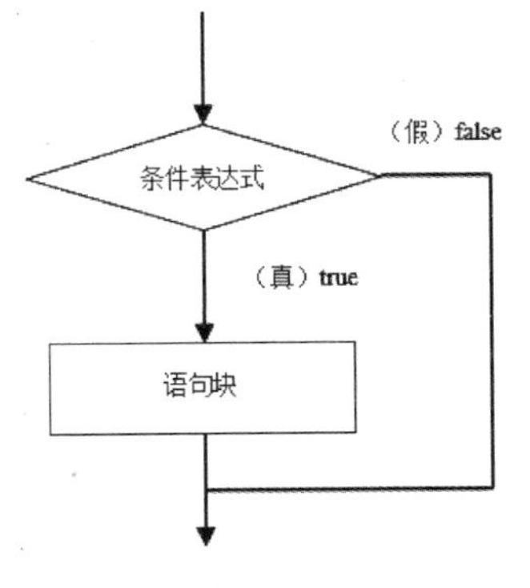

图 4-3　if 语句执行流程

在 C#语言中，可以将多个语句放入大括号内，构成语句块。并且一个分号代表一个空语句。

实例 2 由小到大排序输入的数值(源代码\ch04\4.2.txt)。

编写程序，定义 3 个整数并赋初值，然后把这 3 个数由小到大排序，并将结果输出。

```
static void Main(string[] args)
      {
          int x=180, y=120, z=100, t;
          Console.WriteLine("排序以下三个数值：");
          Console.WriteLine("{0} {1} {2}", x,y,z);
          if (x > y)
          { /*如果条件为真，交换 x,y 的值*/
             t = x; x = y; y = t;
          }
          if (x > z)
          { /*如果条件为真，交换 x,z 的值*/
             t = z; z = x; x = t;
          }
          if (y > z)
          { /*如果条件为真，交换 z,y 的值*/
             t = y; y = z; z = t;
          }
          Console.WriteLine("从小到大排序：");
          Console.WriteLine("{0} {1} {2}", x, y, z);
          Console.ReadLine();
      }
```

程序运行结果如图 4-4 所示。

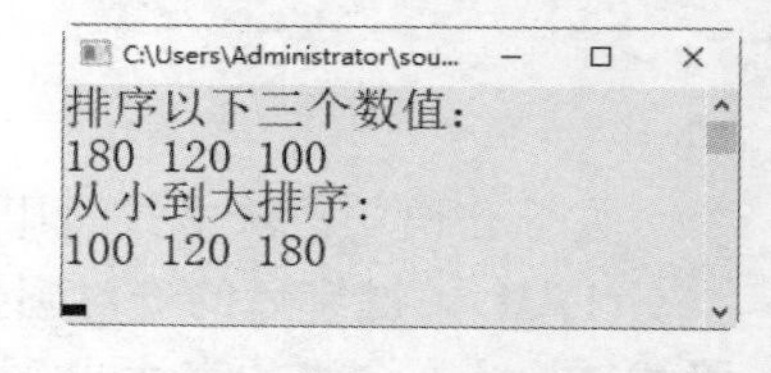

图 4-4 排序数值

4.2.2 if…else 语句

if 语句只能对满足条件的情况进行处理，但是在实际应用中，需要对两种可能都做处理，即满足条件时，执行一种操作，不满足条件时，执行另外一种操作。可以利用 C#语言提供的 if…else 语句来完成上述要求。if…else 语句的一般表示形式为：

```
if(条件表达式)
{
   语句块 1;
}
else
{
   语句块 2;
}
```

可以把 if…else 语句理解为中文的“如果……就……，否则……”。上述语句可以表示为假设 if 后的条件表达式为 true，就执行语句块 1，否则执行 else 后面的语句块 2，执行流程如图 4-5 所示。

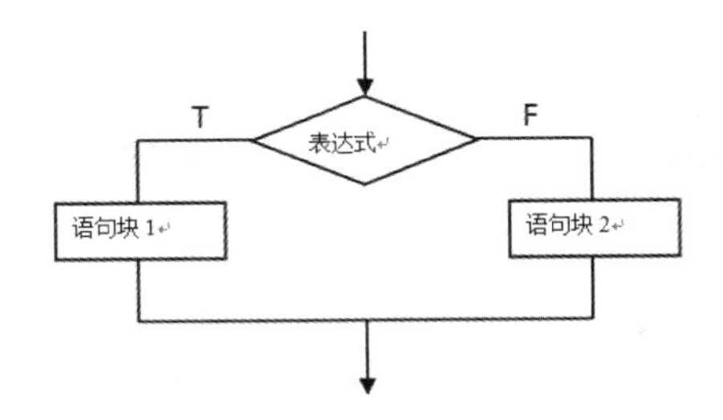

图 4-5　if...else 语句执行流程

实例 3　找出两个数的最大值(源代码\ch04\4.3.txt)。

编写程序，定义两个整数并赋初值，找出这两个数的最大值并输出。

```
static void Main(string[] args)
       {
           int x = 150, y = 180;
           Console.WriteLine("找出以下两个数的最大值");
           Console.WriteLine("{0} {1}", x, y);
           if (x > y)
           {
               Console.WriteLine("max={0}", x);
           }
           else
           {
               Console.WriteLine("max={0}", y);
           }
           Console.ReadLine();
       }
```

程序运行结果如图 4-6 所示。

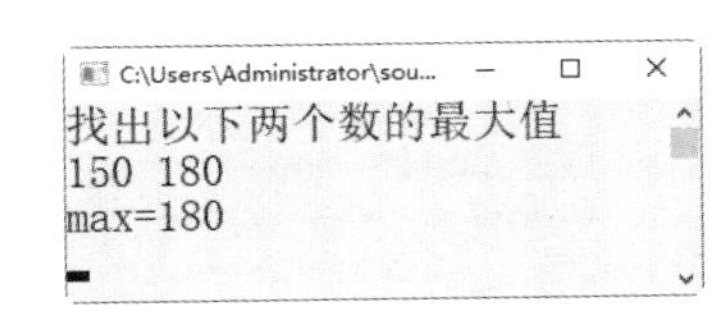

图 4-6　输出两个数的最大值

4.2.3　选择嵌套语句

在实际应用中，一个判断语句存在多种可能的结果时，可以在 if...else 语句中再包含一个或多个 if 语句。这种表示形式称为 if 语句嵌套。常用的嵌套语句为 if...else，一般表示形式为：

```
if(表达式 1)
{
    if(表达式 2)
    {
        语句块 1;    //表达式 2 为真时执行
    }
    else
    {
        语句块 2;    //表达式 2 为假时执行
    }
}
else
{
    if(表达式 3)
    {
        语句块 3;    //表达式 3 为真时执行
    }
    else
```

```
    {
        语句块 4;    //表达式 3 为假时执行
    }
}
```

首先执行表达式 1，如果返回值为 true，再判断表达式 2，如果表达式 2 返回 true，则执行语句块 1，否则执行语句块 2。表达式 1 返回值为 false，再判断表达式 3，如果表达式 3 返回值为 true，则执行语句块 3，否则执行语句块 4。

实例 4　根据录入的学生分数，输出相应的等级(源代码\ch04\4.4.txt)。

编写程序，根据录入的学生分数，输出相应的等级。90 分以上为优秀，80～89 分为良好，70～79 分为中等，60～69 分为及格，60 分以下为不及格。

```
class Program
{
    static void Main(string[] args)
    {
        double Score;
        Console.WriteLine("请输入分数并按 Enter 键结束：");
        Score = double.Parse(Console.ReadLine());
        if (Score < 60)
        {
            Console.WriteLine("不及格");
        }
        else
        {
            if (Score <= 69)
            {
                Console.WriteLine("及格");
            }
            else
        {
                if (Score <= 79)
                {
                    Console.WriteLine("中等");
                }
                else
                {
                    if (Score <= 89)
                    {
                        Console.WriteLine("良好");
                    }
                    else
                    {
                        Console.WriteLine("优秀");
                    }
                }
            }
        }
       Console.ReadLine();
    }
}
```

程序运行结果如图 4-7 所示。

图 4-7　嵌套 if...else 语句

在编写程序时要注意书写规范，一个 if 语句块对应一个 else 语句块，这样在书写完成后既便于阅读又便于理解。

C#语言中，还可以在 if...else 语句中的 else 后跟 if 语句的嵌套，从而形成 if...else if...else 的结构，这种结构的一般表现形式为：

```
if(表达式 1)
   语句块 1;
else if(表达式 2)
   语句块 2;
else if(表达式 3)
   语句块 3;
…
else
   语句块 n;
```

首先执行表达式 1，如果返回值为 true，则执行语句块 1，再判断表达式 2，如果返回值为 true，则执行语句块 2，再判断表达式 3，如果返回值为 true，则执行语句块 3……否则执行语句块 n。

实例 5　嵌套 else...if 语句的应用(源代码\ch04\4.5.txt)。

编写程序，对实例 4 进行改造，使用嵌套 else...if 语句的形式对学生分数进行判断，并输出相应的等级划分。

```
static void Main(string[] args)
        {
            double Score;
            Console.WriteLine("请输入分数并按 Enter 键结束：");
            Score = double.Parse(Console.ReadLine());
            /* 判断流程 */
            if (Score < 60)
            {
                Console.WriteLine("不及格");
            }
            else if (Score <= 69)
            {
                Console.WriteLine("及格");
            }
            else if (Score <= 79)
            {
                Console.WriteLine("中等");
            }
            else if (Score <= 89)
            {
                Console.WriteLine("良好");
            }
```

```
        else
        {
            Console.WriteLine("优秀");
        }
        Console.ReadLine();
    }
```

程序运行结果如图 4-8 所示。

注意

在 if...else 语句中嵌套 if...else 语句的形式十分灵活，可在 else 的判断下继续使用嵌套 if...else 语句的方式。

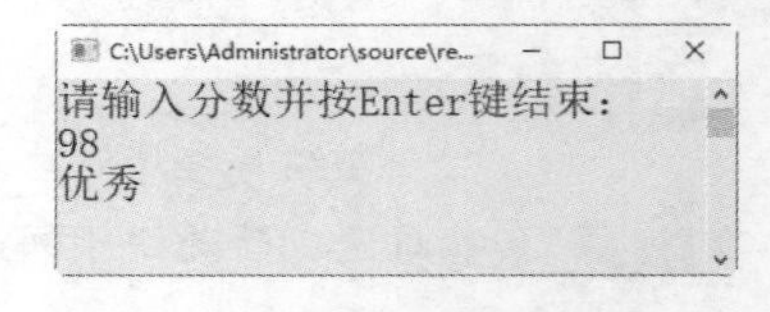

图 4-8　嵌套 else...if 语句

4.2.4　switch 分支结构语句

switch 语句与 if 语句类似，也是选择结构的一种形式，一个 switch 语句可以处理多个判断条件。一个 switch 语句相当于一个 if...else 嵌套语句，它们的相似度很高，几乎所有的 switch 语句都能用 if...else 嵌套语句表示。

switch 语句与 if...else 嵌套语句最大的区别在于：if...else 嵌套语句中的条件表达式的值是一个逻辑值，即结果为 true 或 false，而 switch 语句后的表达式值为整型、字符型或字符串型并与 case 标签里的值进行比较。switch 语句的表示形式如下：

```
switch(表达式)
{
    case 常量表达式 1:语句块 1;break;
    case 常量表达式 2:语句块 2;break;
    ...
    case 常量表达式 n:语句块 n;break;
     [default:语句块 n+1;break;]
}
```

首先计算表达的值，当表达式的值等于常量表达式 1 的值时，执行语句块 1；当表达式的值等于常量表达式 2 的值时，执行语句块 2；……；当表达式的值等于常量表达式 n 的值时，执行语句块 n；否则执行 default 后面的语句块 n+1，当执行到 break 语句时跳出 switch 结构。

switch 语句必须遵循下面的规则：

(1) switch 语句中的表达式是一个常量表达式，必须是一个整型或枚举类型。

(2) 在一个 switch 语句中可以有任意数量的 case 语句。每个 case 语句后跟一个要比较的值和一个冒号。

(3) case 标签后的表达式必须与 switch 中的变量具有相同的数据类型，且必须是一个常量。

(4) 当被测试的变量等于 case 中的常量时，case 后跟的语句将被执行，直到遇到 break 语句为止。

(5) 当遇到 break 语句时，switch 终止，控制流将跳转到 switch 语句后的下一行。

(6) 不是每一个 case 都需要包含 break。如果 case 语句不包含 break，控制流将会继续后续的 case，直到遇到 break 为止。

(7) 一个 switch 语句可以有一个可选的默认值，出现在 switch 的结尾。默认值可用于在上面所有 case 都不为真时执行一个任务。默认值中的 break 语句不是必需的。

实例 6　模拟餐厅点餐收费(源代码\ch04\4.6.txt)。

编写程序，使用 switch 语句模拟餐厅点餐收费，通过读入用户选择来提示付费信息。

```
static void Main(string[] args)
        {
            //显示提示
            Console.WriteLine("三种选择型号: ");
            Console.WriteLine("  1=(小份, 3.0 元)");
            Console.WriteLine("  2=(中份, 4.0 元)");
            Console.WriteLine("  3=(大份, 5.0 元)");
            Console.Write("您的选择是: ");
            //读入用户选择
            //把用户的选择赋值给变量 a
            string s = Console.ReadLine();
            int a = int.Parse(s);
            //根据用户的输入提示付费信息
            switch (a)
            {
                case 1:
                    Console.WriteLine("小份，请付费 3.0 元。");
                    break;
                case 2:
                    Console.WriteLine("中份，请付费 4.0 元。");
                    break;
                case 3:
                    Console.WriteLine("大份，请付费 5.0 元。");
                    break;
                //默认为中杯
                default:
                    Console.WriteLine("中份，请付费 4.0 元。");
                    break;
            }
            Console.WriteLine("谢谢使用，欢迎再次光临！");
            Console.ReadLine();
        }
```

程序运行结果如图 4-9 所示。

首先在代码中定义变量 a，通过输入端，输入用户选择，然后使用输出函数提示用户可选份额信息。根据用户的选择进行判断，若为 1，则为小份，需付费 3 元；若为 2，则为中份，需付费 4 元；若为 3，则为大份，需付费 5 元；若默认，为 1～3 以外的结果，则为中份，需付费 4 元。

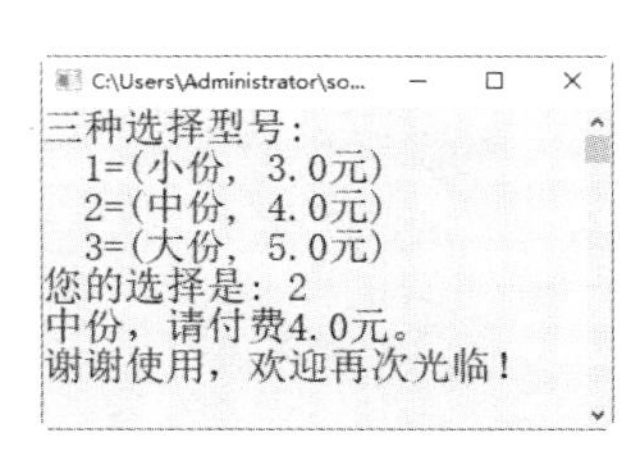

图 4-9　switch 语句

4.3　循 环 语 句

在实际应用中，往往会遇到一行或几行代码需要执行多次的情况，这就是代码的循环。几乎所有的程序都包含循环，循环是重复执行的指令，重复次数由条件决定，这个条

件称为循环条件，反复执行的程序段称为循环体。

在 C#语言中，为用户提供了 3 种循环语句，分别为 while 循环语句、do…while 循环语句和 for/foreach 循环语句，具体介绍如表 4-2 所示。

表 4-2 循环语句

循环类型	描 述
while 循环	当给定条件为真时，重复语句或语句组。在执行循环主体之前测试条件
do...while 循环	除了在循环主体结尾测试条件外，其他与 while 语句类似
for/foreach 循环	多次执行一个语句序列，简化管理循环变量的代码

4.3.1 while 语句

while 循环语句根据循环条件的返回值来判断执行零次或多次循环体。当逻辑条件成立时，重复执行循环体，直到条件不成立时终止。因此在循环次数不固定时，while 语句相当于“有时”。while 循环语句的表示形式如下：

```
while(布尔表达式)
{
    语句块;
}
```

当遇到 while 语句时，首先计算布尔表达式，当布尔表达式的值为 true 时，执行一次循环体中的语句块，循环体中的语句块执行完毕时，将重新查看是否符合条件，若表达式的值还返回 true 将再次执行相同的代码，否则跳出循环。while 循环语句的特点：先判断条件，后执行语句。

while 语句循环变量的初始化应放在 while 语句之上，循环条件即 while 关键字后的布尔表达式，循环体是大括号内的语句块，改变循环变量的值也是循环体中的一部分。

实例 7 使用 while 语句求 100 以内自然数的和(源代码\ch04\4.7.txt)。

编写程序，实现 100 以内自然数的求和，即 1+2+3+…+100，最后输出计算结果。

```
static void Main(string[] args)
{
    int i = 1, sum = 0;
    Console.WriteLine("100 以内自然数求和: ");
    while (i <= 100)
    {
        sum += i;
        i++;    //自增运算
    }
    Console.WriteLine("1+2+3+...+100={0}", sum);
    Console.ReadLine();
}
```

程序运行结果如图 4-10 所示。

图 4-10 while 循环语句

使用 while 语句时要注意以下几点：

(1) while 语句中的表达式一般是关系表达式或逻辑表达式，只要表达式的值为真(非 0)即可继续循环。

(2) 循环体包含一条以上语句时，应用“{}”括起来，以复合语句的形式出现；否则，它只认为 while 后面的第 1 条语句是循环体。

(3) 循环前，必须给循环控制变量赋初值，如上例中的(i=1)。

(4) while 后面不能直接加分号(;)，如果直接在 while 语句后面加分号(;)，系统会认为循环体是空的，什么也不做。后面用“{}”括起来的部分将认为是 while 语句后面的下一条语句。

(5) 循环体中，必须有改变循环控制变量值的语句(使循环趋向结束的语句)，如上例中的 i++;，否则循环永远不会结束，形成所谓的死循环。例如如下代码：

```
int i=1;
while(i<10)
  printf("while 语句注意事项");
```

因为 i 的值始终是 1，也就是说，永远满足循环条件 i<10，所以，程序将不断地输出“while 语句注意事项”，陷入死循环，因此必须给出循环终止条件。

while 循环被称为有条件循环，是因为语句部分的执行要依赖判断表达式中的条件。while 循环的使用是有条件的，是因为在进入循环体之前必须满足这个条件。如果在第一次进入循环体时条件就不满足，程序将永远不会进入循环体。例如如下代码：

```
int i=11;
while(i<10)
   printf("while 语句注意事项");
```

因为 i 一开始就被赋值为 11，不符合循环条件 i<10，所以不会执行后面的输出语句。要使程序能够进入循环，必须给 i 赋比 10 小的初值。

4.3.2　do…while 语句

在 C#语言中，do...while 循环是在循环的尾部检查它的条件。do...while 循环与 while 循环类似，但是也有区别。do…while 循环和 while 循环的主要区别如下：

(1) do…while 循环是先执行循环体后判断循环条件，while 循环是先判断循环条件后执行循环体。

(2) do...while 循环的最小执行次数为 1 次，while 语句的最小执行次数为 0 次。

do…while 循环的语法格式如下：

```
do
{
   语句块;
}
while(表达式);
```

这里的条件表达式出现在循环的尾部，所以循环中的语句块会在条件被测试之前至少执行一次。如果条件为真，控制流会跳转回上面的 do，然后重新执行循环中的语句块，这个过程会不断重复，直到给定条件变为假为止。

程序遇到关键字 do，执行大括号内的语句块，语句块执行完毕，执行 while 关键字后的布尔表达式；如果表达式的返回值为 true，则向上执行语句块，否则结束循环，执行 while 关键字后的程序代码。

使用 do...while 语句应注意以下几点：

(1) do...while 语句是先执行“循环体语句”，后判断循环终止条件，与 while 语句不同。二者的区别在于：当 while 后面的表达式开始的值为 0(假)时，while 语句的循环体一次也不执行，而 do...while 语句的循环体至少要执行一次。

(2) 在书写格式上，循环体部分要用“{}”括起来，即使只有一条语句也如此；do...while 语句最后以分号结束。

(3) 通常情况下，do...while 语句是从后面控制表达式退出循环。但它也可以构成无限循环，此时要利用 break 语句或 return 语句直接从循环体内跳出循环。

实例 8 使用 do…while 语句求 100 以内自然数的和(源代码\ch04\4.8.txt)。

编写程序，使用 do…while 循环语句，实现 100 以内自然数求和，输出结果。

```
static void Main(string[] args)
       {
           int i = 1, sum = 0;
           Console.WriteLine("100 以内自然数求和");
           do
           {
              sum += i;
              i++;
           }
           while (i <= 100);
           Console.WriteLine("1+2+3+...+100={0}", sum);
           Console.ReadLine();
       }
```

程序运行结果如图 4-11 所示。

图 4-11　do…while 循环语句

在代码中首先定义两个变量 i 和 sum，然后使用 do…while 循环语句。这里首先执行一次循环体语句块，计算“sum+=i”，然后变量 i 进行自增运算“i++”，再进行判断，当“i<=100”时返回循环体进行循环，直到 i>100 时跳出循环。

4.3.3　for 语句

for 语句和 while 语句、do…while 语句一样，可以循环重复执行一个语句块，直到指定的循环条件返回值为假。for 语句的语法格式如下：

```
for(表达式 1;表达式 2;表达式 3)
{
   语句块;
}
```

表达式 1 为赋值语句，如果有多个赋值语句可以用逗号隔开，形成逗号表达式，即循环四要素中的循环变量初始化。

表达式 2 为布尔型表达式，用于检测循环条件是否成立，即循环四要素中的循环条件。

表达式 3 为赋值表达式，用来更新循环控制变量，以保证循环能正常终止，即循环四要素中的改变循环变量的值。

for 语句的执行过程如下。

(1) 计算表达式 1，为循环变量赋初值。

(2) 计算表达式 2，检查循环控制条件。若表达式 2 的值为 true，则执行一次循环体语句；若为 false，则终止循环。

(3) 循环完一次循环体语句后，计算表达式 3，对循环变量进行增量或减量操作，再重复第 2 步操作，判断是否要继续循环，执行流程如图 4-12 所示。

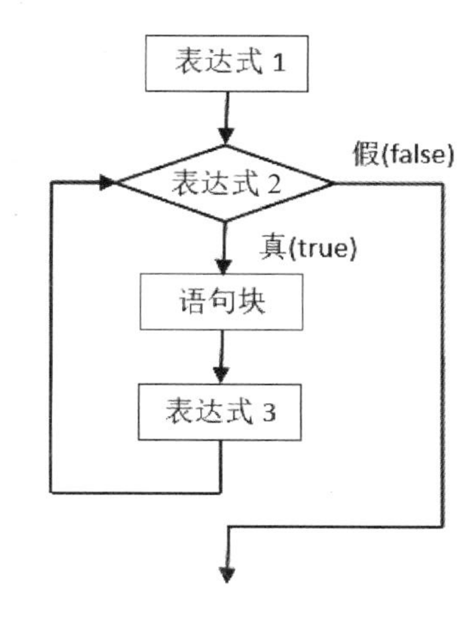

图 4-12　for 语句执行流程

注意：C#语言不允许省略 for 语句中的 3 个表达式，否则 for 语句将出现死循环。

实例 9　使用 for 语句求 100 以内自然数的和(源代码\ch04\4.9.txt)。

编写程序，使用 for 循环语句，实现 100 以内自然数求和，输出结果。

```
static void Main(string[] args)
        {
            int sum = 0;
            Console.WriteLine("100 以内自然数求和");
            for (int i = 1; i <= 100; i++)
             {
                 sum += i;
             }
            Console.WriteLine("1+2+3+...+100={0}", sum);
            Console.ReadLine();
        }
```

程序运行结果如图 4-13 所示。

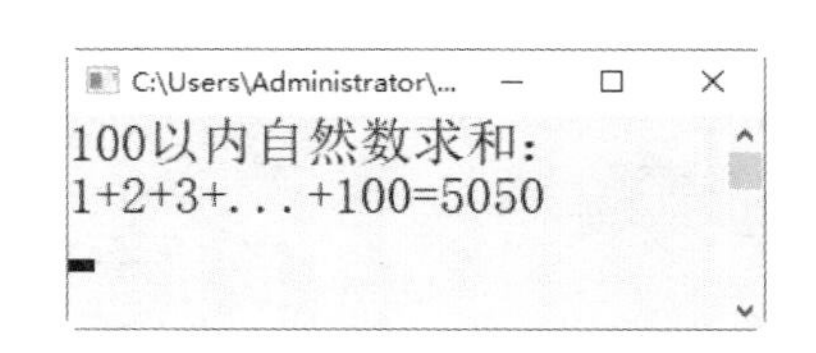

图 4-13　for 循环语句

上述代码中首先定义变量 sum，并将 sum 初始化为 0。然后使用 for 循环计算 100 以内自然数的和，在 for 循环中，首先计算“i=1”，为循环变量赋初值。然后计算“i<=100”，若为真，则执行一次“sum+=i”语句，若为假则跳出循环执行后续语句。在执行完一次循环语句后，计算“i++”，对循环变量进行自增运算，之后再重复计算表达式 2 的值，判断是否继续循环。

通过上述实例可以发现，while 语句、do...while 语句和 for 语句有很多相似之处，几乎所有的循环程序，这三种语句都可以互换。

4.4　循环语句的嵌套

在一个循环体内又包含另一个循环结构，称为循环嵌套。如果内嵌的循环中还包含循环语句，则称为多层循环。while 循环、do...while 循环和 for 循环语句之间可以相互嵌套。

4.4.1 嵌套 for 循环

C#语言中，嵌套 for 循环的语法结构如下：

```
for (表达式 1;表达式 2;表达式 3)
{
    语句块;
    for(表达式 1;表达式 2;表达式 3)
    {
        语句块;
        ...
        }
        ...
        }
```

实例 10 使用嵌套 for 循环语句输出九九乘法表(源代码\ch04\4.10.txt)。

编写程序，使用嵌套 for 循环语句，在屏幕上输出九九乘法表。

```
static void Main(string[] args)
        {
            for (int a = 1; a <= 9; a++)
             {
               for (int b = 1; b <= a; b++)
                 {
                   int x = b * a;
                   Console.Write("{0}*{1}={2} ", b, a, x);
                 }
                Console.WriteLine();
            }
                Console.ReadLine();
        }
```

程序运行结果如图 4-14 所示。

```
C:\Users\Administrator\source\repos\ConsoleApp1\ConsoleApp1\bin\Debug\ConsoleApp1.exe
1*1=1
1*2=2 2*2=4
1*3=3 2*3=6 3*3=9
1*4=4 2*4=8 3*4=12 4*4=16
1*5=5 2*5=10 3*5=15 4*5=20 5*5=25
1*6=6 2*6=12 3*6=18 4*6=24 5*6=30 6*6=36
1*7=7 2*7=14 3*7=21 4*7=28 5*7=35 6*7=42 7*7=49
1*8=8 2*8=16 3*8=24 4*8=32 5*8=40 6*8=48 7*8=56 8*8=64
1*9=9 2*9=18 3*9=27 4*9=36 5*9=45 6*9=54 7*9=63 8*9=72 9*9=81
```

图 4-14　九九乘法表

上述代码中首先定义循环变量 a 和 b，接着书写嵌套 for 循环语句，九九乘法表一共有 9 行，所以外循环应循环 9 次，循环条件为“a<=9”；每循环一次，输出一行口诀表，每行所输出的口诀刚好等于每行的行号，所以内循环的循环条件为“b<=a”。

4.4.2 嵌套 while 循环

C#语言中，嵌套 while 循环的语法结构如下：

```
while (条件 1)
{
    语句块
```

```
    while (条件 2)
    {
        语句块;
        ...
    }
    ...
}
```

实例 11　使用嵌套 while 循环语句输出九九乘法表(源代码\ch04\4.11.txt)。

编写程序，使用嵌套 while 循环语句，在屏幕上输出九九乘法表。

```
static void Main(string[] args)
        {
            int i = 1, j = 1;
            while (i <= 9)
            {
                j = 1;
                while (j <= i)
                {
                    int k = i * j;
                    Console.Write("{0}*{1}={2} ", i, j, k);
                    j++;
                }
                Console.WriteLine();
                i++;
            }
            Console.ReadLine();
        }
```

程序运行结果如图 4-15 所示。

```
C:\Users\Administrator\source\repos\ConsoleApp1\ConsoleApp1\bin\Debug\ConsoleApp1.exe
1*1=1
2*1=2 2*2=4
3*1=3 3*2=6 3*3=9
4*1=4 4*2=8 4*3=12 4*4=16
5*1=5 5*2=10 5*3=15 5*4=20 5*5=25
6*1=6 6*2=12 6*3=18 6*4=24 6*5=30 6*6=36
7*1=7 7*2=14 7*3=21 7*4=28 7*5=35 7*6=42 7*7=49
8*1=8 8*2=16 8*3=24 8*4=32 8*5=40 8*6=48 8*7=56 8*8=64
9*1=9 9*2=18 9*3=27 9*4=36 9*5=45 9*6=54 9*7=63 9*8=72 9*9=81
```

图 4-15　九九乘法表

4.4.3　嵌套 do...while 循环

C#语言中，嵌套 do...while 循环的语法结构如下：

```
do
{
    语句块;
    do
    {
        语句块;
        ...
    }while (条件 2);
    ...
}while (条件 1);
```

实例 12 使用嵌套 do...while 循环语句输出九九乘法表(源代码\ch04\4.12.txt)。

编写程序，使用嵌套 do...while 循环语句，在屏幕上输出九九乘法表。

```
static void Main(string[] args)
        {
          int c = 1;
          do
        {
           int d = 1;
           do
            {
                Console.Write("{0}*{1}={2} ", d, c, d * c);
                d++;
              } while (d <= c);
                c++;
                Console.WriteLine();
             } while (c <= 9);
            Console.ReadLine();
        }
```

程序运行结果如图 4-16 所示。

```
C:\Users\Administrator\source\repos\ConsoleApp1\ConsoleApp1\bin\Debug\ConsoleApp1.exe
1*1=1
1*2=2 2*2=4
1*3=3 2*3=6 3*3=9
1*4=4 2*4=8 3*4=12 4*4=16
1*5=5 2*5=10 3*5=15 4*5=20 5*5=25
1*6=6 2*6=12 3*6=18 4*6=24 5*6=30 6*6=36
1*7=7 2*7=14 3*7=21 4*7=28 5*7=35 6*7=42 7*7=49
1*8=8 2*8=16 3*8=24 4*8=32 5*8=40 6*8=48 7*8=56 8*8=64
1*9=9 2*9=18 3*9=27 4*9=36 5*9=45 6*9=54 7*9=63 8*9=72 9*9=81
```

图 4-16 九九乘法表

4.5 循环控制语句

循环控制语句可以改变代码的执行顺序，通过这些语句可以实现代码的跳转。C#语言提供的循环控制语句有 break 语句、continue 语句、goto 语句和 return 语句。

4.5.1 break 语句

break 只能应用在选择结构 switch 语句和循环语句中，如果出现在其他位置会引起编译错误。break 语句出现在循环内，会使循环提前结束，执行循环体外的语句。

实例 13 break 语句的使用(源代码\ch04\4.13.txt)。

编写程序，使用 while 循环输出 1 到 10 之间的整数，在内循环中使用 break 语句，当输出到 5 时跳出循环。

```
static void Main(string[] args)
        {
            int a = 1;
            while (a < 10)
            {
```

```
            Console.WriteLine("输出 a 的值：{0}",a);
            a++;
            if (a > 5)
            {
                break;  /*使用 break 语句终止循环 */
            }
        }
        Console.ReadLine();
    }
```

程序运行结果如图 4-17 所示。

上述代码中定义变量 a 并初始化为 1，然后通过循环输出 1～9，但是在 while 循环中嵌套了 if 语句，当 a 的值自增到 5 时结束 while 循环并跳出，这时完成输出 1～5 的整数。

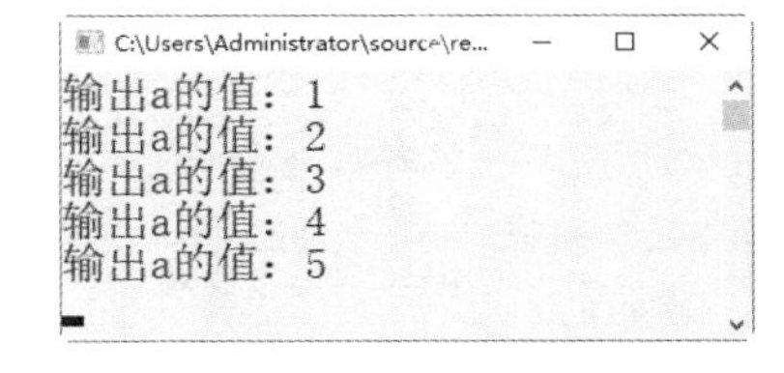

图 4-17　break 语句

在嵌套循环中，break 语句只能跳出离自己最近的那一层循环。

4.5.2　continue 语句

continue 语句只能应用于循环语句(while、do…while、for 或 foreach)中，用来忽略循环语句块内位于它后面的代码而直接开始一次新的循环。

实例 14　continue 语句的使用(源代码\ch04\4.14.txt)。

编写程序，使用 continue 语句输出 5 以内除了 3 之外的其他整数。

```
static void Main(string[] args)
{
    int a = 1;
    do
    {
        if (a == 3)
        {
            a = a + 1;     /*跳过迭代*/
            continue;
        }
        Console.WriteLine("输出 a 的值：{0}",a);
        a++;
    }
    while (a < 5);
    Console.ReadLine();
}
```

程序运行结果如图 4-18 所示。

上述代码中首先定义变量 a，接着使用 do…while 循环输出当 a<5 时 a 的值，在循环体中使用 if 语句，限定当 a 等于 3 时，跳过后续输出 a 的语句，而执行下一次的循环，直到输出 4 时停止。

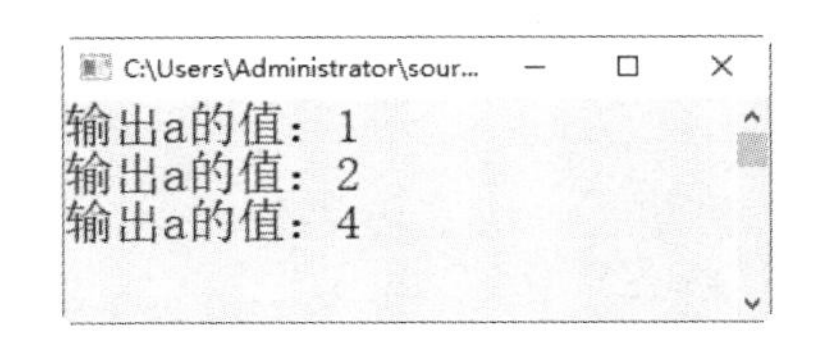

图 4-18　continue 语句

4.5.3 goto 语句

goto 语句的用法非常灵活，可以用它实现递归、循环、选择功能，goto 是“跳转到”的意思，使用它可以跳转到另一个加上指定标签的语句，goto 语句的语法格式如下：

```
goto [标签];
[标签]: [表达式];
```

例如，使用 goto 语句实现跳转到指定语句：

```
int i = 0;
goto a;
i = 1;
a : Console.WriteLine(i);
```

这四句代码的意思是，第一句：定义变量 i，第二句：跳转到标签为 a 的语句，接下来就输出 i 的结果，可以看出，第三句是无意义的，因为没有被执行，跳过去了，所以输出的值是 0，而不是 1。

goto 跳转的语句，并不是一定要跳转到之后的语句，也就是说，goto 还可以跳到前面去执行。

实例 15 goto 语句的使用(源代码\ch04\4.15.txt)。

编写程序，实现 100 以内自然数的求和，即 1+2+3+…+100，最后输出计算结果。

```
static void Main(string[] args)
        {
            int i, sum = 0;
            i = 1;
           loop: if (i <= 100)       /*标记 loop 标签*/
            {
                sum=sum + i;
                i++;
                goto loop;       /*如果 i 的值不大于 100，则转到 loop 标签处开始执行程序*/
            }
            Console.WriteLine("1+2+3+...+100={0}", sum);
            Console.ReadLine();
        }
```

程序运行结果如图 4-19 所示，即可显示 1～100 的整数之和。

图 4-19 程序运行结果

在任何编程语言中，都不建议使用 goto 语句。因为它会使程序的控制流难以跟踪，使程序难以理解和难以修改，因此，使用 goto 语句的程序应尽量改写成不需要使用 goto 语句的写法。

4.5.4　return 语句

在 C#语言中，return 语句终止它所在的方法的执行，并将控制权返回给调用方法。另外，它还可以返回一个可选值。如果方法为 void 类型，则可以省略 return 语句。

return 语句后面可以是常量、变量、表达式、方法，也可以什么都不加。return 语句可以出现在方法的任何位置。一个方法中也可以出现多个 return，但只有一个会执行。当 return 语句后面什么都不加时，返回的类型为 void。

实例 16　return 语句的使用(源代码\ch04\4.16.txt)。

编写程序，建立一个返回类型为 string 的方法，使用 return 语句，返回用户输入的姓名，然后在 Main()方法中进行调用输出。

```
class Program
    {
        static string MyName(string s)
        {
            string n;
            n = "您的姓名为：" + s;
            return n;    //使用 return 语句返回姓名字符串
        }
        static void Main(string[] args)
        {
            Console.WriteLine("请输入姓名：");
            string Name = Console.ReadLine();
            Console.WriteLine(MyName(Name));    //调用 MyName 方法输出姓名
            Console.ReadLine();
        }
    }
```

程序运行结果如图 4-20 所示。

图 4-20　输出姓名

4.6　就业面试问题解答

问题 1：break 语句和 continue 语句的区别是什么？

答：在循环体中，break 语句是跳出循环，而 continue 语句是跳出当前循环，执行下一次循环。

问题 2：循环语句都有什么特点？

答：while 和 do...while 语句的循环条件的改变，要靠程序员在循环体中有意安排某些语句。而 for 语句却不必。使用 for 语句时，若在循环体中想改变循环控制变量，以期改变循环条件，无异于画蛇添足。while 和 do...while 循环适用于未知循环次数的场合，而 for

循环适用于已知循环次数的场合。使用哪一种循环又依具体的情况而定。凡是能用 for 循环的场合，都能用 while 和 do...while 循环实现，反之则未必。

4.7 上机练练手

上机练习 1：统计一行字符中不同类型字符的个数。

编写程序，输入一行字符，分别统计出其中的字母、空格、数字及其他字符的个数。程序运行效果如图 4-21 所示。

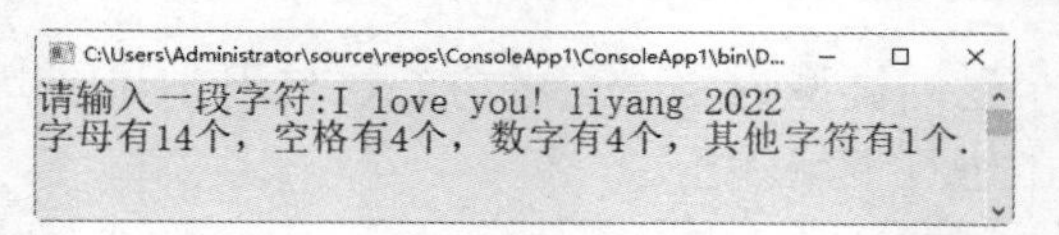

图 4-21 统计字符个数

上机练习 2：输出指定范围内的质数。

编写程序，创建一个控制台应用程序，实现输出除 1 之外指定整数范围内的质数。程序运行效果如图 4-22 所示。

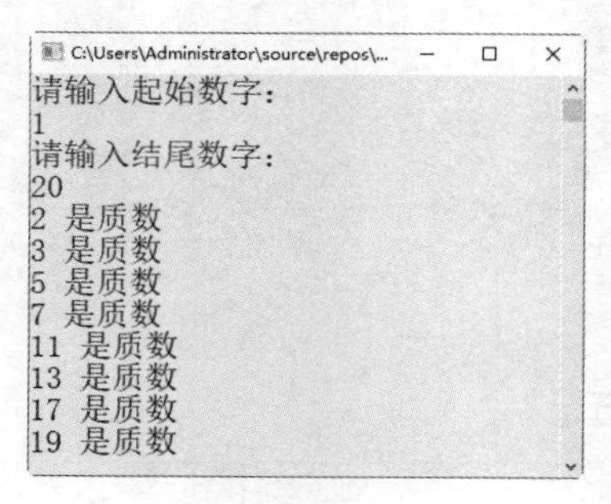

图 4-22 输出质数

第 5 章

字符与字符串

在 C#语言中，对于字符与字符串的处理有多种方法，对于字符的处理可以使用 Char 类中的方法，对于字符串的处理可以使用 String 类和 StringBuilder 类中的许多方法。本章就来介绍字符与字符串的处理。

5.1　字符类 Char 的使用

C#语言中的 Char 类用于定义一个 Unicode 字符，本节就来介绍 Char 类的使用。

5.1.1　Char 类概述

Char 在 C#语言中表示一个 Unicode 字符，正是这些 Unicode 字符构成了字符串。Unicode 字符是目前计算机中通用的字符编码，它为针对不同语言中的每个字符设定了统一的二进制编码，用于满足跨语言、跨平台的文本转换、处理要求。Char 的定义非常简单，可以通过下面的代码定义字符。

```
char Ch1 = 'a';
char Ch2 = 'b';
```

注意　Char 类只能定义一个 Unicode 字符。

5.1.2　Char 类的使用

为了方便灵活地操控字符，Char 类提供了许多方法。Char 类的常用方法如表 5-1 所示。

表 5-1　Char 类的常用方法

方　法	说　明
IsDigit	判断某个 Unicode 字符是否属于十进制数字类别
IsLetter	判断某个 Unicode 字符是否属于字母类别
IsLower	判断某个 Unicode 字符是否属于小写字母类别
IsNumber	判断某个 Unicode 字符是否属于数字类别
IsPunctuation	判断某个 Unicode 字符是否属于标点符号类别
IsSeparator	判断某个 Unicode 字符是否属于分隔符类别
IsUpper	判断某个 Unicode 字符是否属于大写字母类别
IsControl	判断某个 Unicode 字符是否属于控制字符
ToLower	将 Unicode 字符的值转换为它的小写等效项
ToUpper	将 Unicode 字符的值转换为它的大写等效项
ToString	将此实例的值转换为其等效的字符串表示

实例 1　转换字符的大小写(源代码\ch05\5.1.txt)。

编写程序，声明一个 char 型常量 CharVerdict 并初始化为 a，然后将 CharVerdict 转换为大写的值输出。

```
static void Main(string[] args)
{
```

```
    char CharVerdict = 'a';
    Console.WriteLine("小写字母: {0}", CharVerdict);
    Console.WriteLine("大写字母: {0}", char.ToUpper(CharVerdict));
    Console.ReadLine();
}
```

程序运行结果如图 5-1 所示。

注意

char 类型常量在声明时一定要注意字符型常量的概念，在初始化的时候为“单个字符”。如果我们将 char 类型常量声明为“char”，那么编译器就会提示“字符过多”。

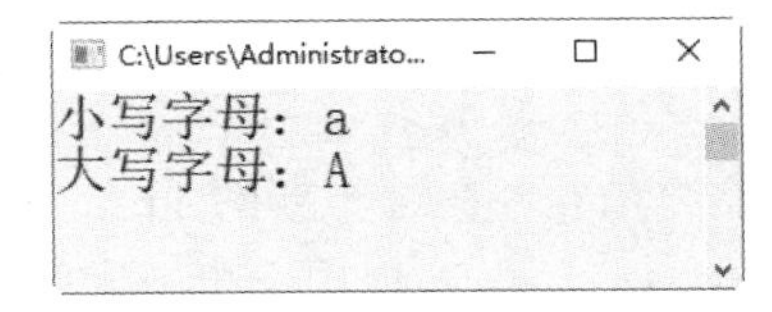

图 5-1　字符的大小写转换

5.2　字符串 String 类的使用

在 C#语言中，用户可以使用字符数组来表示字符串，但是，更常见的做法是使用 string 关键字来声明一个字符串变量。string 关键字是 System.String 类的别名。

5.2.1　创建字符串

字符串是被当作一个整体处理的一系列的字符，其中包含的字符可能有大写字母、小写字母、数字和+、-、*、/、$等特殊符号。字符串是 System 命名空间中的 String 类的对象(在 C#语言中的 string 关键字实际上是 String 类的别名)。在书写字符串或者字符串常量时，需要用双引号括起来。

在 C#语言中，创建字符串的方法有多种，下面分别进行介绍。

1. 通过给 String 变量指定一个字符串来创建

通过给 String 变量指定一个字符串来创建字符串的方法很简单，例如以下代码都是正确的字符串：

```
string str1="我爱我的祖国";
string strDay = "Today is Friday!";
string strSite = "JackLong'sBlog/www.jacklong.cn";
```

2. 通过使用 String 类构造函数来创建

String 类有多个构造函数，它们分别按照不同的方式对字符串进行初始化。

下面来看几个应用 String 类构造函数的实例。具体代码如下：

```
1   string string1;
2   string string2,string3,string4,string5;
3   char[] charArray = {'I','t','Y','i,'n','g','.','N','e','t'};
4   string1 = "忽如一夜春风来，千树万树梨花开。";
5   string2 = string1;
6   string3 = new string(charArray);
7   string4 = new String(charArray,2,8);
8   string5 = new string('L',6);
```

下面分别对上面的示例进行说明。

(1) 第 1、2 行很简单，用于声明字符 string1、string2、string3、string4、string5。

(2) 第 3 行用于给字符数组 charArray 分配内存空间。

(3) 第 4 行把字符串"忽如一夜春风来，千树万树梨花开。"引用赋值给字符串变量 string1。同样原理，第 5 行将 string1 的引用赋值给 string2。

(4) 第 6 行把一个新字符串赋值给 string3，这里使用一个字符数组作为 String 构造函数的参数。在这个新的 string 中包含字符数组 charArray 的一个副本。

(5) 第 7 行把一个新字符串赋值给 string4，这里使用一个字符数组和两个 int 类型数作为 String 构造函数的参数。第二个参数指定从数组中复制字符的起始位置。第三个参数指定从数组中起始位置开始复制的字符个数。这时，新的字符串对象中就包含了数组中指定字符的副本。如果指定的偏移量或者字符超出字符数组的边界，就会引发 ArgumentOutOfRangeException 异常。

(6) 第 8 行把一个新的字符串赋值给 string5，这里使用一个字符和一个 int 类型数作为 String 构造函数的参数，其中 int 类型参数指定了字符串中对特定字符的重复次数。

3. 通过使用字符串串联运算符(+)来创建

以下代码创建一个名称为 fullname 的字符串对象：

```
string fname, lname;
fname = "Rowan";
lname = "Atkinson";
string fullname = fname + lname;
```

4. 通过检索属性或调用一个返回字符串的方法来创建

以下代码创建一个名称为 message 的字符串对象：

```
string[] sarray = { "Hello", "From", "Tutorials", "Point" };
string message = String.Join(" ", sarray);
```

5. 通过格式化一个值或对象来创建

以下代码创建一个名称为 chat 的字符串对象：

```
DateTime waiting = new DateTime(2022, 10, 10, 17, 58, 1);
string chat = String.Format("Message sent at {0:t} on {0:D}",waiting);
```

实例 2 使用不同的方法创建字符串(源代码\ch05\5.2.txt)。

编写程序，演示使用不同的方法创建字符串。

```
static void Main(string[] args)
        {
            //字符串，字符串连接
            string str1, str2;
            str1 = "敏而好学，不耻下问";
            str2 = "——孔子";
            string str = str1 + str2;
            Console.WriteLine("使用+运算符：{0}", str);
            //通过使用 string 构造函数
            char[] letters = { 'H', 'e', 'l', 'l', 'o', ' ','C', '#' };
```

```
        string greetings = new string(letters);
        Console.WriteLine("使用构造函数: {0}", greetings);
        //方法返回字符串
        string[] sarray = {"你好", "C#" };
        string message = String.Join(" ", sarray);
        Console.WriteLine("使用方法返回: {0}", message);
        //用于转化值的格式化方法
        DateTime DayTime = new DateTime(2022, 10, 10, 17, 58, 1);
        string chat = String.Format("{0:D} {0:t}", DayTime);
        Console.WriteLine("使用格式化方法: {0}", chat);
        Console.ReadKey();
    }
```

程序运行结果如图 5-2 所示。

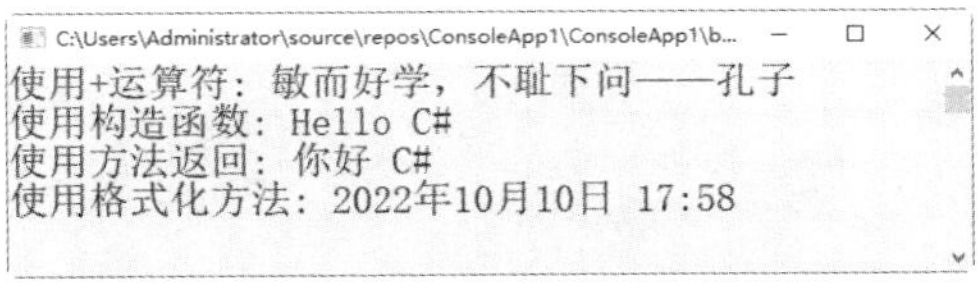

```
C:\Users\Administrator\source\repos\ConsoleApp1\ConsoleApp1\b...
使用+运算符: 敏而好学, 不耻下问——孔子
使用构造函数: Hello C#
使用方法返回: 你好 C#
使用格式化方法: 2022年10月10日 17:58
```

图 5-2　创建字符串

5.2.2　String 类的属性

String 类有两个属性，如表 5-2 所示。

表 5-2　String 类的属性

属　性	描　述
Chars	在当前的 String 对象中获取 Char 对象的指定位置
Length	在当前的 String 对象中获取字符数

使用 String 类的 Length 属性可以返回字符串的长度；使用 Chars 属性可以方便地访问字符串中的字符。

实例 3　返回字符串的长度并查找字符串中的字符(源代码\ch05\5.3.txt)。

编写程序，使用 String 类的属性返回字符串的长度并查找字符串中的字符。

```
static void Main(string[] args)
    {
        string string1, string2;
        char[] charArray;
        string1 = "忽如一夜春风来，千树万树梨花开。";
        charArray = new char[4];
        Console.WriteLine("请输入包含 4 个字符的字符串: ");
        for (int i = 0; i < charArray.Length; i++)
        {
            string strTemp = System.Console.ReadLine();
            char oChar = char.Parse(strTemp);
            charArray[i] = oChar;
        }
        string2 = "字符串 string1 为:\"" + string1 + "\"";
        string2 += "\n 字符串 string1 的长度:" + string1.Length;
```

```
            string2 += "\n 输入的字符串为: ";
            for (int i = 0; i < charArray.Length; i++)
            {
                string2 += charArray[i];
            }
            System.Console.WriteLine(string2);
            Console.ReadLine();
        }
```

程序运行结果如图 5-3 所示。本实例中使用了 String 类的属性 Length 获取字符串 string1 的长度，使用 Chars 属性设置并获取字符串中的字符。

```
C:\Users\Administrator\source\repos\ConsoleApp1\ConsoleApp1\bin\Debug\...
请输入包含4个字符的字符串:
白
雪
皑
皑
字符串string1为:"忽如一夜春风来，千树万树梨花开。"
字符串string1的长度:16
输入的字符串为: 白雪皑皑
```

图 5-3　String 类属性的应用

5.2.3　比较字符串

在 C#语言中最常见的比较字符串的方法有 Compare 和 Equals，这些方法都归属于 String 类。

比较字符串是根据字符串中字母的顺序来处理的。例如，字符串 BobSong 应该排在 JackLong 之前，因为按照字母顺序排序，BobSong 的首字母比 JackLong 的首字母要靠前。当然，这里的字母表并不只是 26 个字母，而是所有字符的排序，任何字符都有一个特定的序列号。

计算机之所以可以将字符按照字母顺序排序，是因为这些字符在计算机内部是以 Unicode 数值存放的。当我们需要对两个字符串进行比较时，C#语言仅仅是通过字符串中字符所代表的数值进行比较。String 类具有多种比较字符串的方法，具体介绍如下。

1. Compare 方法

Compare 方法用于比较两个字符串，这里把这两个字符串分别称为 string1(第一个字符串)和 string2(第二个字符串)。该方法产生以下结果：

(1)　当 string1<string2 时，返回负值。

(2)　当 string2==string2 时，返回零。

(3)　当 string1>string2 时，返回正值。

空字符串""始终大于 null。

2. Equals 方法

Equals 方法用于确定两个字符串是否相等，如果相等就返回为真的布尔值，如果不相等就返回为假的布尔值。该方法接收两个字符串参数。当然，用户可以使用相等运算符

(==)来实现与 Equals 方法同样的功能。

实例 4　比较两个字符串是否相等(源代码\ch05\5.4.txt)。

编写程序，使用 String 类的方法(Compare、Equals)比较字符串。

```
static void Main(string[] args)
{
    string str1 = "忽如一夜春风来，";
    string str2 = "忽如一夜春风来，";
    string str3 = "bob song";
    string str4 = "Jack Long";
    string str5 = "Bob Song";
    int result1 = String.Compare(str1, str2);
    System.Console.WriteLine("String.Compare(str1, str2): {0}", result1);
    int result2 = String.Compare(str3, str5);
    System.Console.WriteLine("String.Compare(str3, str5): {0}", result2);
    int result3 = String.Compare(str3, str5, true);
    System.Console.WriteLine("String.Compare(str3, str5,true): {0}", result3);
    bool result4 = String.Equals(str4, str5);
    System.Console.WriteLine("String.Equals(str4, str5): {0}", result4);
    bool result5 = (str4 == str5);
    System.Console.WriteLine("(str4 == str5): {0}", result5);
    Console.ReadLine();
}
```

程序运行结果如图 5-4 所示。

```
C:\Users\Administrator\source\repos\ConsoleAp...
String.Compare(str1, str2): 0
String.Compare(str3, str5): -1
String.Compare(str3, str5,true): 0
String.Equals(str4, str5): False
(str4 == str5): False
```

图 5-4　比较字符串执行结果

5.2.4　提取字符串

提取字符串使用 String 类中的 Substring 方法，它用于从一个字符串的指定位置开始提取字符，然后将提取的部分生成新的字符串对象。它有两种调用方式，具体如下：

```
Substring(int);
Substring(int,int);
```

实例 5　使用 String 类的 Substring 方法提取字符串(源代码\ch05\5.5.txt)。

编写程序，演示两种形式的 Substring 方法是如何使用的。

```
static void Main(string[] args)
{
    string str1 = "忽如一夜春风来，";
    string str2 = "千树万树梨花开。";
    string output1 = "";
    string output2 = "";
    output1 = str1.Substring(4);
    System.Console.WriteLine("str1.Substring(4): {0}", output1);
    output2 = str2.Substring(2, 5);
```

```
    System.Console.WriteLine("str2.Substring(2, 5): {0}", output2);
    Console.ReadLine();
}
```

程序运行结果如图 5-5 所示。在上述代码中，第一个 Substring 方法使用了一个参数，这个参数指定从原字符串中提取字符串的起始位置。此时，该方法用于返回从指定起始位置到原字符串结尾的子字符串。第二个 Substring 方法使用了两个参数，用于指定从原字符串中提取字符串的起始位置与结束位置。

```
C:\Users\Administrator\source\repos\Console...
str1.Substring(4): 春风来,
str2.Substring(2, 5): 万树梨花开
```

图 5-5　提取字符串执行结果

注意，如果参数指定的值超出了原字符串边界，那么程序将引发 ArgumentOutOfRangeException 异常。

5.2.5　拆分字符串

拆分字符串使用 String 类中的 Split 方法，它用于提取被指定字符集分开的字符串，并把这些字符串放置到字符串数组中。在分析用逗号分隔的值或者其他具有明显分隔字符的字符串时，字符串拆分非常有用。

Split 方法只需要一个字符参数，这个参数指定了如何分隔字符串。也就是说该操作会得到一个字符串数组，数组中的每一个元素是原字符串中的一个单个字符串。

实例 6　使用 String 类的 Split 方法拆分字符串(源代码\ch05\5.6.txt)。

编写程序，使用 String 类的 Split 方法拆分字符串，然后使用两种不同的方式输出。

```
static void Main(string[] args)
      {
         string myGushi = "明月几时有？把酒问青天。不知天上宫阙，今夕是何年。我欲乘风归去，
又恐琼楼玉宇，高处不胜寒。起舞弄清影，何似在人间。";
         string[] Gushi = myGushi.Split('。');
         System.Console.WriteLine("==========第一种方式输出数据==========");
         foreach (string oneGushi in Gushi)
         {
            System.Console.WriteLine(oneGushi);
         }
         System.Console.WriteLine("==========第二种方式输出数据==========");
         for (int i = 0; i < Gushi.Length; i++)
         {
            System.Console.WriteLine(Gushi[i]);
         }
         Console.ReadLine();
      }
```

程序运行结果如图 5-6 所示。本实例以句号为分隔符来分开 myGushi 字符串，并将提取出来的单个字符串存储到 Gushi 字符数组中，最后通过两种方式将字符数组 Gushi 中的数据输出。

```
C:\Users\Administrator\source\repos\ConsoleApp1\C...
==========第一种方式输出数据==========
明月几时有？把酒问青天
不知天上宫阙，今夕是何年
我欲乘风归去，又恐琼楼玉宇，高处不胜寒
起舞弄清影，何似在人间

==========第二种方式输出数据==========
明月几时有？把酒问青天
不知天上宫阙，今夕是何年
我欲乘风归去，又恐琼楼玉宇，高处不胜寒
起舞弄清影，何似在人间
```

图 5-6　拆分字符串执行结果

5.2.6　定位与查找字符串

在现在的应用程序开发中，经常需要在一个字符串中查找一个字符或一组特定的字符，也就是查找或定位一个字符串中的子字符串。System.String 类提供了几种定位、查找字符串的方法，具体如表 5-3 所示。

表 5-3　定义与查找字符串的方法

方　法	说　明
EndsWith()	判断字符串是否以指定子字符串结束，返回真或假
IndexOf()	返回子字符串或字符串第一次出现的索引位置(从 0 开始计算)。如果没有找到子字符串，则返回-1
IndexOfAny()	返回子字符串第一次出现的索引位置(从 0 开始计数)。如果没有找到子字符串，则返回-1
LastIndexOf()	返回指定子字符串的最后一个索引位置。如果没有找到子字符串，则返回-1
LastIndexOfAny()	返回指定子字符串或部分匹配的最后一个位置。如果没有找到子字符串，则返回-1
StartsWith()	如果字符串以指定子字符串或指定字符串开始，则返回真

实例 7　使用 String 类中的方法定位与查找字符串(源代码\ch05\5.7.txt)。

编写程序，使用 String 类中的方法定位与查找字符串。

```
static void Main(string[] args)
{
    string str1 = "明月几时有？把酒问青天。";
    string str2 = "不知天上宫阙，今夕是何年。";
    string str3 = "我欲乘风归去，又恐琼楼玉宇，高处不胜寒。";
    string str4 = "起舞弄清影，何似在人间。";
    char[] charArray = { '明', '月', '酒' };
    bool result1 = str1.EndsWith(str2);
    System.Console.WriteLine("str1.EndsWith(str2): {0}", result1);
    int result2 = str1.IndexOf(str3);
    System.Console.WriteLine("str1.IndexOf(str3): {0}", result2);
    int result3 = str4.IndexOf(str3);
    System.Console.WriteLine("str4.IndexOfAny(str3): {0}", result3);
    int result4 = str4.IndexOfAny(charArray, 3);
    System.Console.WriteLine("str4.IndexOfAny(charArray, 3): {0}",result4);
```

```
    int result5 = str4.LastIndexOf("清影");
    System.Console.WriteLine("str4.LastIndexOf(\"清影\"): {0}",result5);
    int result6 = str3.LastIndexOfAny(charArray, 2, 1);
    System.Console.WriteLine("str3.LastIndexOfAny(charArray, 2, 1);: {0}",result6);
    bool result7 = str1.StartsWith(str2);
    System.Console.WriteLine("str1.StartsWith(str2): {0}",result7);
}
```

程序运行结果如图 5-7 所示。

```
str1.EndsWith(str2): False
str1.IndexOf(str3): -1
str4.IndexOfAny(str3): -1
str4.IndexOfAny(charArray, 3): -1
str4.LastIndexOf("清影"): 3
str3.LastIndexOfAny(charArray, 2, 1);: -1
str1.StartsWith(str2): False
```

图 5-7　定位与查找字符串执行结果

5.2.7　复制字符串

C#语言中有两个方法用于复制字符串，分别为 Copy()方法和 CopyTo()方法。Copy()方法用于返回一个字符串的副本，也就是将一个字符串的内容原样不动地复制到一个新的字符串中。CopyTo()方法用于从字符串复制指定数量的字符到一个字符数组。

实例 8　使用 String 类中的方法复制字符串(源代码\ch05\5.8.txt)。

编写程序，使用 String 类中的 Copy()方法和 CopyTo()方法复制字符串。

```
static void Main(string[] args)
        {
            string str1 = "明月几时有？把酒问青天。";
            string str2 = "";
            str2 = String.Copy(str1);
            System.Console.WriteLine("原字符串：{0}", str1);
            System.Console.WriteLine("复制字符串：{0}", str2);
            char[] charArray = new char[str1.Length];
            str1.CopyTo(0, charArray, 0, 5);
            System.Console.WriteLine("复制指定字符串：");
            foreach (char oneChar in charArray)
            {
                System.Console.Write("{0}", oneChar);
            }
            Console.ReadLine();
        }
```

程序运行结果如图 5-8 所示。

```
原字符串：明月几时有？把酒问青天。
复制字符串：明月几时有？把酒问青天。
复制指定字符串：
明月几时有
```

图 5-8　复制字符串

5.2.8　String 类中的其他方法

String 类中除了上面介绍的方法之外，还有许多其他的方法，如表 5-4 所示。

表 5-4　String 类中的方法

方法名称	描　述
Concat()	连接 string 对象
Contains()	返回一个表示指定 string 对象是否出现在字符串中的值
Format()	把指定字符串中一个或多个字符替换为指定对象的字符串
Insert()	返回一个新的字符串，其中，指定的字符串被插入在当前字符串中的指定索引位置
IsNullOrEmpty()	指示指定的字符串是否为 null 或者是否为一个空的字符串
Join()	连接一个字符串数组中的所有元素或指定位置开始的指定元素，使用指定的分隔符分隔每个元素
Remove()	移除当前实例中的所有字符或从指定位置开始，一直到最后一个位置为止，或者从当前字符串的指定位置开始移除指定数量的字符，最后返回字符串
ToLower()	把字符串转换为小写并返回
ToUpper()	把字符串转换为大写并返回
Trim()	移除当前 string 对象中的所有前导空白字符和后置空白字符
Replace()	把当前 string 对象中所有指定的 Unicode 字符或字符串替换为另一个指定的 Unicode 字符或另一个指定的字符串，并返回新的字符串
ToCharArray()	返回一个带有当前 string 对象中所有字符的 Unicode 字符数组。或者返回从指定索引开始，直到指定长度为止的字符数组

下面以转换字符串大小写为例，来介绍 String 类中其他方法的使用。

实例 9　转换字符串中字母的大小写(源代码\ch05\5.9.txt)。

编写程序，使用 String 类中的 ToLower()方法和 ToUpper()方法转换字符串中字母的大小写。

```
static void Main(string[] args)
        {
            string string1 = "I LOVE MY MOTHERLAND.";
            string string2 = "I love my motherland.";
            string result1 = string1.ToLower();
            string result2 = string2.ToUpper();
            System.Console.WriteLine("result1: {0}", result1);
            System.Console.WriteLine("result2: {0}", result2);
            Console.ReadLine();
        }
```

程序运行结果如图 5-9 所示。

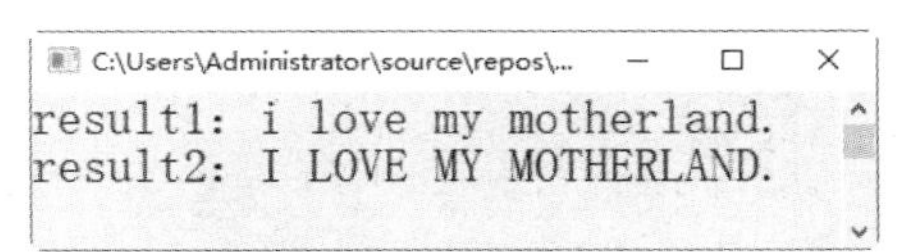

图 5-9　字符串的大小写转换

5.3 可变字符串 StringBuilder 类的使用

StringBuilder 类位于 System.Text 命名空间，该类直接操作并管理字符数组，这样能够提高性能。当需要完成大量的工作来修改字符串时，它是比较好的解决方案。

5.3.1 使用 Append 方法

StringBuilder 类最基本的用途是进行字符串串联，这个过程就是通过多个字符串和一些值，来建立目标字符串，直到完成最后所需的字符串。StringBuilder 类提供了 Append 方法将一些值追加到当前字符串的结尾。这些值可以是整数型、布尔值、字符串型、时间日期或其他一系列值。

实例 10 追加不同数据类型到字符串(源代码\ch05\5.10.txt)。

编写程序，使用 String 类中的 Append()方法追加不同数据类型值到字符串并输出。

```
static void Main(string[] args)
      {
          string sep = "| ";
          string head = "SSS";
          char[] tail = { 'E', 'E', 'E' };
          char dash = '-';
          Object obj = 0;
          bool tBool = true;
          byte tByte = 1;
          short tInt16 = 2;
          int tInt32 = 3;
          long tInt64 = 4;
          Decimal tDecimal = 5;
          float tSingle = 6.6F;
          double tDouble = 7.7;
          ushort tUInt16 = 8;
          uint tUInt32 = 9;
          ulong tUInt64 = 10;
          sbyte tSByte = -11;
          StringBuilder sb = new StringBuilder();
          sb = sb.Append(head);
          sb = sb.Append(head, 2, 1);
          sb = sb.Append(dash);
          sb = sb.Append(dash).Append(dash);
          sb = sb.Append(tBool).Append(sep);
          sb = sb.Append(obj).Append(sep).Append(tByte).Append(sep);
          sb = sb.Append(tInt16);
          sb = sb.Append(sep);
          sb = sb.Append(tInt32);
          sb = sb.Append(sep);
          sb = sb.Append(tInt64);
          sb = sb.Append(sep);
          sb = sb.Append(tDecimal).Append(sep);
          sb = sb.Append(tSingle).Append(sep).Append(tDouble).Append(sep);
          sb = sb.Append(tUInt16).Append(sep);
          sb = sb.Append(tUInt32).Append(sep).Append(tUInt64).Append(sep);
          sb = sb.Append(tSByte);
```

```
        sb = sb.Append(dash, 3);
        sb = sb.Append(tail);
        sb = sb.Append(tail, 2, 1);
        String str = sb.ToString();
        System.Console.WriteLine("追加完成后的字符串是: ");
        System.Console.WriteLine(str);
        Console.ReadLine();
    }
```

程序运行结果如图 5-10 所示。

```
C:\Users\Administrator\source\repos\ConsoleApp1\ConsoleApp1\bin\Debug\ConsoleApp1.exe
追加完成后的字符串是:
SSSS---True| 0| 1| 2| 3| 4| 5| 6.6| 7.7| 8| 9| 10| -11---EEEE
```

图 5-10　追加字符串执行结果

最后一定要将 StringBuilder 类的对象转换成字符串。

5.3.2　使用 AppendFormat 方法

AppendFormat 方法能够追加格式化的字符串。有了 AppendFormat 方法就可以避免调用 string.Format 方法，从而避免创建多余的字符串。

实例 11　使用 AppendFormat 方法追加格式化的字符串(源代码\ch05\5.11.txt)。

编写程序，使用 String 类中的 AppendFormat 方法追加格式化的字符串并输出。

```
static StringBuilder sb = new StringBuilder();
    public static void Main()
    {
        int var1 = 711;
        float var2 = 6.24F;
        string var3 = "明天更美好";
        object[] var4 = { '萧', 7.11, '女' };
        Console.WriteLine("StringBuilder.AppendFormat 方法的使用: ");
        sb.AppendFormat("1) {0}", var1);
        Show(sb);
        sb.AppendFormat("2) {0}, {1}", var1, var2);
        Show(sb);
        sb.AppendFormat("3) {0}, {1}, {2}", var1, var2, var3);
        Show(sb);
        sb.AppendFormat("4) {0}, {1}, {2}", var4);
        Show(sb);
        Console.ReadLine();
    }
    public static void Show(StringBuilder sbs)
    {
        Console.WriteLine(sbs.ToString());
        sb.Length = 0;
    }
```

程序运行结果如图 5-11 所示。

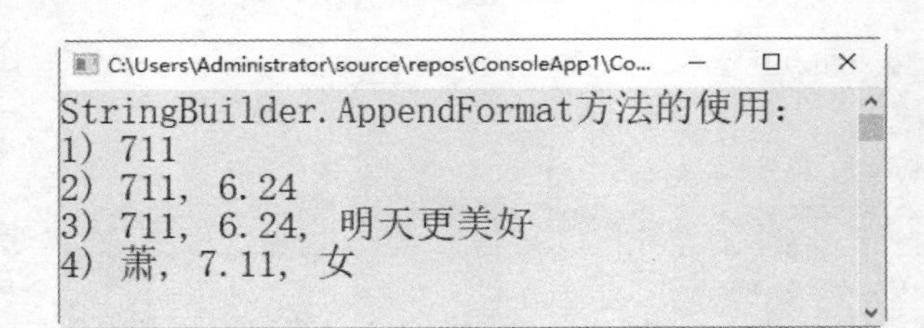

图 5-11　使用 AppendFormat()方法

5.3.3　插入字符串

Insert 方法用于把指定的对象放置到 StringBuilder 的指定位置。该方法有两个参数：第一个参数指定插入的索引位置(从 0 开始)；第二个参数为需要插入到指定位置的值。Insert 方法支持将各种数据类型值插入字符串中。

实例 12　使用 Insert 方法插入字符串(源代码\ch05\5.12.txt)。

编写程序，使用 String 类中的 Insert 方法插入字符串并输出。

```
static void Main(string[] args)
       {
           StringBuilder sb1 = new StringBuilder();
           string string1 = "我的店铺";
           string string2 = "我的店铺 http://www.yifu.com";
           sb1.Append(string1);
           string string3 = "欢迎访问，";
           string result1 = sb1.Insert(0, string3).ToString();
           StringBuilder sb2 = new StringBuilder(string2);
           string string4 = "，欢迎访问，网址：";
           string result2 = sb2.Insert(4, string4).ToString();
           System.Console.WriteLine("result1: {0}", result1);
           System.Console.WriteLine("result2: {0}", result2);
           Console.ReadLine();
       }
```

程序运行结果如图 5-12 所示。

```
C:\Users\Administrator\source\repos\ConsoleApp1\ConsoleApp1\bin\Debug\ConsoleAp...
result1: 欢迎访问，我的店铺
result2: 我的店铺，欢迎访问，网址: http://www.yifu.com
```

图 5-12　插入字符串执行结果

在上述代码中，使用 Insert 方法在 sb1 索引为 0 的位置开始插入字符串“欢迎访问，”；在 sb2 索引为 4 的位置开始插入字符串“，欢迎访问，网址：”。

5.3.4　替换字符串

使用 StringBuilder 类中的 Replace 方法可以替换字符串，可以用另外的字符集替换指定的字符集。该方法有以下重载方法：

(1) Replace(string,string)

(2) Replace(char,char,beginint,numberint)

(3) Replace(string,string,beginint,numberint)

在上述重载方法中，第二个 string 参数将替换第一个 string 参数，第二个 char 参数将替换第一个 char 参数。beginint 参数引用在 StringBuilder 中开始替换的位置，而 numberint 表示要替换的长度，即从位置 beginint 开始的偏移量。

实例 13　使用 Replace 方法替换字符串(源代码\ch05\5.13.txt)。

编写程序，使用 String 类中的 Replace 方法替换字符串中的指定字符串并输出。

```
static void Main(string[] args)
       {
           StringBuilder sb = new StringBuilder();
           sb.Append("欢迎[$name$]访问我的店铺 http://www.yifu.com");
           string result1 = sb.Replace("$name$", "亲爱的客户").ToString();
           string result2 = sb.Replace("我的店铺 http://www.yifu.com", "我的店铺
http://www.xiezi.com").ToString();
           System.Console.WriteLine("result1:{0}", result1);
           System.Console.WriteLine("result2:{0}", result2);
           Console.ReadLine();
       }
```

程序运行结果如图 5-13 所示。

```
result1:欢迎[亲爱的客户]访问我的店铺http://www.yifu.com
result2:欢迎[亲爱的客户]访问我的店铺http://www.xiezi.com
```

图 5-13　替换字符串

在上述代码中，第一条 Replace 语句是很有用的，可以让用户在项目模板中用实际需要的数据替换事先设置的占位字符串；而第二条 Replace 就比较常见了，即用一个字符串来替换另一个字符串。

5.3.5　StringBuilder 类的其他方法

StringBuilder 类中除了上面介绍的方法之外，还有许多其他方法，如表 5-5 所示。

表 5-5　StringBuilder 类的其他方法

方法名称	描　述
Equals	比较给定的两个 StringBuilder 对象。当两个 StringBuilder 相等时，返回真，否则返回假
EnsureCapacity	保证 StringBuilder 有指定的最小的容量
Remove	从当前 StringBuilder 对象中删除指定数量的字符
ToString	把 StringBuilder 转换成字符串

下面以用 Remove 方法移除字符串为例，来介绍 String 类中其他方法的使用。

实例 14　使用 Remove 方法移除字符串(源代码\ch05\5.14.txt)。

编写程序，使用 String 类中的 Remove()方法移除字符串中指定的字符。

```
static void Main(string[] args)
       {
           string string1 = "要相信明天会更好！";
```

```
        System.Console.WriteLine("原字符串：{0}", string1);
        StringBuilder sb = new StringBuilder(string1);
        sb.Remove(0, 3);
        System.Console.WriteLine("移除后的字符串:{0}", sb.ToString());
        Console.ReadLine();
    }
```

程序运行结果如图 5-14 所示。

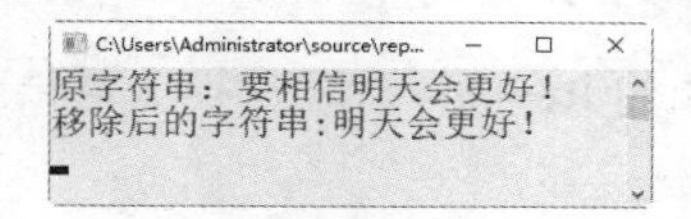

图 5-14　移除字符串

5.4　就业面试问题解答

问题 1：比较字符串是比较字符串长度的大小吗？

答：比较字符串并非比较字符串长度的大小，而是比较字符串在英文字典中的位置。比较字符串按照字母排序的规则，判断两个字符串的大小。在英文字典中，前面的单词小于后面的单词。

问题 2：String 类与 StringBuilder 类的区别有哪些？

答：String 类对象是不可改变的，每次使用 String 类中的方法时，都要在内存中创建一个新的字符串对象，这就需要为新对象分配空间。在需要对字符串执行重复修改的情况下，与创建新的 String 对象相关的系统开销可能会非常昂贵。如果要修改字符串而不创建新的对象，则可以使用 StringBuilder 类。例如，当在一个循环中将许多字符串连接在一起时，使用 StringBuilder 类可以提升性能。

5.5　上机练练手

上机练习 1：格式化输出日期与时间。

编写程序，将日期和时间格式化为标准格式。程序运行效果如图 5-15 所示。

上机练习 2：转换字符串的大小写。

编写程序，将输入的字符串按要求转换为小写或者大写。程序运行效果如图 5-16 所示。

```
C:\Users\Administrator\source\repos\ConsoleApp1\ConsoleApp1\bin\Debug\ConsoleAp...
=======将字符串转换为标准的日期格式实例=======

当前日期和时间： 2021/12/16 12:07:12

标准的日期格式如下所示：

(d) Short date: . . . . . . .  2021/12/16
(D) Long date:. . . . . . . .  2021年12月16日
(t) Short time: . . . . . . .  12:07
(T) Long time:. . . . . . . .  12:07:12
(f) Full date/short time: . .  2021年12月16日 12:07
(F) Full date/long time:. . .  2021年12月16日 12:07:12
(g) General date/short time:.  2021/12/16 12:07
```

图 5-15　输出标准格式的时间

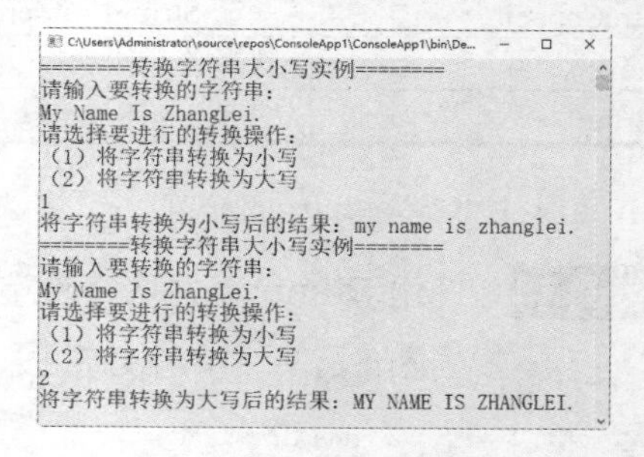

图 5-16　根据要求转换大小写

第6章

数组与集合

数组是有序数据的集合，数组中的所有元素都属于同一个数据类型，集合也可以存储多个数据，C#语言中常用的集合包括 ArrayList 集合和 HashTable 哈希表。本章就来介绍 C#语言中的数组与集合。

6.1 数 组 概 述

C#语言支持数组数据结构，可以存储一个固定大小的相同类型元素的顺序集合。简单地讲，数组是有序数据的集合，在数组中的每一个元素都属于同一个数据类型。

6.1.1 认识数组

在现实中，经常会对批量数据进行处理。例如，输入一个班级 45 名学生的“数学”成绩，将这 45 名学生的分数由大到小输出。要把这 45 名学生的成绩从大到小排序，必须把这 45 名学生的成绩都记录下来，然后在这 45 个数值中找到最大值、次大值、……、最小值。初学者存储这 45 个数据，可能会想到先定义 45 个整型变量，代码如下：

```
…
int a1,a2,a3,…,a45;
```

然后再给这 45 个变量赋值，最后就是使用 if 语句对这 45 个数值排序，可想而知对 45 个数值进行排序是很烦琐的。为此，C#语言提出了数组这个概念，使用数组可以把具有相同类型的若干变量按一定的顺序组织起来，这些按照顺序排列的同类数据元素的集合就称为“数组”。

数组中的变量可以通过索引进行访问，数组中的变量也称为数组的元素，数组能够容纳的元素数量称为数组的长度。数组中的每个元素都具有唯一的索引(或称为下标)与其相对应，在 C#语言中数组的索引从 0 开始。

数组中的变量可以使用 numbers[0]、numbers[1]、...、numbers[n]的形式来表示。所有的数组都是由连续的内存位置组成的，最低的地址对应第一个元素，最高的地址对应最后一个元素，具体的结构形式如图 6-1 所示。

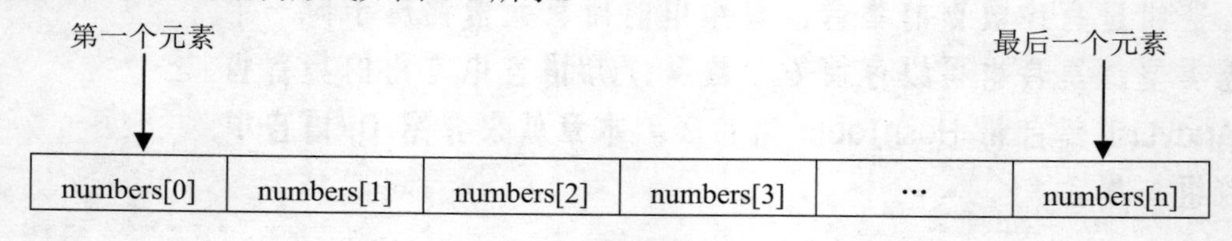

图 6-1 数组的结构形式

6.1.2 数组的组成部分

数组是通过指定数组的元素类型、数组的维数及数组的每个维数的上限和下限来定义的。

C#语言中的数组属于引用类型，也就是说在数组变量中存放的是对数组的引用，真正的数组元素数据存放在另一块内存区域中。通过 new 运算符创建数组并将数组元素初始化为它们的默认值。数组可以分为一维数组、二维数组和多维数组等。数组具有以下特点：

(1) 数组中的元素具有相同类型，每个元素具有相同的名称和不同的下标。

(2) 数组中的元素存储在内存中一个连续的区域中。

(3) 数组中的元素具有一定的顺序关系，每个元素都可以通过下标进行访问。

6.2　一维数组的声明和使用

一维数组是最简单，也是最常用的数组类型，本节将对一维数组的定义和使用进行详细的讲解。

6.2.1　一维数组的定义

1. 一维数组的声明

在 C#语言中，声明一维数组的方式是在类型名称后添加一对方括号。声明语法如下：

```
数据类型[] 数组名
```

例如，声明一个字符串数组 StrArray：

```
String[] StrArray;
```

注意：声明一个数组时，不用管数组的长度如何。

2. 创建数组

上述语句只是声明了一个数组对象，并没有实际创建数组。在 C#语言中，使用 new 关键字创建数组对象。创建数组的语法如下：

```
数组名=new 数据类型[数组大小];
```

例如，下列语句将已声明的 StrArray 数组对象创建为一个由 8 个字符串组成的数组：

```
StrArray=new String[8];
```

此数组包含 StrArray[0]～StrArray[7]这 8 个元素。new 运算符用于创建数组并将数组元素初始化为它们的默认值，上述语句将所有数组元素都初始化为空字符串。常用的基本数据类型被初始化的默认值，如表 6-1 所示。

表 6-1　常用基本数据类型初始化的默认值

类　型	默认值	类　型	默认值
数值类型(int、float、double 等)	0	字符串类型(string)	null(空值)
字符类型(char)	' '(空格)	布尔类型(bool)	false

通常会在声明数组的同时创建数组，如上述所示声明、创建数组的实例可使用下面的表达方式：

```
String[] StrArray=new String[8];
```

3. 初始化数组

1) 不包含 new 运算符的数组初始化

在 C#语言中提供了不使用 new 运算符初始化数据的快捷方式，语法格式如下：

```
数据类型[] 数组名={初值表};
```

其中，初值表中的数据用逗号分隔。

例如，创建一个字符串数组 StuName，并对其初始化：

```
String[] StuName={"Jack","Tom","Luch","Mary"};
```

StuName 数组的长度由初值表的个数决定，其长度为 4，元素 StuName[0]的值为 Jack，元素 StuName[1]的值为 Tom，元素 StuName[2]的值为 Luch，元素 StuName[3]的值为 Mary。

上述情况下，只能是声明数组和赋值同时进行，如果分开便是错误的。例如，下面的语句便是错误的：

```
String[] StuName;
StuName={"Jack","Tom","Luch","Mary"};    //该语句是错误的
```

2) 包含 new 运算符的数组初始化

在 C#语言中，提供了创建数组的同时初始化数组的便捷方法，即将初始值放在大括号“{}”内，如下所示：

```
数据类型[] 数组名=new 数据类型[]{初值表};
```

其中，初值表中的数据用逗号分隔。

例如，下列语句创建一个长度为 4 的整型数组，其中每个数组元素用初值表中的数据初始化，程序代码如下。

```
int[] MyArray=new int[4]{0,1,2,3};
```

上述语句中的数组长度还可以省略，长度由初始化值的个数来决定，修改后的语句如下：

```
int[] MyArray=new int[]{0,1,2,3};
```

数组的初值个数一定要与数组长度相符合，否则将会出现语法错误。例如：

```
int [ ] a= new int[5]{1,2,3,4,5};   //正确，指定值个数等于数组元素个数
int [ ] a= new int[4]{1,2,3,4,5};   //错误，指定值个数多于数组元素个数
int [ ] a= new int[6]{1,2,3,4,5};   //错误，指定值个数少于数组元素个数
```

6.2.2 一维数组的使用

一维数组在 C#语言中使用非常广泛。一维数组的常用操作主要有：为数组元素赋值和读取数组元素的值，即对数组元素的读写操作。

1. 数组元素赋值

访问数组元素可以像访问变量一样，数组元素的表示方式如下：

```
数组名[下标]
```

C#语言数组从 0 开始建立索引，即数组元素的最小下标值为 0，最大下标值为数组长度减 1。例如，定义长度为 3 的整型数组 myArray，并赋初值 2，4，6。

```
int[] MyArray=new int[3]{2,4,6};
```

执行后，数组元素的排列顺序及引用如图 6-2 所示。

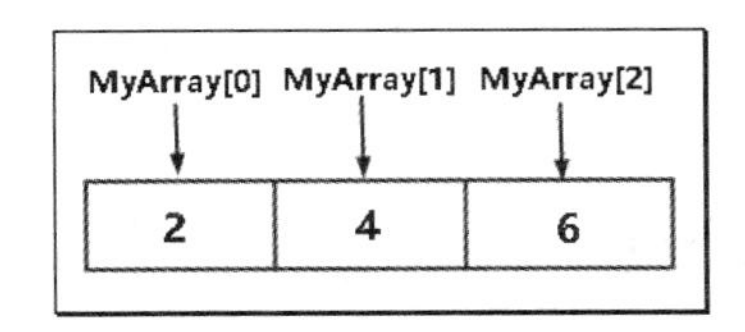

图 6-2　数组元素排列顺序及引用方法

如果更改数组某个元素的值，那么只需要直接为该元素重新赋值，与前面所述的普通变量赋值一样。例如，将已定义数组 MyArray 的第二个元素 MyArray[1]的值更改为 12，只需执行如下语句：

```
MyArray[1]=12;    //将数组元素 MyArray[1]重新赋值为 12
```

在上面的例子中，方括号的意义是不同的，在实例化数组语句中的“int[3]”表示数组包含多少个元素，而“MyArray [1]”则是表示数组中的第几个元素。

2. 读取数组元素的数据

数组元素和普通变量的使用一样，不但可以将变量的值赋给数组元素，还可以将数组元素的值赋给一个变量。

例如，将已定义数组 MyArray 的数组元素 MyArray[2]的值赋给变量 MyVar。

```
int MyVar;              //声明整型变量 MyVar
MyVar= MyArray[2];      //将 MyArray[2]的值 6 赋给 MyVar，此时 MyVar 的值为 6
```

实例 1　输出一维数组(源代码\ch06\6.1.txt)。

编写程序，声明一个含有 10 个整数的数组，使用 for 循环为数组中的元素赋值并输出。

```
class Program
{
    static void Main(string[] args)
    {
        int[] n = new int[10];          //n 是一个带有 10 个整数的数组
        int i;
        for (i = 0; i < 10; i++)        //初始化数组 n 中的元素,并输出它们
        {
            n[i] = i + 1;
            Console.WriteLine(n[i]);
        }
        Console.ReadLine();
    }
}
```

程序运行结果如图 6-3 所示。

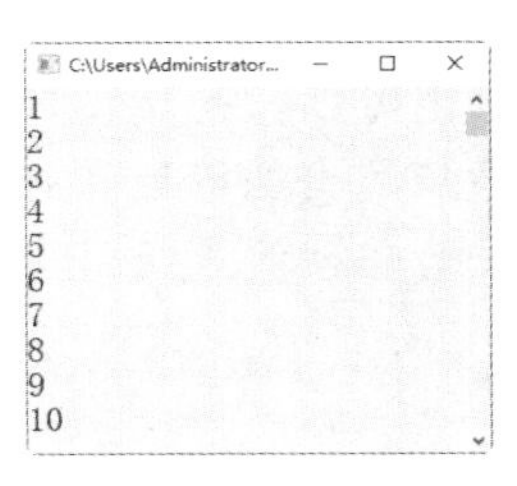

图 6-3　输出一维数组

6.3　二维数组的声明和使用

C#语言除了支持一维数组之外，还支持二维、三维等多维数组，本节只介绍二维数组。二维数组在实际应用中也较为广泛。

6.3.1　二维数组的定义

1. 二维数组的声明

二维数组是由行和列组成的二维表格。二维数组的声明语法如下：

```
数据类型[,] 数组名称;
```

例如，声明整型二维数组 TwoArray，代码如下。

```
int[,] TwoArray;
```

2. 二维数组的创建

创建二维数组的语法如下：

```
数组名=new 数据类型[行数,列数];
```

例如，将已声明的 TwoArray 数组对象创建为一个由 3 行 4 列组成的数组。

```
TwoArray=new int[3,4];
```

此数组包含 TwoArray[0,0]～TwoArray[2,3]这 12 个元素。把数组按 3 行 4 列的形式排列后，结果如表 6-2 所示。

表 6-2　二维数组元素

twoArray[0,0]	twoArray[0,1]	twoArray[0,2]	twoArray[0,3]
twoArray[1,0]	twoArray[1,1]	twoArray[1,2]	twoArray[1,3]
twoArray[2,0]	twoArray[2,1]	twoArray[2,2]	twoArray[2,3]

3. 二维数组的初始化

二维数组的初始化有两种形式，可以通过 new 运算符创建并将数组元素初始化为它们的值。例如，定义一个 3 行 2 列的整型二维数组 TwoArray，同时使用 new 运算符对其进行初始化，代码如下。

```
int[,] TwoArray=new int[3,2]{{1,2},{2,4},{4,7}};
```

也可以在初始化数组时，不指定行数和列数，而是使用编译器根据初始值的数量来自动计算数组的行数和列数。例如，定义一个字符串类型的二维数组 StrArray，定义时不指定行数和列数，然后使用 new 运算符对其进行初始化，代码如下。

```
string[,] StrArray=new string[,]{{2,3,4},{4,5,7},{9,8,7}};
```

6.3.2　二维数组的使用

二维数组的数组元素赋值和读取数组元素的操作与一维数组相似，在此不再赘述。二维数组使用时会经常需要获取行数和列数，C#语言为用户提供了获取行数的 Rank 属性和获取列数的 GetUpperBound 方法。

1. 数组的 Rank 属性

在实际应用中，我们会经常使用数组的行数，C#语言中数组定义以后，可以通过 Rank 属性来获取数组的行数。Rank 属性的使用语法如下：

```
数组名.Rank
```

例如，定义二维数组 IntArr，获取其行数，代码如下：

```
int[,] IntArr=new int[6,7];      //定义二维数组
int rows=IntArr.Rank;            //获取数组行数,rows 的值为 6
```

2. 数组的 GetUpperBound 方法

C#语言提供的 GetUpperBound 方法可以获取数组维度的下标。GetUpperBound 方法的使用语法如下：

```
数组名. GetUpperBound(维度下标);
```

例如，对于上例已定义数组 IntArr，获取每个维度的列数，代码如下。

```
IntArr.GetUpperBound(0)+1;   //获取第一个维度下标加 1，结果行数为 6
IntArr.GetUpperBound(1)+1;   //获取第二个维度下标加 1，结果列数为 7
IntArr.GetUpperBound(2)+1;   //错误，该数组为二维数组，维度下标为 1
```

实例 2　输出一维数组(源代码\ch06\6.2.txt)。

编写程序，声明一个二维数组，输出它的行数与列数，再使用 for 循环输出它的每一个元素值。

```
class Program
{
    static void Main(string[] args)
    {
        int[,] arr = new int[2, 3] { { 1, 2, 3 }, { 4, 5, 6 } };
        string s;
        Console.WriteLine("数组的行数为: " + arr.Rank);
        Console.WriteLine("数组的列数为: " + (arr.GetUpperBound(1) + 1));
        Console.WriteLine("二维数组的元素为: ");
        for (int i = 0; i < arr.Rank; i++)
        {
            s = null;
            for (int j = 0; j < arr.GetUpperBound(arr.Rank - 1) + 1; j++)
            {   //循环输出二维数组中的每个元素
                s += arr[i, j] + "  ";
            }
            Console.WriteLine(s);
        }
        Console.ReadLine();
```

```
    }
}
```

程序运行结果如图 6-4 所示。

```
C:\Users\Administrator\...
数组的行数为：2
数组的列数为：3
二维数组的元素为：
1  2  3
4  5  6
```

图 6-4　输出二维数组

6.4　数组的基本操作

C#语言中数组的使用非常广泛，数组是由 Array 类派生出来的，Array 类提供了各种方法对数组进行各种操作。对数组的操作主要包括查找、遍历、排序、插入、合并、拆分等。

6.4.1　遍历数组

所谓“遍历”是指依次访问数组中的所有元素。使用 for 语句可以实现数组的遍历，但在实际应用中，使用 foreach 语句访问数组中的每个元素不需要确切地知道每个元素的索引号。

foreach 循环语句的格式如下：

```
foreach(类型名称 变量名称 in 数组名称)
{
    循环体语句序列;
}
```

语句中的“变量名称”是一个循环变量，在循环中，该变量依次获取数组中各元素的值。因此，对于依次获取数组中各元素值的操作，使用这种循环语句就很方便。要注意，“变量名称”的类型必须与数组的类型一致。

例如，若希望将 A 数组中的所有元素以上例的格式输出，可以使用如下代码：

```
string StrArray = "";
foreach (int i in A)
{
        StrArray = StrArray + i.ToString() + ", ";
    }
    Console.WriteLine(StrArray);
```

foreach 语句遍历数组虽然很方便，但是其功能会受到一定的限制。例如，如果想为数组各元素依次有规律赋值，那么 foreach 循环将无能为力。

实例 3　**遍历输出一维数组(源代码\ch06\6.3.txt)。**

编写程序，声明一个含有 10 个整数的一维数组，使用 foreach 语句对数组进行遍历并输出。

```
class Program
```

```
{
    static void Main(string[] args)
    {
        string StrArray = "";
        int[] arr = new int[10] { 1, 3, 5, 7, 9, 2, 4, 6, 8, 10 };
        Console.WriteLine("一维数组遍历结果: ");
        foreach (int i in arr)
        {
            StrArray = StrArray + i.ToString() + "   ";
        }
        Console.WriteLine(StrArray);
        Console.ReadLine();
    }
}
```

程序运行结果如图 6-5 所示。

图 6-5　遍历输出一维数组

6.4.2　数组 Array 类

数组是由 Array 类派生的，因此 Array 类提供的操作方法对于数组同样适用。Array 类的常用方法如表 6-3 所示。

表 6-3　Array 类的常用方法

方法名	描　述
Clear	将 Array 中的一系列元素设置为零、false 或 null，具体取决于元素类型
Copy	从第一个元素或指定的源索引开始，复制 Array 中的一系列元素，将它们粘贴到另一 Array 中
CopyTo	将当前一维 Array 的所有元素复制到指定的一维 Array 中(从指定的目标 Array 索引开始)
IndexOf	搜索指定的对象，并返回整个一维 Array 中第一个匹配项的索引
LastIndexOf	搜索指定的对象，并返回整个一维 Array 中最后一个匹配项的索引
Sort	对一维 Array 对象中的元素进行排序
Reverse	反转一维 Array 或部分 Array 中元素的顺序

1. Clone 与 CopyTo 方法

克隆(Clone)与拷贝(CopyTo)方法均可以实现数组之间的数据复制。Clone 方法的语法格式如下：

```
目标数组名称=(数组类型名称)源数组名称.Clone();
```

例如：

```
int[ ] a = new int[5]{10,8,6,4,2}; //声明并初始化数组 a，该数组将作为源数组
int[ ] b;                          //声明数组 b，该数组将作为目标数组
```

```
b = (int[ ])a.Clone();                    //使用 Clone 方法
```

使用克隆方法时，将得到一个与源数组一模一样的数组，且目标数组不需要再实例化。

CopyTo 方法的语法格式如下：

```
源数组名称.CopyTo (目标数组名称,起始位置);
```

例如：

```
int[ ] a = new int[5]{6,7,8,9,10};                //声明并初始化数组 a，该数组将作为源数组
int[ ] b = new int[10]{1,2,3,4,5,1,2,3,4,5};      //声明并初始化数组 b，该数组将作为目标数组
a.CopyTo(b, 5);                                   //使用数组的拷贝方法
```

数组的 CopyTo 方法与 Clone 方法有两点主要的区别：

(1) CopyTo 方法在向目标数组复制数据之前，目标数组必须实例化(可以不初始化元素值)，否则将产生错误。而使用 Clone 方法时，目标数组不必进行初始化。

(2) CopyTo 方法需要指定从目标数组的什么位置开始进行复制，而 Clone 方法不需要。利用“起始位置”参数，可以将一个元素较少的数组元素值合并到一个元素较多的数组中，如上例中就是将数组 a 中的各元素值 6、7、8、9、10 合并到数组 b 中，得到数组 b 为{1，2，3，4，5，6，7，8，9，10}。

2. Array.Sort(排序)方法

使用数组的 Sort 方法可以将数组中的元素按升序重新排列。Sort 方法的语法格式如下：

```
Array.Sort(数组名称);
```

例如：

```
int[ ] a = new int[5] {10,8,6,4,2};
   Array.Sort(a);
```

数组 a 中各元素值的排列顺序为 2，4，6，8，10。

3. Array.Reverse(反转)方法

数组的 Reverse(反转)方法，顾名思义是用于数组元素排列顺序反转的方法。将该方法与 Sort 方法结合，可以实现降序排序。Reverse 方法的语法格式如下：

```
Array.Reverse(数组名称,起始位置,反转范围);
```

其中，“起始位置”是指从第几个数组元素开始进行反转；“反转范围”是指有多少数组元素参与反转操作。例如：

```
int[ ] a = new int[5] {10,8,6,4,2};
Array.Reverse(a, 0, 5);   //参与反转的各元素值为 10, 8, 6, 4, 2
Array.Reverse(a, 0, a.Length-1);//参与反转的各元素值为 8, 6, 4, 2, 10, 最后一个元素不参与反转
Array.Sort(a);   //按升序排序, 2, 4, 6, 8, 10
Array.Reverse(a, 0, a.Length);   //反转数组 a 的所有元素, 实现降序排列: 10, 8, 6, 4, 2
```

实例 4　遍历输出一维数组(源代码\ch06\6.4.txt)。

编写程序，定义一个长度为 10 的一维数组 a 并赋值，然后将 a 数组克隆到 b 数组中，对 b 数组降序排序，输出排序前与排序后的结果。

```
class Program
{
    static void Main(string[] args)
    {
        string StrArray1 = null;
        string StrArray2 = null;
        int[] a = new int[5] { 3, 9, 7, 5, 11 }; //声明并初始化数组 a，该数组将作为源数组
        int[] b;   //声明数组 b，该数组将作为目标数组
        b=(int[])a.Clone();   //使用数组的拷贝方法
        foreach (int i in a)
        {
            StrArray1 = StrArray1 + i.ToString() + "   ";
        }
        Array.Sort(b);   //对数组 b 按升序排序
        Array.Reverse(b, 0, 5);   //对数组 b 按降序排序
        foreach(int j in b)
        {
            StrArray2 = StrArray2 + j.ToString() + "   ";
        }
        Console.WriteLine("排序前: "+StrArray1+"\n"+"排序后: "+ StrArray2);
        Console.ReadLine();
    }
}
```

程序运行结果如图 6-6 所示。

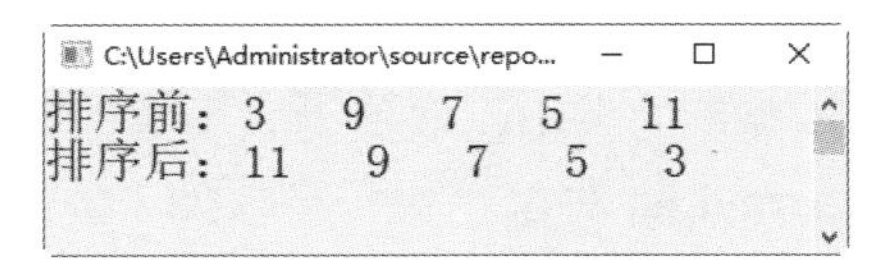

图 6-6　排序数组

6.5　ArrayList 集合

在数据个数确定的情况下，可以采用数组来存储处理这些数据。在实际应用中，很多时候数据的个数是不能确定的，解决这类问题，采用数组显然已经无能为力了。C#语言提供的 ArrayList 集合类可以在程序运行时动态地改变存储长度，ArrayList 相当于动态数组。

6.5.1　ArrayList 概述

ArrayList 类相当于一种高级的动态一维数组，它位于 System.Collections 命名空间下，可以动态地添加和删除元素。可以将 ArrayList 看做数组的扩充功能，但它并不等同于数组，ArrayList 类的容量可以根据需要动态扩展。使用 ArrayList 提供的方法可以添加、插入或移除一个范围内的元素。使用 ArrayList 类时，必须先导入 System.Collections 命名空间，即在 C#程序的头部执行如下代码：

```
using System.Collections;
```

C#语言的 System.Collections 命名空间包含常用的类、接口和结构，如图 6-7 所示。

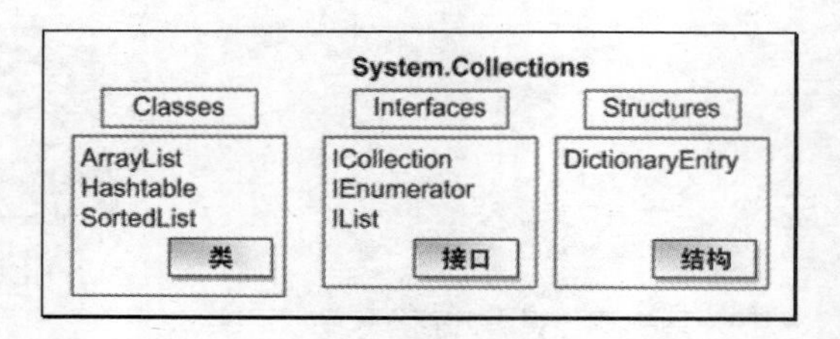

图 6-7　System.Collections 命名空间

1. ArrayList 的声明与创建

C#语言提供了以下三种方法创建 ArrayList。

方法 1：不指定大小，使用默认的大小来初始化内部的数组，格式如下：

```
ArrayList 标识符=new ArrayList();
```

标识符表示创建的 ArrayList 对象名称，遵循变量的命名规则。例如，创建一个名称为 MyArrayList 的 ArrayList 对象，代码格式如下：

```
ArrayList MyArrayList=new ArrayList();
```

方法 2：用指定的大小初始化内部的数组，格式如下：

```
ArrayList 标识符=new ArrayList(长度);
```

其中，长度表示 ArrayList 容量的大小，取值为大于零的整数。例如，创建一个长度为 10，名称为 MyArrayList2 的 ArrayList 对象，代码格式如下。

```
ArrayList MyArrayList2=new ArrayList(10);
```

方法 3：用一个集合对象来构造，并将该集合的元素添加到 ArrayList 中。

```
ArrayList 标识符=new ArrayList(集合对象);
```

该用法中的集合对象是数组。

例如，创建整型一维数组 arr，并赋初值 1，2，3，4，5，声明 ArrayList 类的对象 MyList，并将创建的一维数组元素复制到该对象中，代码如下：

```
int[] arr = new int[] { 1, 2, 3, 4, 5 };
ArrayList MyList = new ArrayList(arr);
```

2. ArrayList 元素的添加与访问

1) ArrayList 元素的添加

为 ArrayList 元素赋值与数组元素赋值方法完全不同。为 ArrayList 元素赋值通过 Add 或 Insert 两种方法来实现。

方法 1：Add 方法的表示形式如下。

```
ArrayList 对象名.Add(值);
```

该语句表示在 ArrayList 对象的尾部添加元素。其中，“值”可以是 C#语言中的任何一种类型的常量或变量。例如，为创建的 ArrayList 对象 MyList 添加一个元素值 8，代码如下：

```
MyList.Add(8);
```

方法 2：Insert 方法的表示形式如下：

```
ArrayList 对象名.Insert(位置索引,值);
```

该语句表示在 ArrayList 对象的指定位置索引处添加元素。其中，“位置索引”是指元素在 ArrayList 对象中的位置索引，索引位置从 0 开始，依次排列；“值”可以是 C#语言中的任何一种类型的常量或变量。例如，创建 ArrayList 对象 MyList，在下标为 3 的位置添加一个元素值 8，代码如下：

```
MyList.Insert(3,8);
```

2) ArrayList 元素的访问

ArrayList 对象元素的访问与一维数组元素的访问方法相同，即可以通过下标索引的方法进行，访问 ArrayList 元素的方式如下：

```
ArrayList 对象名[下标];
```

例如，将创建且赋值的 ArrayList 对象 MyList 的第 1 个元素值赋给整型变量 MyVariable，代码如下：

```
MyVariable=MyList[0];
```

3) ArrayList 元素的遍历访问

ArrayList 集合的遍历与数组类似，都可以使用循环语句 while、do...while、for、foreach。

实例 5　使用 ArrayList 集合录入个人信息(源代码\ch06\6.5.txt)。

编写程序，录入“张三”的个人信息，存储在 MyList 集合中并输出。

```
using System;
using System.Collections;
namespace ConsoleApp1
{
    class Program
    {
        static void Main(string[] args)
        {
            string Result = "";
            ArrayList MyList = new ArrayList(4);
            Console.WriteLine("输出个人信息");
            MyList.Add("姓名：张三");
            MyList.Add("性别：男");
            MyList.Add("年龄：20 岁");
            MyList.Add("地址：北京市王府井大街");
            foreach (string Element in MyList)
            {
                Result += Element + " ";
            }
            Console.WriteLine(Result);
            Console.ReadLine();
        }
    }
}
```

程序运行结果如图 6-8 所示。

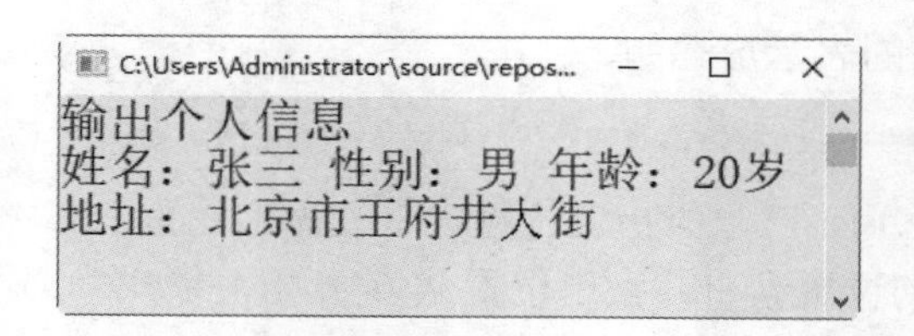

图6-8 输出个人信息

6.5.2 ArrayList的操作

ArrayList集合的应用非常广泛，C#语言针对该集合提供了很多属性和方法，例如，获取元素个数的属性Count、增加/删除方法Add/Remove等。

1. ArrayList的常用属性

通过获取 ArrayList 的一些属性可以更方便地操作 ArrayList，C#语言为开发者提供了ArrayList的一些常用属性，如表6-4所示。

表6-4 ArrayList的常用属性及说明

属 性	说 明
Capacity	获取或设置ArrayList可包含的元素数
Count	获取ArrayList中实际包含的元素数
IsFixedSize	获取一个值，该值指示ArrayList是否具有固定大小
IsReadOnly	获取一个值，该值指示ArrayList是否为只读
IsSynchronized	获取一个值，该值指示是否同步对ArrayList的访问(线程安全)
Item	获取或设置指定索引处的元素
SyncRoot	获取可用于同步ArrayList访问的对象

初次接触ArrayList时，很容易将Capacity和Count这两个属性搞混，Capacity表示在初始化时指定的长度，Count表示ArrayList赋值的元素的个数。例如，创建一个长度为10的ArrayList对象MyList，并通过Add方法增加两个元素“A”和“B”，输出Capacity和Count属性的值，代码如下：

```
ArrayList MyList = new ArrayList(10);
MyList.Add("A");
MyList.Add("B");
    Console.WriteLine("Capacity is " + MyList.Capacity + ",Count is " + MyList.Count);
    Console.ReadLine();
```

上述代码的运行结果是：Capacity is 10,Count is 2。

2. ArrayList的常用方法

ArrayList的方法非常多，在此只介绍常用的一些方法，如表6-5所示。

表 6-5　ArrayList 的常用方法

方　法	说　明
Add	将对象添加到 ArrayList 的结尾处
AddRange	将集合中的某些元素添加到 ArrayList 的末尾
Insert	将元素插入 ArrayList 的指定索引处
InsertRange	将集合中的某些元素插入 ArrayList 的指定索引处
CopyTo	将 ArrayList 或它的一部分复制到一维数组中
Clear	从 ArrayList 中移除所有元素
Remove	从 ArrayList 中移除特定对象的第一个匹配项
RemoveAt	移除 ArrayList 的指定索引处的元素
RemoveRange	从 ArrayList 中移除一定范围的元素
Contains	确定某元素是否在 ArrayList 中
IndexOf	返回 ArrayList 或它的一部分中某个值的第一个匹配项的从零开始的索引
LastIndexOf	返回 ArrayList 或它的一部分中某个值的最后一个匹配项的从零开始的索引
Sort	对 ArrayList 或它的一部分中的元素进行排序
Reverse	将 ArrayList 或它的一部分中元素的顺序反转

1) 增加元素

前面已经介绍了 ArrayList 增加元素的方法 Add 和 Insert，在此介绍 AddRange 和 InsertRange 方法的使用。AddRange 和 InsertRange 方法可以将另一集合中的某些元素增加或插入 ArrayList 中。例如，将 MyAL 中的元素追加到 MyAL2 中，然后在第 2 个位置处再将 MyAL 插入到 MyAL2 中，代码如下：

```
ArrayList MyAL = new ArrayList();
MyAL.Add("The");
MyAL.Add("quick");
   MyAL.Add("brown");
   MyAL.Add("fox");
   ArrayList MyAL2 = new ArrayList();
MyAL2.AddRange(MyAL);           //使用增加范围方法将 MyAL 元素增加到 MyAL2 的末尾
MyAL2.InsertRange(MyAL,2);      //使用插入范围方法将 MyAL 元素插入 MyAL2 的第 2 个位置
```

2) 删除元素

ArrayList 对于元素的删除提供了 Clear、Remove、RemoveAt、RemoveRange 四种方法。

Clear 方法表示从 ArrayList 中移除所有的元素，例如，将 MyAL 的所有元素删除，代码如下：

```
MyAL.Clear();
```

Remove 方法表示从 ArrayList 中移除特定对象的第一个匹配项，例如，将 MyAL 中与"fox"匹配的元素删除，代码如下：

```
MyAL. Remove("fox");
```

RemoveAt 方法表示从 ArrayList 中移除指定索引处的元素，例如将 MyAL 中索引为 2 的元素移除，代码如下：

```
MyAL.Remove(2);
```

RemoveRange 方法表示从 ArrayList 中移除一定范围的元素，例如将 MyAL 中的元素从索引 1 处开始移除 2 个，代码如下：

```
MyAL.RemoveRange(1,2);
```

3) 查找元素

在 ArrayList 集合中查找时，可以使用 ArrayList 类提供的 Contains 方法。Contains 方法用来确定指定元素是否在 ArrayList 集合中，如果找到返回 true，否则返回 false。例如，查找"fox"是否在 MyAL 中，代码如下：

```
MyAL.Contains("fox");
```

运行结果为 true。

4) 排序和反转 ArrayList 元素

ArrayList 集合可以对元素进行排序及反转，使用方法与一维数组相同，请参阅一维数组的使用方法。

实例 6 使用 ArrayList 集合排序数组(源代码\ch06\6.6.txt)。

编写程序，声明一个 ArrayList 数组，并添加元素，输出它可包含以及实际包含元素数，然后对数组进行升序排序操作，输出排序前和排序后的结果。

```
static void Main(string[] args)
  {
    ArrayList MyAL = new ArrayList();
    MyAL.Add(15);
         MyAL.Add(18);
         MyAL.Add(25);
         MyAL.Add(37);
         MyAL.Add(17);
         MyAL.Add(1);
         MyAL.Add(5);
         MyAL.Add(10);
         Console.WriteLine("可包含的元素数: {0} ", MyAL.Capacity);
         Console.WriteLine("实际包含的元素数: {0}", MyAL.Count);
         Console.WriteLine("排序前为: ");
         foreach (int i in MyAL)
         {
            Console.Write(i + " ");
         }
         Console.WriteLine();
         Console.WriteLine("升序排序后为: ");
         MyAL.Sort();
         foreach (int i in MyAL)
         {
            Console.Write(i + " ");
         }
    Console.ReadLine();
  }
```

程序运行结果如图 6-9 所示。

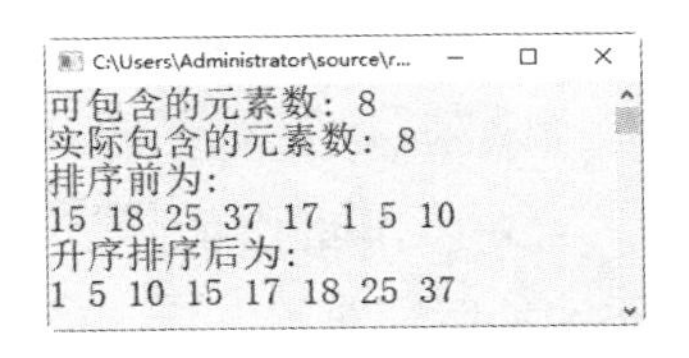

图 6-9　以升序方式排序数组

6.5.3　数组与 ArrayList 集合的区别

数组 Array 类与 ArrayList 类是许多刚接触 C#语言的人比较困惑的，这两个对象比较有用，而且在很多地方适用。它们之间有相似的地方，但是区别也很多，以下是它们之间的主要区别。

(1) Array 类可以支持一维、二维和多维数组，而 ArrayList 类相当于一维数组，不支持多维数组。

(2) Array 数组存储的元素类型必须一致，而 ArrayList 可以存储不同类型的元素。

(3) Array 类在创建数组时必须指定大小且是固定的，不能随意更改，ArrayList 创建数组时可以不指定大小，在使用过程中可以根据需要自动扩充容量。

(4) Array 和 ArrayList 创建数组时语法格式不同。

(5) Array 对象在获得元素个数时通过数组的 Length 属性，ArrayList 对象在获得元素个数时通过集合的 Count 属性。

(6) Array 数组为元素赋值时可以通过创建时初始化值或给单个元素赋值，ArrayList 对象只能通过 Add、Insert 等方法为元素赋值。

虽然 Array 数组和 ArrayList 对象之间有很多区别，但是它们之间还是可以互相转换的。例如，可以在创建 ArrayList 对象时，把 Array 数组元素添加到 ArrayList 中，也可以通过 ArrayList 的 CopyTo 方法将 ArrayList 对象元素复制到 Array 数组中，代码如下。

```
ArrayList MyList=new ArrayList(5);        //创建 ArrayList 类型对象 MyList
MyList.Add(1);                            //增加元素值 1
MyList.Add(2);                            //增加元素值 2
int[] Result=new int[MyList.Count];       //创建长度为 MyList 元素个数的数组 Result
MyList.CopyTo(Result);                    //将 MyList 的元素值复制到数组 Result 中
```

6.6　哈希表 HashTable 集合

在 C#语言中，哈希表是一个键(Key)/值(Value)对的集合，每一个元素都是这样一个键/值对。这里的键类似于普通意义上的下标，唯一确定一个值(Value)。

6.6.1　HashTable 概述

HashTable 通常称为哈希表，它表示键/值对的集合。在.NET Framework 中，HashTable 是 System.Collections 命名空间提供的一个容器，因此使用时和 ArrayList 相似，必须先导入该命名空间。

1. HashTable 的声明与创建

创建 HashTable 对象的方法有很多，在此介绍两种比较常用的方法。

(1) 使用默认的初始容量、加载因子、哈希代码提供程序和比较器来创建 HashTable

空对象，语法格式如下：

```
HashTable 对象名=new HashTable();
```

(2) 使用指定的初始容量、默认的加载因子、哈希代码提供程序和比较器来创建 HashTable 空对象，语法格式如下：

```
HashTable 对象名=new HashTable(元素个数);
```

例如，创建一个名为 MyHT 容纳 10 个元素的 HashTable 对象，代码如下：

```
HashTable MyHT= new HashTable(10);
```

2. HashTable 元素的添加与访问

1) 添加 HashTable 元素

向 HashTable 添加元素的方法与 ArrayList 相似，都是通过 Add 方法实现的，不过 HashTable 不再支持 Insert 等方法。用 Add 方法添加元素的格式如下：

```
HashTable 对象名.Add(键,值);
```

“键”表示要添加的元素的键，可以是任意类型；“值”表示要添加的元素的值，可以是任意类型，甚至可以为空。

例如，向 MyHT 对象添加键/值对"id"/"HW001"，"name"/"Jack"，"sex"/"男"，代码如下：

```
MyHT.Add("id","HW001");
MyHT.Add("name","Jack");
MyHT.Add("sex","男");
```

2) 访问 HashTable 元素

在 HashTable 中访问元素只能通过键来访问值，即将键作为下标来访问值元素，访问形式如下：

```
哈希表对象名[键名];
```

例如，访问 MyHT 中键为 id 的值元素，表示为 MyHT["id"]。

3) 遍历 HashTable 元素

HashTable 的遍历与数组类似，都可以使用循环语句 while、do...while、for、foreach。

注意

由于 HashTable 中的元素是一个键/值对，因此需要使用 DictionaryEntry 类型来进行遍历。DictionaryEntry 类型表示一个键/值对的集合。

实例 7 使用 foreach 遍历哈希表的各个键/值对(源代码\ch06\6.7.txt)。

编写程序，创建一个 HashTable 对象，并使用 Add 方法向哈希表中添加 3 个元素，然后使用 foreach 遍历哈希表的各个键/值对，并输出。

```
class Program
{
   static void Main(string[] args)
   {
      Hashtable HT = new Hashtable();
```

```
            HT.Add("id:", "HW001");
            HT.Add("name:", "Jack");
            HT.Add("sex:", "男");
            foreach (DictionaryEntry dicEntry in HT)
            {
                Console.WriteLine(dicEntry.Key + " " + dicEntry.Value + " ");
            }
            Console.ReadLine();
        }
    }
```

程序运行结果如图 6-10 所示。

图 6-10　输出个人信息

6.6.2　HashTable 的操作

C#语言针对 HashTable 也提供了很多属性和方法，例如，获取元素个数的属性 Count、增加/删除方法 Add/Remove 等。

1. HashTable 的常用属性

通过获取 HashTable 的一些属性可以更方便地操作 HashTable，C#语言为开发者提供了 HashTable 的一些常用属性，如表 6-6 所示。

表 6-6　HashTable 的常用属性及其说明

属　性	说　明
Count	获取包含在 HashTable 中的键/值对的数目
IsFixedSize	获取一个值，该值指示 HashTable 是否具有固定大小
IsReadOnly	获取一个值，该值指示 HashTable 是否为只读
IsSynchronized	获取一个值，该值指示是否同步对 HashTable 的访问(线程安全)
Item	获取或设置与指定的键相关联的值
SyncRoot	获取可用于同步 HashTable 访问的对象
Keys	获取包含 HashTable 中的键的 ICollection
Values	获取包含 HashTable 中的值的 ICollection

2. HashTable 的常用方法

HashTable 的方法非常多，在此只介绍常用的一些方法，如表 6-7 所示。

表 6-7　HashTable 的常用方法及其说明

方　法	说　明
Add	向 HashTable 添加一个带有指定的键和值的元素
Clear	从 HashTable 中移除所有的元素
Remove	从 HashTable 中移除带有指定的键的元素
ContainsKey	判断 HashTable 是否包含指定的键
ContainsValue	判断 HashTable 是否包含指定的值

1) HashTable 元素的增加

Add 方法的使用前面已经介绍过。

2) HashTable 元素的删除

Clear 方法表示将 HashTable 中的所有元素都删除。例如，清除 MyHT 中所有的元素，代码如下：

```
MyHT.Clear();
```

Remove 方法表示将 HashTable 中指定键的元素删除。例如，清除 MyHT 中键值为"id"的元素，代码如下：

```
MyHT.Remove ("id");
```

3) HashTable 元素的查找

Contains 方法和 ContainsKey 方法一样，表示 HashTable 中是否包含特定键，找到返回 true，找不到返回 false。例如，在 MyHT 中查找键为"sex"的元素，代码如下：

```
MyHT.Contains("sex");
MyHT.ContainsKey ("sex");
```

ContainsValue 方法表示 HashTable 中是否包含特定值，找到返回 true，找不到返回 false。例如，在 MyHT 中查找值为"男"的元素，代码如下：

```
MyHT.ContainsValue ("男");
```

实例 8 使用 HashTable 表操作元素(源代码\ch06\6.8.txt)。

编写程序，创建一个 HashTable 对象，并对 HashTable 中的元素进行添加、删除，最后遍历 HashTable 表中的元素。

```
class Program
{
    static protected HashTable list = new HashTable();
    protected static void PrintList(HashTable list)
        {
            IDictionaryEnumerator enumeration = list.GetEnumerator();
            while (enumeration.MoveNext())
            {
                System.Console.WriteLine((string)enumeration.Value);
            }
        }
        static void Main(string[] args)
        {
            for (int i = 0; i < 5; i++)
            {
                list.Add("元素" + i.ToString(), "元素" + i.ToString());
            }
            System.Console.WriteLine("输出所有哈希表中的元素：");
            PrintList(list);
            System.Console.WriteLine("输出删除一个元素后，哈希表中剩余的元素：");
            list.Remove("元素 2");
            PrintList(list);
        Console.ReadLine();
    }
}
```

程序运行结果如图 6-11 所示。

```
C:\Users\Administrator\source\repos\ConsoleApp1\Conso...
输出所有哈希表中的元素：
元素3
元素0
元素2
元素1
元素4
输出删除一个元素后，哈希表中剩余的元素：
元素3
元素0
元素1
元素4
```

图 6-11　输出 HashTable 表中的元素

6.7　就业面试问题解答

问题 1：在设计程序时，使用数组有哪些优点？

答：很多时候，使用数组可以在很大程度上缩短和简化程序代码，因为可以通过上标和下标值来设计一个循环，可以高效地处理多种情况。

问题 2：如何访问数组中的元素？

答：数组初始化之后就可以使用索引器访问其中的元素了。那么索引器又是什么呢？索引器可以理解为数组的每个元素编号。目前来说，C#索引器只支持整数类型的参数。索引器的开始标号为 0，最大的索引数为元素个数减 1。

6.8　上机练练手

上机练习 1：输出斐波那契数列。

编写程序，利用数组来输出斐波那契数列的前 20 项。斐波那契数列是意大利数学家列昂纳多•斐波那契(Leonardo Fibonacci)发现的。它的基本规律是从第 3 项开始，每一项都等于前两项之和，第 1 项和第 2 项都是 1。斐波那契数列如下所示：

1，1，2，3，5，8，13，21，34…

程序运行结果如图 6-12 所示。

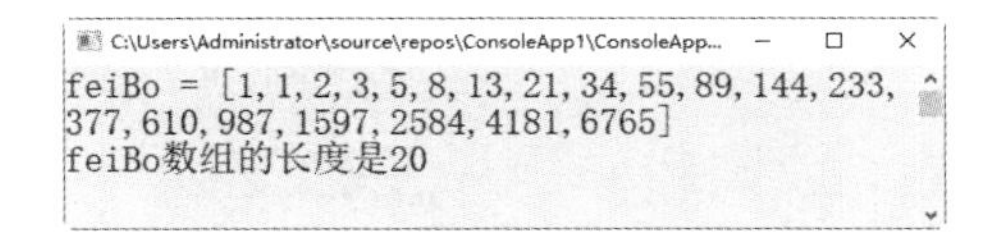

图 6-12　斐波那契数列

上机练习 2：冒泡排序。

编写程序，使用冒泡排序方式对输入的数据以升序方式进行排序，程序运行结果如图 6-13 所示。

上机练习 3：求平均值。

编写程序，首先要求用户输入待求平均值的数据个数，然后使用一个循环获取所有数据，并存储在 ArrayList 集合中，最后调用 ShowAverage()方法计算这些数据的平均值，并将其输出。程序运行结果如图 6-14 所示。

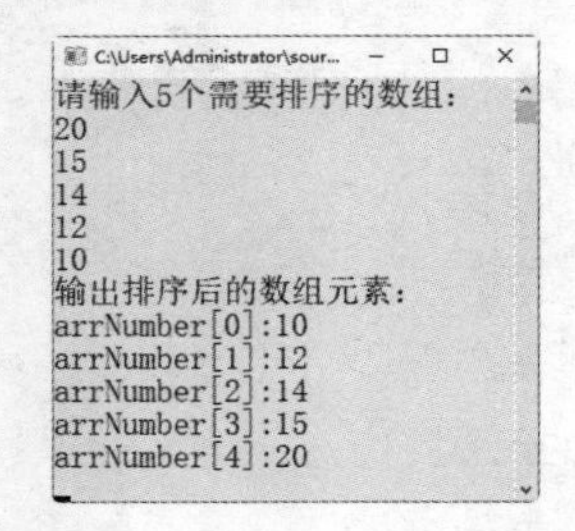

图 6-13　冒泡方式排序数组

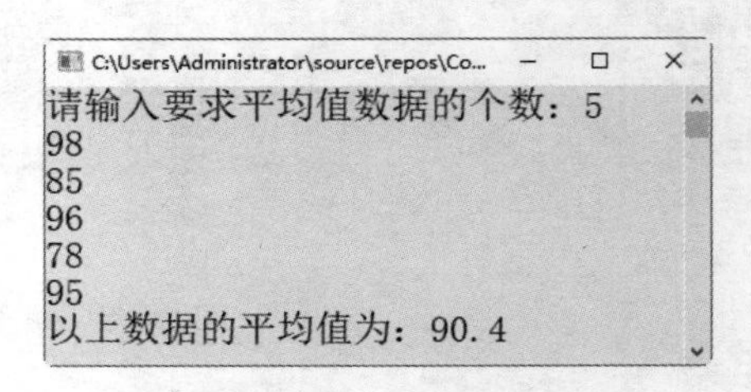

图 6-14　求平均值

第7章

类与结构

C#语言是一种完全面向对象的程序设计语言。面向对象程序设计方法提出了一个全新的概念——类，它的主要思想是将数据(数据成员)及处理这些数据的相应方法(函数成员)封装到类中，类的实例称为对象。本章就来介绍 C#语言中的类与结构。

7.1 面向对象编程概述

C#语言支持面向对象的程序设计方法，面向对象编程技术是当前主流的程序设计思想和技术。

7.1.1 面向对象编程的概念

面向对象编程(OOP)是一种程序设计方法，它的核心就是将现实世界中的概念、过程和事务抽象成 C#中的模型，使用这些模型来进行程序的设计和构建。下面介绍一些关于面向对象的概念。

1. 对象

对象的概念既是面向对象编程中的概念，也是现实生活中的概念，就是使用对象这个概念将我们的程序设计和现实日常生活联系起来。对象在现实生活中可以指自然物体等，每个对象都含有静态属性，比如“长、宽、高”等，这些属性就抽象成类的数据成员。每个对象也有动态属性，通过动态属性和外界相互联系，这就可以抽象成类的成员函数。

2. 抽象

抽象在现实生活中是一个常用的概念，就是将一个事务对象进行归纳总结的过程。面向对象编程中的抽象就是指将有相同特征的事务抽象成为一个类，一个事务成为这个类的一个对象。

3. 封装

封装在现实生活中的理解就是将某个事物封闭在一个环境中，与外界隔离。面向对象编程过程中的封装概念就是将一个类的数据成员和成员函数封闭在一个对象中，每个对象之间相互独立、互不干扰，只留下一个公开接口与外界进行通信。

4. 继承

面向对象的编程过程中的继承的概念与现实中继承的概念相似，就是某一个类继承了另外一个类的特性，那么继承的类就称为派生类，被继承的类称为基类。派生类中包含基类的数据成员和成员函数，同时也有自己的数据成员和成员函数。

5. 多态

在现实生活中，每个个体虽然接收的信息相同，但反应不同。在面向对象的过程中，也有类似的情况。对于相似的类的对象，接收同一个指令，它们执行的操作不同，称为多态性。在面向对象程序设计中，多态性主要表现在同一个基类继承的不同派生类的对象，这些对象对同一消息产生不同的响应。

7.1.2　面向对象编程的特点

面向对象编程方法具有封装性、继承性和多态性等特点。

1. 封装性

类是属性和方法的集合，为了实现某项功能而定义，开发人员并不需要了解类体内每句代码的具体含义，只需通过对象来调用类的某个属性或方法即可实现某项功能，这就是类的封装性。封装是一种信息隐蔽技术，用户只能见到对象封装界面上的信息，对象内部对用户是隐蔽的。

例如，一台电脑就是一个封装体。从设计者的角度来讲，不仅需要考虑内部各种元器件，还要考虑主板、内存、显卡等元器件的连接与组装；从使用者的角度来讲，只关心其型号、颜色、外观、重量等属性，只关心电源开关按钮的灵活性、显示器的清晰度、键盘的灵敏度等，根本不用关心其内部构造。

因此，封装的目的在于将对象的使用者与设计者分开，使用者不必了解对象行为的具体实现，只需要用设计者提供的消息接口来访问该对象。

2. 继承性

继承是面向对象编程最重要的特性之一。一个类可以从另一个类中继承其全部属性和方法，这就是说，这个类拥有它继承的类的所有成员，而不需要重新定义，这种特性在面向对象编程中称作对象的继承性。继承在 C#中又称为派生，其中，被继承的类称为基类或父类，继承的类称为派生类或子类。

例如，灵长类动物包括人类和大猩猩，那么灵长类动物就称为基类或父类，具有的属性包括手和脚(其他动物类称为前肢和后肢)，具有的行为(方法)是抓取东西(其他动物类不具备)，人类和大猩猩也具有灵长类动物定义的所有属性和行为(方法)，因此，在人类中就不需要再重新定义这些属性和行为(方法)，只需要采用面向对象编程中的继承性，让人类和大猩猩都继承灵长类动物即可。

继承性的优势在于降低了软件开发的复杂性和费用，使软件系统易于扩充。

3. 多态性

继承性可以避免代码的重复编写，但在实际应用中，又存在这样的问题，派生类里的属性和方法较基类有所变化，需要在派生类中更改从基类自动继承的属性和方法。针对这种问题，C#语言提供了多态性。多态性即在基类中定义的属性或方法被派生类继承后，可以具有不同的属性和方法。

例如，假设手机是一个基类，它具有一个称为拨打电话的方法，也就是说，一般的手机拨打电话的方法都是输入号码后按拨号键即可完成，但是一款新的手机拨号方式为语音拨号，与一般的拨号方法不同，于是只能通过改写基类的方法来实现派生类的拨号方法。

7.1.3　面向对象编程与面向过程编程的区别

面向对象编程与传统的面向过程编程有如下区别：

(1) 面向过程程序设计方法采用函数(或过程)来描述对数据的操作，但又将函数与其操作的数据相分离；面向对象程序设计方法将数据和对数据的操作封装在一起，作为一个整体来处理。

(2) 面向过程程序设计方法以功能为中心来设计功能模块，难以维护；而面向对象程序设计方法以数据为中心来描述系统，数据相对于功能而言具有较强的稳定性，因此更易于维护。

(3) 面向过程程序的控制流程由程序中的预定顺序来决定；面向对象程序的控制流程由运行时各种事件的实际发生来触发，而不再由预定顺序来决定，更符合实际需要。

(4) 面向对象程序设计方法可以利用框架产品(如 Microsoft Foundation Classes)进行编程。面向对象和面向过程的根本差别，在于封装之后，面向对象提供了面向过程不具备的各种特性，最主要的就是继承和多态。

通过上面的对比可以看出，面向对象技术具有程序结构清晰、自动生成程序框架、实现简单、程序的维护工作量少、代码重用率高、软件开发效率高等优点。

7.2 C#语言中的类

类是面向对象中最为重要的概念之一，是面向对象设计中最基本的组成模块。类可以简单地看做一种数据结构，类中的数据和函数称为类的成员。类可以包含数据成员(常量和变量)、函数成员(方法、属性、事件、索引器、运算符、构造函数和析构函数)和嵌套类型。类具有封装性、继承性和多态性。

7.2.1 类的概述与定义

类是创建对象的模板，一个类可以创建多个相同的对象；对象是类的实例，是按照类的规则创建的。例如，我们可以将客观世界看成一个 Object 类，动物则是客观世界中的一小部分，可以定义为 Animal 类，小狗是动物世界中的哺乳动物，可以定义为 Dog 类，小猫也是一种动物，可以定义为 Cat 类，如图 7-1 所示。

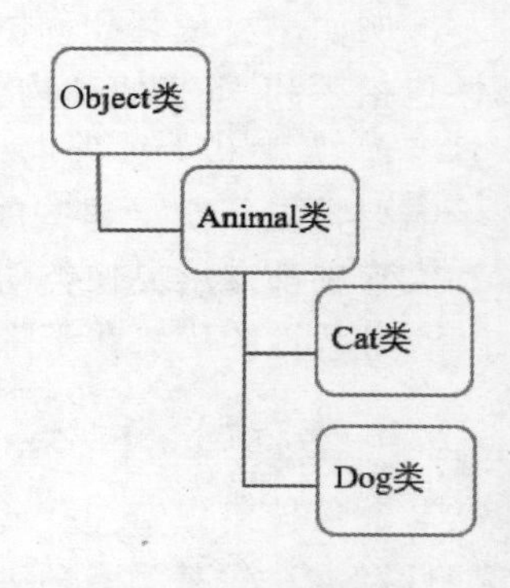

图 7-1 类的层次关系

类定义是以关键字 class 开头，后跟类的名称。类的主体包含在一对花括号中。类定义后必须跟着一个分号或一个声明列表。类的定义格式如下：

```
<访问修改符> class 类名
{
    // 成员变量
    <访问修改符> <数据类型> 变量 1;
    <访问修改符> <数据类型> 变量 2;
    ...
    <访问修改符> <数据类型>变量 n;
    // 成员方法
    <访问修改符> <返回的数据类型> 方法 1(参数_列表)
    {
```

```
        // 方法体
    }
    <访问修改符> <返回的数据类型> 方法 2(参数_列表)
    {
        // 方法体
    }
    ...
    <访问修改符> <返回的数据类型>方法 n(参数_列表)
    {
        // 方法体
    }
}
```

主要参数介绍如下：

(1) class 是定义类结构体的关键字，大括号内被称为类体或类空间。

(2) 类名标识符指定的是类名，类名就是一个新的数据类型，通过类名可以声明对象。

(3) 类的成员有成员变量和成员方法。类中的成员变量的类型既可以是任意的，包含整型、浮点型、字符型、数组、指针和引用等，也可以是对象。

(4) 大括号内是定义和声明类成员的地方。

(5) 访问修饰符用来限制类的作用范围或访问级别，可省略。在 C#语言中，常用的访问修饰符及其作用如表 7-1 所示。

表 7-1　常用的访问修饰符及其作用

修饰符	默认值
public	表示公共的类或类成员，访问不受限制
internal	表示内部类或成员，访问仅限于当前程序集
protected	表示受保护的成员，访问仅限于该类及其派生类
protected internal	访问仅限于该类或当前程序集的派生类
private	表示私有成员，访问仅限于该类内部

类的修饰符只有 public 和 internal 两种(嵌套类除外)。其中，用 public 修饰符声明的类可以被任何其他类访问；用 internal 修饰符声明的类只能从同一个程序集的其他类中访问。在不指明访问修饰符时，默认的类修饰符为 internal 内部类，即只有当前项目中的代码才能访问。

例如，定义一个关于盒子的类，代码如下：

```
class Box
   {
      public double length;    // 长度
      public double breadth;   // 宽度
      public double height;    // 高度
   }
```

类的主体包含在一对花括号中。类定义后必须跟着一个分号或一个声明列表。

7.2.2 成员函数和封装

类的成员函数是一个在类定义中具有它的定义或原型的函数，就像其他变量一样。作为类的一个成员，它能在类的任何对象上操作，且能访问类对象的所有成员。成员变量是对象的属性，这些变量只能使用公共成员函数来访问。

实例 1 计算并输出盒子的体积(源代码\ch07\7.1.txt)。

编写程序，定义一个关于盒子的类，通过设置和获取一个类中不同类成员的值，从而计算盒子的体积并输出。

```
class Box
   {
      private double length;        // 长度
      private double breadth;       // 宽度
      private double height;        // 高度
      public void setLength(double len)
      {
         length = len;
      }
      public void setBreadth(double bre)
      {
         breadth = bre;
      }
      public void setHeight(double hei)
      {
         height = hei;
      }
      public double getVolume()
      {
         return length * breadth * height;
      }
   }
   class Boxtester
   {
      static void Main(string[] args)
      {
         Box Box1 = new Box();     // 声明 Box1，类型为 Box
         Box Box2 = new Box();     // 声明 Box2，类型为 Box
         double volume;            // 体积
         // Box1 详述
         Box1.setLength(6.0);
         Box1.setBreadth(7.0);
         Box1.setHeight(5.0);
         // Box2 详述
         Box2.setLength(8.0);
         Box2.setBreadth(9.0);
         Box2.setHeight(10.0);
         // Box1 的体积
         volume = Box1.getVolume();
         Console.WriteLine("Box1 的体积: {0}", volume);
         // Box2 的体积
         volume = Box2.getVolume();
         Console.WriteLine("Box2 的体积: {0}", volume);
         Console.ReadKey();
      }
   }
```

程序运行结果如图 7-2 所示。

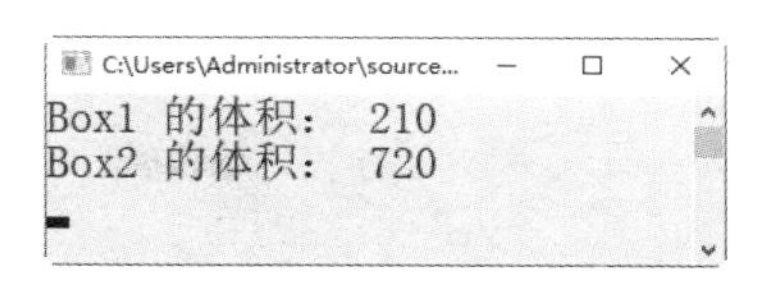

图 7-2　计算盒子的体积

7.2.3　类的属性与方法

1. 属性

通常情况下，类的属性成员都是将一个类的私有字段变量通过封装成公共属性，让外部类读取或赋值公共属性，以提高程序的安全性及隐蔽性，属性是类的封装性的体现。

定义属性的一般格式如下：

```
[访问修饰符][类型修饰符] 数据类型 属性名
{
    get{//获得属性的函数体}
    set{//设置属性的函数体}
}
```

主要参数介绍如下：

(1) 类型修饰符可以表示属性的类型，例如，static 表示属性为静态属性等。

(2) get 访问函数是一个不带参数的方法，用于向外部返回属性成员的值。通常，get 访问函数中的语句或语句块主要用 return 或 throw 语句返回某个变量成员的值。

(3) set 访问函数是一个带有简单值类型参数的方法，用于处理类外部的写入值。set 函数带有一个特殊的关键字 value，value 就是 set 访问函数的隐式参数，在 set 函数中通过 value 参数将外部的输入传递进来，然后赋值给其中的某个变量成员。

属性是对字段的封装，类型修饰符一定要与变量的类型修饰符一致。

例如，自定义一个 Student 类，该类中有一个属性 Name，为读写型属性，代码如下:

```
class Student
{
    private string name;          //定义私有字段 name
    public string Name            //将私有字段封装成公共属性
    {
        get { return name; }      //get 访问器返回字段
        set                       //set 访问器对赋值进行限制
        {
            name = value;
        }
    }
}
```

上述属性的定义格式无需用户全部输入，只需将光标定位在要封装成属性的私有字段所在行，按下 Ctrl+R+E 组合键或 Alt+R+F 组合键即可弹出封装属性的对话框，选择相应选项，完成封装属性的基本格式，根据需要再添加代码。

实例 2　输出学生信息(源代码\ch07\7.2.txt)。

编写程序，定义一个 Student 类，在该类中定义两个 string 变量，分别记录学生姓名与班级，然后在该类中自定义两个属性以表示学生姓名和班级。在主程序中实例化一个对象，分别给姓名、班级赋值，最后输出它们。

```
class Student
    {
        private string name;     //定义一个 string 变量，以记录学生姓名
        private string classid; //定义一个 string 变量，以记录学生班级
        public string ClassId    //定义学生班级属性，该属性为可读写属性
        {
            get
            {
                return classid;
            }
            set
            {
                classid = value;
            }
        }
        public string Name       //定义学生姓名属性，该属性为可读写属性
        {
            get
            {
                return name;
            }
            set
            {
                name = value;
            }
        }
    }
    class Program
    {
        static void Main(string[] args)
        {
            Student S = new Student();
            S.Name = "姓名：张三";
            S.ClassId = "班级：计算机 3 班";
            Console.WriteLine(S.Name );
            Console.WriteLine(S.ClassId);
        Console.ReadLine();
    }
}
```

程序运行结果如图 7-3 所示。

C:\Users\Administ...
姓名：张三
班级：计算机3班

图 7-3　学生信息

2. *方法*

方法是对象对外提供的服务，是类中执行数据计算或进行其他操作的重要成员。可以把一个程序中多次用到的某个任务定义为方法。方法分为静态方法和非静态方法，若一个方法声明中包含 static 修饰符，则称该方法为静态方法，反之，称为非静态方法或实例方法。

方法的定义格式如下。

```
[访问修饰符] [类型修饰符] 返回值类型 方法名([形参 1,形参 2,…])
{
    方法体;
}
```

主要参数介绍如下：

(1) 访问修饰符：与前面一样，不再赘述。

(2) 类型修饰符：包括 new、static、virtual、sealed、override、abstract 和 extern，本节只关注 static 修饰符，其他修饰符会在后续节中讲述。带有 static 修饰符为静态方法，否则为实例方法。

(3) 返回值类型：方法执行完毕后可以不返回任何值也可以返回一个值，如果方法有返回值，那么方法体中必须有 return 语句且 return 语句必须指定一个与方法声明中的返回值类型相一致的表达式。如果方法不返回任何值，那么返回类型为 void，方法体内既可以有 return 语句，也可以没有 return 语句，但不允许为 return 语句指定表达式，return 语句的作用是立即退出方法的执行。

(4) 方法名：合法的标识符，规范的方法命名应该是 Pascal 命名规则。

(5) 形参：形参是可选的，既可以一个参数不带，也可以带多个参数，多个参数之间用逗号隔开。即使不带参数也要在方法名后加一对圆括号。区别方法和属性就是看它们的后面是否带圆括号。

由于 C#是面向对象的语言，因此所有的代码必须位于类体内，在类的外部不能创建方法。

实例 3　计算圆的面积与周长(源代码\ch07\7.3.txt)。

编写程序，定义一个 Circle 类，并在其中定义公共方法 GetArea 和 GetGirth，用于计算圆的面积和周长，在主程序中调用方法计算圆的面积和周长，最后输出计算结果。

```
public class Circle
{
    public const double PI = 3.14;          //创建常量
    public static double Girth;             //声名静态变量
    private int _r;                         //声名非静态变量
    public int R                            //将半径封装成公共属性
    {
        get { return _r; }
        set
        {
            if (_r >= 0)
            {
                _r = value;
            }
        }
    }
    public double GetArea(int UserR)        //声明计算面积方法
    {
        R = UserR;
        return PI * R * R;                  //返回圆的面积
    }
    public double GetGirth(int UserR)      //声明计算周长方法
    {
        R = UserR;
        return PI * (2 * R);    //返回圆的周长
    }
}
```

```
class Program
{
    static void Main(string[] args)
    {
        Console.WriteLine("请输入半径：");
        Circle c = new Circle();
        c.R = int.Parse(Console.ReadLine());
        //调用 GetArea 方法计算面积并输出
        Console.WriteLine("圆的面积为：" + c.GetArea(c.R));
        //调用 GetGirth 方法计算周长并输出
        Console.WriteLine("圆的周长为：" + c.GetGirth(c.R));
        Console.ReadLine();
    }
}
```

程序运行结果如图 7-4 所示。

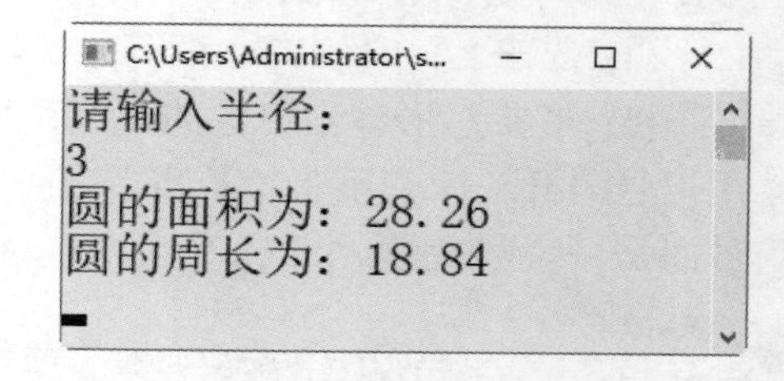

图 7-4　圆的面积与周长

3. 方法的重载

C#语言允许相同名称的方法出现在同一个类内，但这些方法具有不同的方法签名，方法签名由方法名和参数列表(方法参数的顺序、个数和类型)构成，只要方法签名不同，就可以在一个类内定义具有相同名称的多个方法，这就是方法的重载。

C#语言类库中存在着大量的重载方法，如 MessageBox 类的 Show 方法有 21 个重载的版本。方法重载可以提高程序的可读性和执行效率。

实例 4　计算不同参数的和(源代码\ch07\7.4.txt)。

编写程序，定义一个重载方法 Sum，在 Main 方法中分别调用其各种重载形式对传入的参数进行求和计算，然后输出计算结果。

```
class Program
{
    public int Sum(int a,int b)           //定义一个返回值为 int 型的方法
    {
        return a + b;
    }
    public double Sum(int a,double b)     //重新定义方法 Sum，它与第一个的返回值
    {                                     //以及参数类型均不同
        return a + b;
    }
    public int Sum(int a,int b,int c)     //重新定义方法 Sum，它与第一个的参数个数不同
    {
        return a + b + c;
    }
    static void Main(string[] args)
    {
        Program S = new Program();
        int a = 1, b = 2, c = 3;
        double B = 4;
        Console.WriteLine("a=1,b=2,c=3,B=4");
        Console.WriteLine("a+b=" + S.Sum(a, b));    //根据传入参数个数及类型的不同
        Console.WriteLine("a+B=" + S.Sum(a, B));    //分别调用不同的 Sum 重载方法
        Console.WriteLine("a+b+c=" + S.Sum(a, b, c));
        Console.ReadLine();
```

```
        }
}
```

程序运行结果如图 7-5 所示。本实例中的 Sum 方法名称相同，但是参数的个数或者类型却不相同，分别实现了对 a、b、c、B 不同组合的求和，实现了方法的重载。

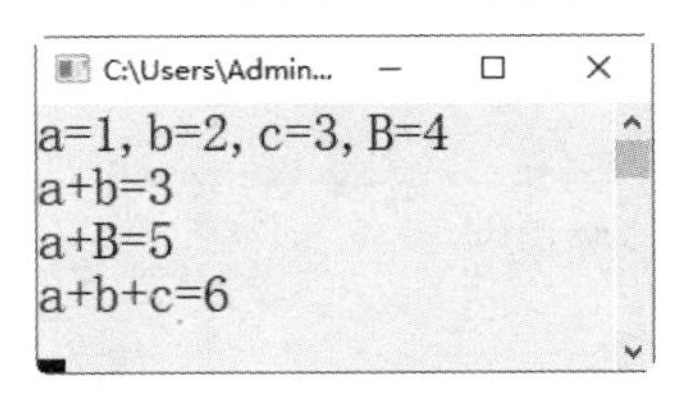

C:\Users\Admin...
a=1, b=2, c=3, B=4
a+b=3
a+B=5
a+b+c=6

图 7-5　计算不同参数的和

定义重载方法可以给编程带来方便，但在 C#语言中使用重载方法时，必须注意以下问题:

(1) 当在程序中要调用重载方法时，C#匹配重载方法的依据是参数表中的参数类型、参数个数以及参数顺序，所以在定义重载方法时，所有重载的方法必须在上述内容上不同，否则将会出错。

(2) 在调用重载方法时，要避免由于参数类型相似，而引起歧义。

(3) 对于重载方法，程序员应尽可能保证让它们执行相同的功能，否则就失去了重载的意义。

7.2.4　C#语言中的构造函数

构造函数是一种特殊的方法，每次创建类的实例都会调用它，并且自动初始化成员变量。通常不需要定义相关的构造函数，因为基类(Object 类)提供了一个默认的实现方式。如果希望在创建对象的同时，为对象设置一些初始状态，就需要提供自己的构造函数。定义构造函数的语法格式如下：

```
[访问修饰符] 类名([参数列表])
{
    // 构造函数的主体
}
```

其中，访问修饰符与参数列表都可以省略；构造函数的名称与类名相同。

构造函数具有以下特性：

(1) 构造函数的命名必须和类名完全相同，不能使用其他名称，一般访问修饰符为 public 类型。

(2) 构造函数的功能主要是创建类的实例时定义对象的初始化状态，因此它没有返回值，也不能用 void 来修饰。

(3) 构造函数既可以是有参数的，也可以是无参数的。

(4) 构造函数只有在创建类的实例时才会执行，只使用 new 运算符调用构造函数。一个类可以有 0 个或多个构造函数，如果类内没有定义构造函数，就会使用基类提供的默认构造函数，构造函数支持重载，因此一个类内可包含多个构造函数。创建对象时，根据参数个数的不同或参数类型的不同来调用相应的构造函数。

(5) 构造函数可以是静态的，即使用 static 修饰符。静态构造函数会在类的实例创建之前被自动调用，并且只能调用一次，不能带参数也不支持构造函数重载(只能有一个静态构造函数)。

例如，定义一个水果类 Fruit，包含两个构造函数，代码如下：

```
class Fruit
{
    public string Color, Shape;   //定义成员字段 color,shape
    public Fruit()   //定义无参数的构造函数
    {
        Color = "green";
        Shape = "round";
    }
    public Fruit(string color, string shape)   //定义有参数的构造函数
    {
        this.Color = color;   //this.color 表示类内的成员字段，而非参数变量 color
        this.Shape = shape;
    }
}
```

在创建 Fruit 类的对象时会调用构造函数，例如:

```
Fruit Apple1 = new Fruit();                    //创建对象 Apple1，按默认的颜色和形状构造该对象
Fruit Apple2 = new Fruit("red", "round");//创建对象 Apple2，指定红色和圆形初始化该对象
```

实例 5 计算不同参数的和(源代码\ch07\7.5.txt)。

编写程序，在 Program 类中定义 a、b、sum 三个变量，然后定义构造函数 Program，实现对 a、b 求和并赋值给 sum，最后在 Main()方法中实例化 Program 类的对象，输出 sum。

```
class Program
{
    public int a = 1;
    public int b = 2;
    public int sum;
    public Program()
    {
        sum = a + b;
    }
    static void Main(string[] args)
    {
        Program s = new Program();   //使用构造函数实例化 Program 对象
        Console.WriteLine("a+b=" + s.sum);
        Console.ReadLine();
    }
}
```

程序运行结果如图 7-6 所示。

构造函数是定义实例化对象的初始状态，没有返回值，而调用方法是有返回值的。

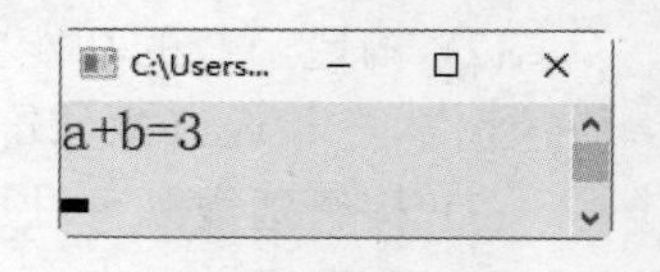

图 7-6　计算两数之和

7.2.5　C#语言中的析构函数

析构函数也是一种特殊的方法，主要用来在销毁类的实例时，自动完成内存清理工

作，又称为垃圾回收器。析构函数的语法格式如下：

```
~类名()
{
    //析构函数体代码
}
```

析构函数的主体包括一些代码，通常用于关闭由实例打开的数据库、文件或网络链接等。析构函数具有以下特点：

(1) 析构函数没有返回值，也没有参数。

(2) 析构函数不能使用任何修饰符。

(3) 一个类只能有一个析构函数，即析构函数不能重载，也不能被继承。

(4) 析构函数不能手动调用，只能在类对象生命周期结束时，由垃圾回收器自动调用。

在 C#语言程序中，有析构函数的对象占用的资源较多，它们在内存中驻留时间较长，在垃圾回收器检查到时并不会被销毁，并且还会调用专门的进程负责，从而消耗相应的资源，因此析构函数不能滥用，建议必要时再使用析构函数。

实例 6　析构函数的应用(源代码\ch07\7.6.txt)。

编写程序，在 Program 类中声明其析构函数，在 Main()方法中实例化该类的对象，运行程序查看结果。

```
class Program
{
    class test
    {
        ~test()
        {
            Console.WriteLine("测试析构函数的自动调用");
            Console.ReadLine();    //短暂显示结果
        }
    }
    static void Main(string[] args)
    {
        test t = new test();    //实例化 Program 对象
    }
}
```

程序运行结果如图 7-7 所示。

本例演示了析构函数的自动调用，在运行结果短暂显示后，会清除并退出，这是正常现象，体现了它的清理内存功能。

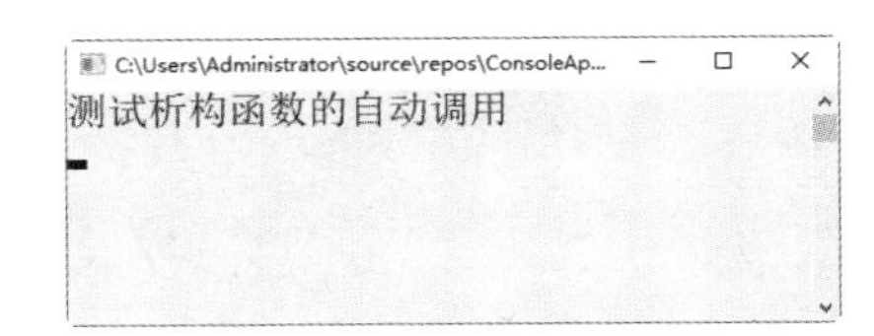

图 7-7　析构函数的应用

7.2.6　对象的创建

面向对象编程的思想是一切皆为对象。类是事物抽象出来的结果，因此，类是抽象的。对象是某类事物中具体的实例，因此，对象就是具体的。例如，学生就是一个抽象概念，即学生类，但是姓名叫张三的就是学生类中具体的一个学生，即对象。

1. 声明对象

声明一个对象与声明一个普通变量方法一样，格式如下：

```
类名 对象名;
```

例如，声明一个 Circle 类的对象 C，代码如下：

```
Circle C;    //声明对象，但未初始化
```

2. 创建对象

初始化对象需要使用运算符 new。既可以对已声明的对象进行初始化，也可以在创建对象的同时初始化。格式如下：

```
类名 对象名=new 类名();
```

例如，将上述的 C 对象初始化，并创建 Circle 类的对象 A，并对其初始化，代码如下：

```
C = new Circle();                //对已声明对象 C 初始化
Circle A = new Circle();         //声明 Circle 类对象 A，并初始化
```

有关类的实例(对象)的声明与创建不能放在该类的内部，只能在外部(即其他类中)进行。

7.2.7 对象与类的关系

对象和类可以描述为如下关系。类用来描述具有相同数据结构和特征的“一组对象”，“类”是“对象”的抽象，而“对象”是“类”的具体实例，即一个类中的对象具有相同的“型”，但其中每个对象却具有各不相同的“值”。

类是具有相同或相仿结构、操作和约束规则的对象组成的集合，而对象是某一类的具体化实例，每一个类都是具有某些共性的对象的抽象。

类是一种自定义的数据类型，一旦声明就可以立即使用。其基本使用方法是：首先声明并创建一个类的实例(即一个对象)，然后再通过这个对象访问其数据或调用其方法。值得注意的是，使用类声明的对象实质上是一个引用类型变量，使用运算符 new 和构造函数来初始化对象并获取内存空间。

7.3 C#语言中的结构

结构是一种值类型，它和类的类型在语法上非常相似，都是一种数据结构，并且包含数据成员和方法成员。

7.3.1 结构概述

结构是一种值类型，通常用来封装一组相关的变量。结构体中可以包含构造函数、常

量、字段、方法、属性、运算符、事件和嵌套类型等，但是如果同时包含上述几个类型就应该考虑使用类。结构的特点如下：

(1) 结构属于值类型，并且不需要堆分配。

(2) 向方法传递结构时，结构是通过传值方式传递的，而不是作为引用传递的。

(3) 结构的实例化可以不使用 new 运算符。

(4) 结构可以声明构造函数，但它们必须带参数。

(5) 一个结构不能从另一个结构或类继承。

(6) 结构可以实现接口。

(7) 在结构中初始化实例字段是错误的。

在 C#语言中，结构是使用 struct 关键字定义的，语法如下：

```
[结构修饰符] struct 结构名
{
    //字段、属性、方法、事件
}
```

实例 7　利用结构输出变量的值(源代码\ch07\7.7.txt)。

编写程序，定义一个结构 test，定义 int 变量 x、y，并在主程序中实例化它们输出其值。

```
struct test
{
        public int x;                    //不能直接对其进行赋值
        public int y;
        public test(int x, int y)    //带参数的构造函数
        {
            this.x = x;
            this.y = y;
            Console.WriteLine("x={0},y={1}", x, y);
        }
    }
    class Program
    {
        static void Main(string[] args)
        {
            test t = new test(1, 2);
            test t2 = t;
            t.x = 10;
            Console.WriteLine("t2.x={0}", t2.x);
            Console.ReadLine();
        }
}
```

程序运行结果如图 7-8 所示。从本实例可以看出“t2=t”是对值的复制，所以 t2 不会受到 t.x 赋值的影响。如果 test 为类，那么 t 与 t2 所指向的就是同一个地址，而 t2 的值就会为 10。

图 7-8　结构的应用

7.3.2 结构与类的区别

1. 结构体与类的相似点

(1) 结构体的定义和类非常相似，例如：

```
public struct A
{
   string A1;
   int A2;
}
public class B
{
      int B1;
      string B2;
   }
   class Program
   {
      A a = new A();
      B b = new B();
   }
```

(2) 它们可以包含数据类型作为成员。

(3) 它们都拥有成员，包括构造函数、方法、属性、字段、常量、枚举类型、事件以及事件处理函数。

(4) 两者的成员都有各自的存取范围。例如，可以将某一个成员声明为public，而将另一个成员声明为private。

(5) 两者都可以实现接口。

(6) 两者都可以公开一个默认属性，然而前提是这个属性至少要取得一个自变量。

2. 结构体与类的主要区别

(1) 结构是实值类型(Value Types)，而类则是引用类型(Reference Types)。

(2) 结构使用栈存储(Stack Allocation)，而类使用堆存储(Heap Allocation)。

(3) 所有结构成员默认都是 public，而类的变量和常量则默认为 private，不过其他类成员默认都是public。

(4) 结构变量声明时不能指定初始值，也不能使用 new 关键字对结构体数组进行初始化，而类的变量在声明时可以指定初始值。

(5) 二者都可以拥有共享构造函数，结构的共享构造函数不能带有参数，但是类的共享构造函数则可以带或者不带参数。

(6) 结构不允许声明析构函数，类则无此限制。

(7) 结构的实例声明，不允许对包含的变量进行初始化设定，类则可以在声明实例时，同时进行变量初始化。

3. 结构体与类的选择

编写程序时，选择好结构或类会使程序达到更好的效果。

(1) 堆栈的空间有限，当需要存储大量的逻辑对象时，创建类要比创建结构好一些。

(2) 结构表示如点、矩形和颜色这样的轻量对象，例如，如果声明一个含有 1000 个点对象的数组，则将为引用每个对象分配附加的内存。在此情况下，结构的成本较低。

(3) 在表现抽象和多级别的对象层次时，类是最好的选择。

(4) 在大多数情况下，当类型只是一些数据时，结构是最佳的选择。

7.4　类的面向对象特性

类的面向对象特性有三种，分别为封装性、继承性与多态性。

7.4.1　类的封装性

类是属性和方法的集合，类定义好后，只需通过对象来调用类内的某个属性或方法即可实现某项功能，而不需要了解类内部的每一句代码，这就是类的封装性。在 C#语言中，封装性的使用非常广泛。

实例 8　类封装性的应用(源代码\ch07\7.8.txt)。

编写程序，定义一个 S 类，其中包含一个 Sum 方法，用来返回该类中两个变量 a、b 的和。在主程序中实例化对象，调用 Sum 方法求和并输出。

```
class S
{
        private int a = 0;
        private int b = 0;
        public int A { get => a; set => a = value; }        //封装
        public int B { get => b; set => b = value; }
        public int Sum()                                    //求和方法
        {
            return A + B;
        }
    }
    class Program
    {
        static void Main(string[] args)
        {
            S s = new S();
            s.A = 1;
            s.B = 2;
            Console.WriteLine("A+B={0}",s.Sum());           //调用求和方法计算结果
            Console.ReadLine();
        }
}
```

程序运行结果如图 7-9 所示。

图 7-9　类封装性的应用

7.4.2　类的继承性

在 C#语言中，实现继承的语法非常简单，即通过冒号“:”来实现类之间的继承。在 C#语言中声明派生类的一般形式如下：

```
[访问修饰符] class 类名:基类名
{
    //类成员
}
```

实例 9 类继承性的应用(源代码\ch07\7.9.txt)。

编写程序，定义一个 S2 类，该类继承于 S 类，定义一个方法 Result，该方法返回两数乘积。最后在主程序中通过 S2 类对象调用 S 中的方法。

```
class S
{
        private int a = 0;
        private int b = 0;
        public int A { get => a; set => a = value; }    //封装
        public int B { get => b; set => b = value; }
        public int Sum()    //求和方法
        {
            return A + B;
        }
    }
    class S2:S    //S2 继承于 S，拥有 S 类中的所有公有成员，并且可以拓展其成员
    {
        public int Result()
        {
            return A * B;
        }
    }
    class Program
    {
        static void Main(string[] args)
        {
            S2 s2 = new S2();
            s2.A = 1;
            s2.B = 2;
            Console.WriteLine("A+B={0}", s2.Sum());    //调用 S 类中的求和方法
            Console.WriteLine("A*B={0}", s2.Result());    //调用 S2 类中的方法
            Console.ReadLine();
        }
}
```

程序运行结果如图 7-10 所示。本例演示了类的继承性，通过继承 S 类，使 S2 拥有了 S 的公有成员 A、B，并且可以调用 S 类中的方法 Sum()。

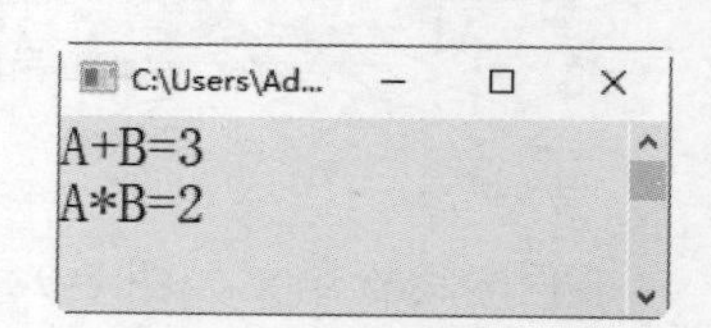

图 7-10 类继承性的应用

在 C#语言中，派生类不能继承其基类的构造函数，但通过使用 base 关键字，派生类构造函数就可以调用基类的构造函数。当创建派生类对象时，系统首先执行基类构造函数，然后执行派生类的构造函数。例如，下述代码说明了派生类执行基类构造函数的过程。

```
class Person  //这是一个基类
{
```

```
        public string Name;   //姓名
        public char Sex;   //性别
        public Person (string name, char sex)
        {
            Name = name;
            Sex = sex;
        }
    }
    class Student:Person   //这是一个派生类
    {
        public string School;   //学校
        int Score;   //成绩
        public Student(string name,char sex,string school,int score):base(name,sex)
        {
            School = school;
            Score = score;
        }
}
```

在上述代码中，派生类 Student 的构造函数就是通过使用 base 关键字来调用基类 Person 的构造函数，并通过基类的构造函数对继承的字段进行初始化，而派生类的构造函数只负责对自己扩展的字段进行初始化。

继承可以把基类的成员传递给派生类，派生类能否使用基类成员取决于其成员访问修饰符，公有成员(public)、私有成员(private)、保护成员(protected)是常用的三种修饰符。公有成员可以被派生类访问；私有成员不能被派生类使用；保护成员只能被其派生类访问，其他类不能访问。

类的继承性具有以下特性：

(1) 继承的单一性。派生类只能继承一个基类，而不能继承多个基类。

(2) 继承是可传递的。例如，ColorTV 从 MonochromeTV 中派生，LCDTV 又从 ColorTV 中派生，那么 LCDTV 不仅继承了 ColorTV 中声明的成员，同样也继承了 MonochromeTV 中的成员。

(3) 派生类应当是对基类的扩展。派生类可以添加新的成员，但不能去除已经继承的成员的定义。

(4) 构造函数和析构函数不能被继承。

(5) 派生类可以重写基类的成员。

7.4.3 类的多态性

C#语言中运行时的多态性是通过重写实现的。重写是指具有继承关系的两个类，如果在基类和派生类中同时声明了名称相同的方法，就视为派生类对基类的重写。根据更改基类成员方法的不同，重写可以分为覆盖性重写和多态性重写两种。

1. 覆盖性重写

覆盖性重写是指在派生类中替换基类的成员。如果在基类中定义了一个方法、字段或属性，就在派生类中使用 new 关键字创建该方法、字段或属性的新定义。new 关键字放置在要替换的类成员的返回类型之前。比较常用的是对方法的重写，一般格式如下：

```
[访问修饰符] new 返回值类型 方法名([参数列表]);
```

实例 10 覆盖性重写的应用(源代码\ch07\7.10.txt)。

编写程序，定义一个类 Person，该类包含方法 GetInfo。Student 继承了基类 Person，并将 GetInfo 方法重写，重写后方法实现了返回值“学生李四”。在主程序实例化 Student 类，调用 GetInfo 方法输出结果。

```
public class Person              //定义 Person 类
{
   public string GetInfo()
   {
      return "张三";
   }
}
class Student:Person             //派生 Student 类
      {
   public new string GetInfo() //重写 GetInfo 方法
   {
      return "学生李四";
   }
   }
   class Program
   {
      static void Main(string[] args)
      {
      Student s = new Student();
      Console.WriteLine(s.GetInfo());
      Console.ReadLine();
   }
}
```

程序运行结果如图 7-11 所示。在本例中，Student 类继承了 Person 类，并对 Person 类的 GetInfo 方法进行重写，因此输出的结果为重写后的方法返回值。

图 7-11　输出方法返回值

在进行覆盖性重写时，需要在派生类的方法名前加上 new 关键字，如果没有，编译器将会发出警告提示。

2. 多态性重写

多态性重写是指基类成员使用 virtual 修饰符定义虚成员，派生类使用 override 修饰符重写基类的虚成员。

1)　虚方法

虚方法是 C#语言中用于实现多态性的机制，核心理念就是通过基类访问派生类定义的方法。在设计一个基类的时候，如果发现一个方法需要在派生类里有不同的表现，那么它就应该是虚的。

在默认情况下，C#语言方法为非虚方法。如果某个方法被声明为虚方法，则必须在方法的返回值前加上 virtual 修饰符。虚方法的声明格式如下：

```
[访问修饰符] virtual 返回值类型 方法名(参数列表)
```

```
{
    //方法体
}
```

例如，定义虚方法 Calculate，代码如下：

```
public virtual int Calculate(int x, int y)
{
    return x + y;
}
```

2)　override 重写虚方法

基类中定义了虚方法，派生类可以使用 override 关键字重写基类的虚方法，或使用 new 关键字隐藏基类中的虚方法。如果 override 关键字和 new 关键字均未指定，那么编译器将发出警告，并且派生类中的方法将隐藏基类中的方法。使用 override 重写虚方法的一般格式如下：

```
    [访问修饰符] override 返回值类型 方法名(参数列表)
{
    //方法体
}
```

例如，重写上述虚方法 Calculate，代码如下：

```
public override int Calculate(int x, int y)
{
    return x * y;
}
```

使用 virtual 和 override 组合实现多态性重写时应注意以下几点：

(1) 重写方法和派生类虚方法具有相同的声明可访问性和相同的返回类型，即重写声明不能更改所对应的虚拟方法的可访问性和返回类型。

(2) 基类的方法是抽象方法或虚方法才能被重写。

(3) 字段不能是虚拟的，只有方法、属性、事件和索引器才可以是虚拟的。

(4) 派生类对象即使被强制转换为基类对象，所引用的也是派生类的成员。

3)　重载和重写的区别

重载和重写在面向对象编程中非常有用，合理利用重写和重载可以设计一个结构清晰而简洁的类。重载和重写都实现了多态性，但是它们之间却有很大的区别，对于初学者，很容易将它们混淆。下面举出一些它们之间重要的区别。

(1) 重载实现了编译时的多态性，重写实现了运行时的多态性。

(2) 重载发生在一个类内，重写发生在具有继承关系的类内。

(3) 重载要求方法名相同，必须具有不同的参数列表，返回值类型既可以相同也可以不同；重写要求访问修饰符、方法名、参数列表必须完全与被重写的方法相同。

实例 11　多态性重写的应用(源代码\ch07\7.11.txt)。

编写程序，定义 A、B、C 和 D 四个类，使类 B 继承类 A，类 C 继承类 B，类 D 继承类 A。类 A 包含一个虚方法用于输出字符串“输出 A”，类 B 重写虚方法用于输出字符串“输出 B”，类 D 使用 new 关键字隐藏类 A 虚方法，用于输出字符串“输出 D”。最后在主程序中定义类 A 的对象 a、b、c 和 d，它们的实例类分别为 A、B、C 和 D，实例化类

D 的对象 d2，分别输出它们调用方法的值。

```
class A
{
   public virtual void Output()    //使用关键字 virtual,说明这是一个虚拟函数
   {
      Console.WriteLine("输出 A");
   }
}
class B : A   //B 继承 A
{
   public override void Output ()  //使用关键字 override,说明重新实现了虚函数
   {
      Console.WriteLine("输出 B");
   }
}
class C : B   //C 继承 B
   {
   }
class D : A   //D 继承 A
{
   public new void Output ()       //使用关键字 new ,隐藏类 A 的虚方法
   {
      Console.WriteLine("输出 D");
   }
}
class program
{
   static void Main()
   {
      A a=new A();                 //定义类 A 的对象 a
      A b=new B();                 //定义类 A 的对象 b
      A c=new C();                 //定义类 A 的对象 c
      A d=new D();                 //定义类 A 的对象 d
      a. Output ();
      b. Output ();
      c. Output ();
      d. Output ();
      D d2 = new D();
      d2. Output ();
      Console.ReadLine();
   }
}
```

程序运行结果如图 7-12 所示。

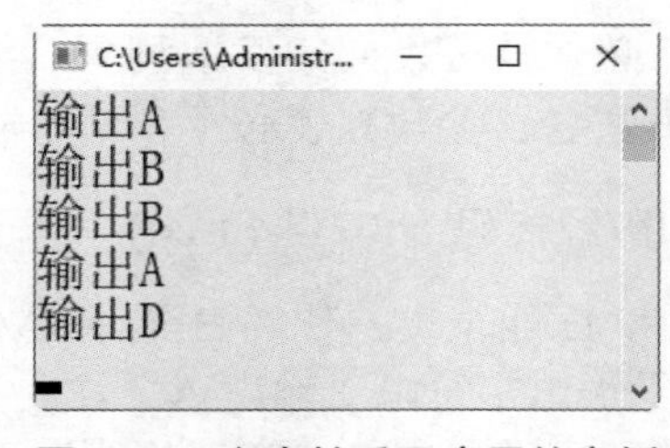

图 7-12　多态性重写应用的实例

7.5　就业面试问题解答

问题 1：类和结构有什么异同呢？

答：类是对一系列具有相同性质对象的抽象，是对对象共同特征的描述，是一种重要的复合数据类型，是组成 C#语言程序的基本要素，它封装了一类对象的状态和方法。而结构是 C#语言程序员用来定义自己的值类型的最普遍的机制，它提供了函数、字段、构造函数、操作符和访问控制。结构与类有很多相似之处：结构可以实现接口，并且可以具有与类相同的成员类型。然而，结构在几个重要方面不同于类：结构为值类型而不是引用类型，并且结构不支持继承。

问题 2：构造函数与析构函数怎么理解？

答：构造函数是在实例化对象时自动调用的函数，它们必须与所属的类同名，且不能有返回类型，每个类都有自己的构造函数，通常使用构造函数来初始化对象。析构函数类似于构造函数，在声明析构函数时，它的名称必须与类名相同，但前面有一个~符号，通常把清除工作放在析构函数中。

总之，当对象被创建时，构造函数被自动执行。当对象消亡时，析构函数被自动执行。这样就不用担心忘记对象的初始化和清除工作。析构函数以调用构造函数相反的顺序被调用，因此也有人叫它“逆构造函数”。

7.6　上机练练手

上机练习 1：计算数组中各个数据的积。

编写程序，通过定义基类 CountValue 和派生类 Program，以及调用类中的不同方法来计算数组中各个数据的积。程序运行结果如图 7-13 所示。

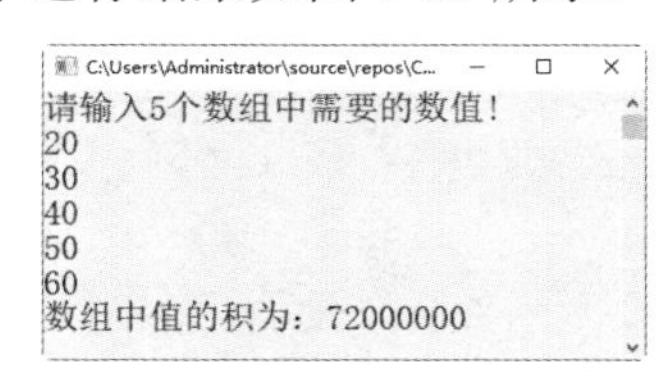

图 7-13　数组元素的积

上机练习 2：找出数组中的最大数与最小数。

编写程序，通过对象调用类中的方法，或使用类中的字段，找出数组中的最大数与最小数。程序运行结果如图 7-14 所示。

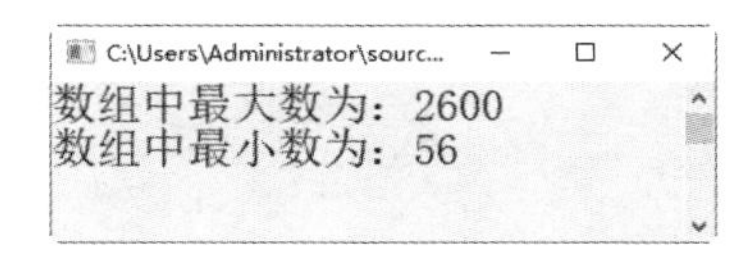

图 7-14　最大数与最小数

上机练习 3：判断成绩的等级。

编写程序，在类中定义成员方法，然后调用成员方法，根据输入的成绩来判断成绩的等级并输出。如果输入的数值小于 60，就返回如图 7-15 所示的运行结果。如果输入的数值大于 60，就返回如图 7-16 所示的运行结果。

图 7-15　数值小于 60

图 7-16　数值大于 60

第8章

抽象类与接口

为了避免传统的多重继承给程序带来的复杂性等问题，同时保证多重继承带给程序员的诸多好处，提出了接口概念，通过接口可以实现多重继承的功能。C#语言的动态多态性可以通过抽象类来实现，这样可以极大地提高程序的开发效率，降低程序员的开发负担。本章就来介绍 C#语言中抽象类与接口的应用。

8.1 接　　口

由于 C#语言中的类不支持多重继承，但是客观世界出现多重继承的情况又比较多，所以 C#语言提出了接口。它是一种数据类型，属于引用类型，接口可以在命名空间中定义。

8.1.1 接口的概念

接口是类之间交互内容的一个抽象，把类之间需要交互的内容抽象出来定义成接口，可以更好地控制类之间的逻辑交互。接口内容的抽象好坏关系到整个程序的逻辑质量，而且可以在任何时候通过开发附加接口和实现来添加新的功能。接口具有以下特点：

(1) 接口类似于抽象基类，实现接口的任何非抽象类型都必须实现接口的所有成员。

(2) 接口不能直接被实例化。

(3) 接口可以包含事件、索引器、方法和属性。

(4) 接口不包含方法的实现。

(5) 类和结构可实现多个接口。

(6) 接口自身可实现多个接口。

8.1.2 接口的声明

在 C#语言中，声明接口使用 interface 关键字，一般形式如下：

```
[访问修饰符] interface 接口名 [:基接口列表]
{
    //接口成员
}
```

接口名为了与类区分，建议使用大写字母 I 开头；基接口列表可省略，表示接口也具有继承性，可以继承多个基接口，基接口之间用逗号隔开。

接口成员可以包含事件、索引器、方法和属性，并且一定是公开的。所以在接口内声明方法时，不需要加上修饰符，如果加上诸如 public 等修饰符，那么编译器会报错。

接口只包含成员定义，不包含成员的实现，成员需要在继承的类或者结构中实现；接口不包含字段；接口本身一旦被发布就不能再更改，对已发布的接口进行更改会破坏现有的代码。

例如，声明接口 IPerson，IStudent 接口继承 IPerson，代码如下：

```
interface IPerson                          //定义接口
{
        string Name { get; set; }          //定义 Name 属性
        char Sex { get; set; }             //定义 Sex 属性
        void Answer();                     //定义问题方法
    }
    interface IStudent : IPerson           //定义接口并继承 IPerson 接口
    {
        string StudentID { get; set; }     //扩展基接口属性
        new void Answer();                 //重写 Answer 方法
}
```

8.1.3　接口的实现

接口主要用来定义一个抽象规则，必须有类或结构继承所定义的接口并实现它的所有定义，否则定义的接口就毫无意义。例如，要实现 IStudent 接口，可使用如下代码。

```
class Student : IStudent
    {
    //声明私有字段
        string _studentID;
        string _name;
        char _sex;
    //封装私有字段，从而实现从接口继承的属性成员
        public string StudentID
        {
            get { return _studentID; }
            set { _studentID = value; }
        }
        public string Name
        {
            get { return _name; }
            set { _name = value; }
        }
        public char Sex
        {
            get { return _sex; }
            set { _sex = value; }
        }
    //实现从接口继承的方法成员
        public void Answer()
        {
            string s = "学号: " + StudentID;
            s += "姓名: " + Name;
            s += "性别: " + Sex.ToString();
            Console.WriteLine(s);
    }
}
```

实例 1　通过接口输出学生信息(源代码\ch08\8.1.txt)。

编写程序，声明一个接口 IStudent，包含 StudentID、Name、Sex 属性和 Answer 方法，再声明一个 Student 类继承接口 IStudent，调用方法 Answer()输出属性的值。

```
interface IStudent                              //定义接口
{
        string StudentID { get; set; }          //定义 StudentId 属性
        string Name { get; set; }               //定义 Name 属性
        char Sex { get; set; }                  //定义 Sex 属性
        void Answer();                          //定义 Answer 方法
    }
    class Program:IStudent
    {
        //声明私有字段
        string _ID;
        string _name;
        char _sex;
        //封装私有字段，从而实现从接口继承的属性成员
        public string StudentID
```

```
        {
            get { return _ID; }
            set { _ID = value; }
        }
        public string Name
        {
            get { return _name; }
            set { _name = value; }
        }
        public char Sex
        {
            get { return _sex; }
            set { _sex = value; }
        }
        //实现从接口继承的方法成员
        public void Answer()
        {
            string s = "学号：" + StudentID+"\t";
            s += "姓名：" + Name+"\t";
            s += "性别：" + Sex.ToString();
            Console.WriteLine(s);
        }
        static void Main(string[] args)
        {
            Program a = new Program();
            a.StudentID = "2017";
            a.Name = "张三";
            a.Sex = '男';
            IStudent a1= a ;
            a1.Answer();
            Console.ReadLine();
        }
}
```

程序运行结果如图 8-1 所示。

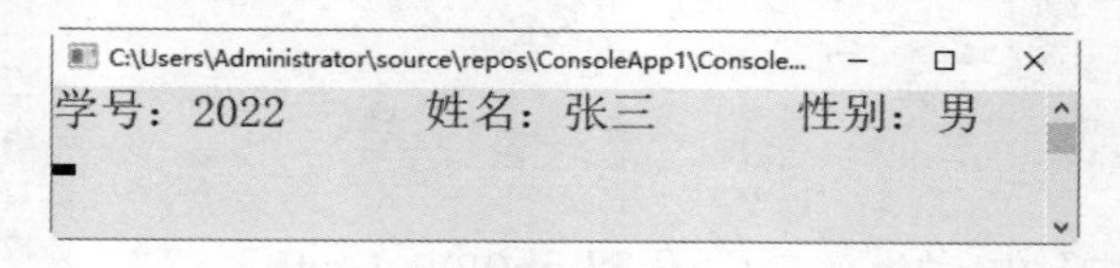

图 8-1　学生信息

8.1.4　继承多个接口

一个接口可以同时继承多个基接口的定义，一个类或结构也可以同时继承多个接口的定义。当类继承的多个接口中存在同名的成员时，在实现时为了区分是从哪个接口继承来的，C#语言建议使用显式实现接口的方法，即使用接口名称和一个句点命名该类成员，语法格式如下：

```
接口名.接口成员名
```

显式实现的成员不能带任何访问修饰符，也不能通过类的实现来引用或调用，必须通过所属的接口来调用或引用。

例如，声明接口 IMyOne 和 IMyTwo，两个接口都具有同名的 Add 方法，MyClass 类实现了 IMyOne 和 IMyTwo 接口，代码如下：

```
interface IMyOne
{
   int Add();
}
interface IMyTwo
{
   int Add();
}
class MyClass : IMyOne,IMyTwo
{
   int IMyOne.Add()
   {
      int x = 1;
      int y = 2;
      return x + y;
   }
   int IMyTwo.Add()
   {
      int x = 10;
      int y = 20;
      int z = 30;
      return x + y + z;
   }
}
```

实例 2　通过接口输出个人信息(源代码\ch08\8.2.txt)。

编写程序，声明 3 个接口 IPerson、IStudent 和 ITeacher，IStudent 和 ITeacher 继承 IPerson。使用 Program 继承这 3 个接口，并实现它们的属性和方法。

```
interface IPerson
   {
      string Name { get; set; }
      string Sex { get; set; }
   }
interface IStudent:IPerson
   {
      void Output();
   }
   interface ITeacher:IPerson
   {
      void Output();
   }
   class Program:IPerson,ITeacher,IStudent
   {
      string name = "";
      string sex = "";
      public string Name { get => name; set => name = value; }
      public string Sex { get => sex; set => sex = value; }
      void IStudent.Output()   //显式实现接口 IStudent
      {
         Console.WriteLine("教师: " + Name + " " + Sex);
      }
      void ITeacher.Output()   //显式实现接口 ITeacher
      {
         Console.WriteLine("教师: " + Name + " " + Sex);
      }
      static void Main(string[] args)
      {
```

```
            Program a1 = new Program();
            Program a2 = new Program();
            a1.Name = "张强";
            a2.Name = "李妍";
            a1.Sex = "男";
            a2.Sex = "女";
            IStudent s = a1;
            s.Output();
            ITeacher t = a2;
            t.Output();
            Console.ReadLine();
        }
    }
```

程序运行结果如图 8-2 所示。

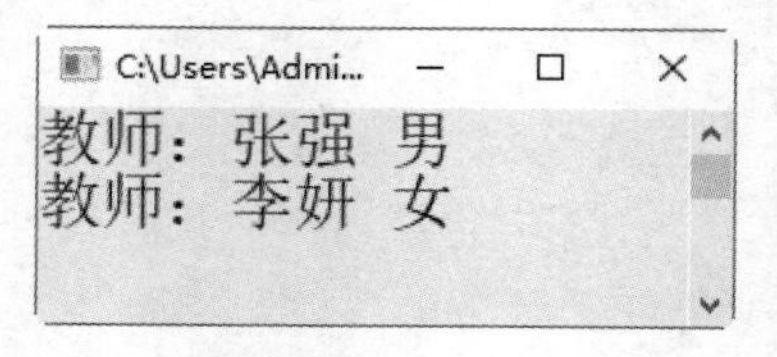

图 8-2　输出个人信息

8.2 抽　象　类

面向对象编程思想试图模拟现实中的类和对象的关系。有时候一个类不与具体的事件相联系，而只是表达一种抽象的概念，仅仅是作为其派生类的一个基类，这样的类就是抽象类。在声明抽象类时，只需要在 class 关键字前加上 abstract 关键字。动态多态性是通过抽象类和虚方法实现的。

8.2.1　认识抽象类

抽象类表示一种抽象的概念，主要用于抽象某类事物的共同特性，即作为基类存在，被其派生类继承并重写。抽象类具有以下特点：

(1) 抽象类只能作为其他类的基类，虽然可以有自己的构造函数，但是不能直接被实例化，即对抽象类不能使用 new 操作符。

(2) 抽象类可以被继承，派生类可以重写基类的成员，并且必须实现此抽象类中的全部抽象成员。

(3) 抽象类可以包含抽象成员，如抽象属性和抽象方法，也可以包含非抽象成员，甚至可以包含虚方法。

(4) 抽象类如果含有抽象的变量或值，那么它们要么是 null 类型，要么包含对非抽象类的实例的引用。

(5) 抽象成员必须包含在抽象类中并且不能为 private 类型，在派生类中使用 override 来重写抽象成员，抽象类不能被密封。

抽象类的定义格式如下：

```
abstract class ClassOne
```

```
{
    //类成员
}
```

实例 3　计算长方形的面积(源代码\ch08\8.3.txt)。

编写程序，通过定义抽象类 Shape，计算出长方形的面积并输出。

```
abstract class Shape
   {
      abstract public int area();
   }
   class Rectangle:  Shape
   {
        private int length;
        private int width;
        public Rectangle( int a=0, int b=0)
        {
           length = a;
          width = b;
        }
        public override int area ()
        {
           Console.WriteLine("Rectangle 类的面积: ");
           return (width * length);
        }
      }
      class RectangleTester
      {
         static void Main(string[] args)
        {
           Rectangle r = new Rectangle(10, 7);
           double a = r.area();
           Console.WriteLine("面积:  {0}",a);
        Console.ReadKey();
      }
   }
```

程序运行结果如图 8-3 所示。

图 8-3　长方形的面积

8.2.2　抽象方法

类的方法返回值前添加 abstract 修饰符后，就构成了抽象方法。抽象方法不提供方法的实现，即没有方法体，它必须是一个空方法，以分号结尾，而将方法实现留给继承它的类。派生类从抽象类中继承一个抽象方法时，派生类必须重写该方法。抽象方法的一般形式如下：

```
[访问修饰符] abstract 返回值类型 方法名([参数列表]);
```

其中，访问修饰符不能为 private 类型。

实例 4　计算圆的面积与周长(源代码\ch08\8.4.txt)。

编写程序，通过定义抽象类及抽象方法，计算出圆的面积与周长并输出。

```
public abstract class Shape    //定义抽象类
```

```
    {
        public abstract double GetArea();   //定义抽象方法
           public abstract double GetGirth();   //定义抽象方法
       }
       public class Circle : Shape   //实体类继承抽象类
       {
           const double PI = 3.14;   //定义常量 PI
           int _r;
           public Circle(int UserR)   //定义构造函数，初始化半径 r 值
           {
              _r = UserR;
           }
           public override double GetArea()   //重写抽象方法
           {
              return PI * _r * _r;
           }
           public override double GetGirth()   //重写抽象方法
           {
              return PI * 2 * _r;
           }
       }
       class Tester
       {
           static void Main(string[] args)
           {
              Circle c1 = new Circle(5);
              Console.WriteLine("圆的周长：{0}",c1.GetGirth());
              Console.WriteLine("圆的面积：{0}",c1.GetArea());
           Console.ReadKey();
       }
    }
```

程序运行结果如图 8-4 所示。其中，Shape 为抽象类，GetArea()和 GetGirth()为抽象方法，Circle 为实体类继承了 Shape 类，并重写(override)了 GetArea()和 GetGirth()抽象方法。

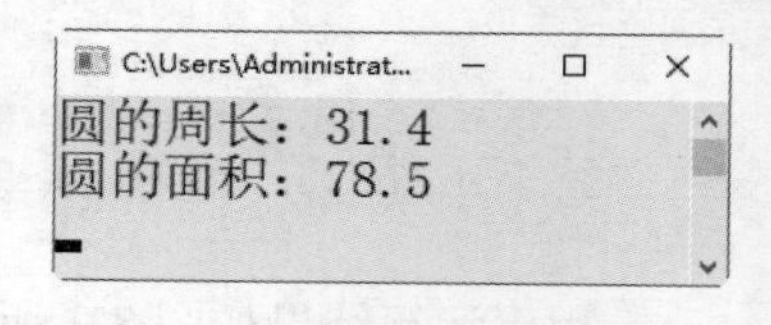

图 8-4　计算圆的周长与面积

当一个实体类继承自一个抽象类时，它必须实现此抽象类中的全部抽象成员。由此可以看出，如果要实现抽象方法，那么派生类必须使用 new 或 override 关键字进行修饰。

8.2.3　虚方法

当有一个定义在类中的函数需要在继承类中实现时，可以使用虚方法。虚方法是使用关键字 virtual 声明的，虚方法可以在不同的继承类中有不同的实现，对虚方法的调用是在运行时发生的。

实例 5　计算不同形状图形的面积(源代码\ch08\8.5.txt)。

编写程序，通过虚方法 area()来计算不同形状图形的面积。

```
class Shape
   {
      protected int width, height;
      public Shape(int a = 0, int b = 0)
```

```
    {
        width = a;
        height = b;
    }
    public virtual int area()
    {
        Console.WriteLine("父类的面积：");
        return 0;
    }
}
class Rectangle : Shape
{
    public Rectangle(int a = 0, int b = 0) : base(a, b)
    {

    }
    public override int area()
    {
        Console.WriteLine("长方形的面积：");
        return (width * height);
    }
}
class Triangle : Shape
{
    public Triangle(int a = 0, int b = 0) : base(a, b)
    {

    }
    public override int area()
    {
        Console.WriteLine("三角形的面积：");
        return (width * height / 2);
    }
}
class Caller
{
    public void CallArea(Shape sh)
    {
        int a;
        a = sh.area();
        Console.WriteLine("面积： {0}", a);
    }
}
class Tester
{

    static void Main(string[] args)
    {
        Caller c = new Caller();
        Rectangle r = new Rectangle(10, 7);
        Triangle t = new Triangle(10, 5);
        c.CallArea(r);
        c.CallArea(t);
        Console.ReadKey();
    }
}
```

程序运行结果如图 8-5 所示。

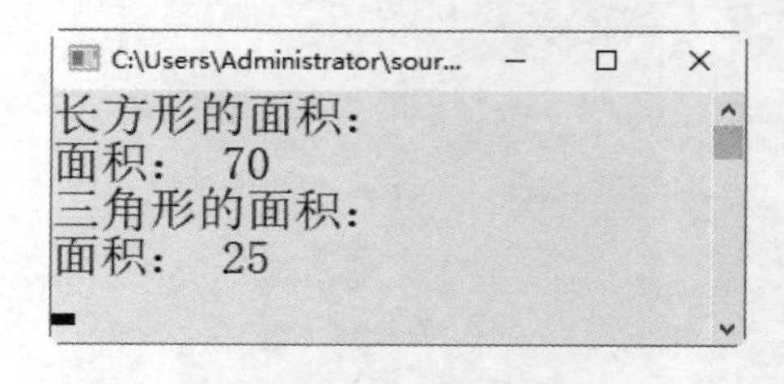

图 8-5 计算面积

8.2.4 抽象类与接口

接口和抽象类比较类似，接口成员与抽象类的抽象成员的声明过程和使用过程比较一致，两者都不能在声明时创建具体的可执行代码，而需要在子类中将接口成员或者抽象类的抽象成员实例化。二者之间的异同点如下。

1. 相同点

接口和抽象类有如下相同点:

(1) 接口和抽象类都可以包含由子类继承的抽象成员。

(2) 接口和抽象类都不能直接实例化。

2. 不同点

接口和抽象类有如下不同之处:

(1) 抽象类除了拥有抽象成员之外，还可以拥有非抽象成员；而接口所有的成员都是抽象的。

(2) 抽象类的成员可以是 public 或 internal 类型，而接口成员一般都是公有的。

(3) 抽象类中可以包含构造函数、析构函数、静态成员和常量，而接口不能包含这些成员。

(4) C#语言只支持单继承，即一个子类只能继承一个父类，而一个子类却能够继承多个接口。

8.3 就业面试问题解答

问题 1: 抽象类怎么使用?

答: 抽象类不能实例化，而抽象方法没有执行代码，必须在非抽象的派生类中重写。显然，抽象方法也是虚拟的(但不需要提供 virtual 关键字，如果提供该关键字，就会产生一个语法错误)。如果类包含抽象方法，那么该类也必须声明是抽象的。抽象类和抽象方法都用 abstract 来声明。

问题 2: 抽象方法和虚方法有什么区别?

答: 抽象方法和虚方法有以下区别:

(1) 虚方法必须有实现部分，抽象方法没有提供实现部分，抽象方法是一种强制派生类覆盖的方法，否则派生类将不能被实例化。

(2) 抽象方法只能在抽象类中声明，虚方法不是。如果类包含抽象方法，那么该类也是抽象的，也必须声明类是抽象的。

(3) 抽象方法必须在派生类中重写，这一点和接口类似，虚方法不需要在派生类中重写。

简单地说，抽象方法是需要子类去实现的。虚方法是已经实现了的，既可以被子类覆盖，也可以不覆盖，主要取决于需求。抽象方法和虚方法都可以供派生类重写。

8.4　上机练练手

上机练习 1：打印由数字组成的图形。

编写程序，在窗口中输出用数字组成的图形，程序运行结果如图 8-6 所示。

上机练习 2：求三角形的面积。

编写程序，根据输入的三角形的三条边长 a、b、c 的值，求出三角形的面积。程序运行结果如图 8-7 所示。

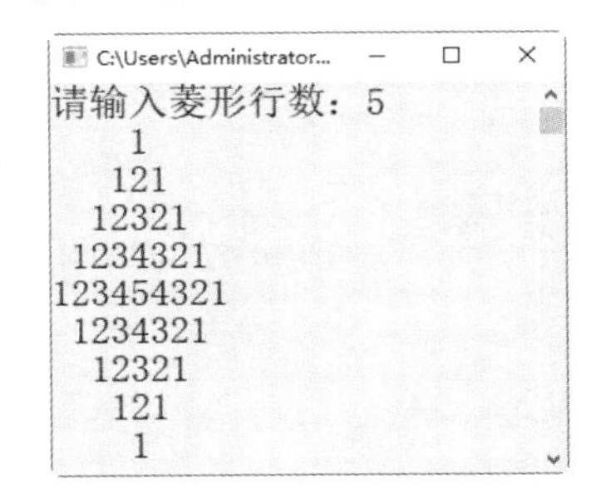

图 8-6　打印数字图形

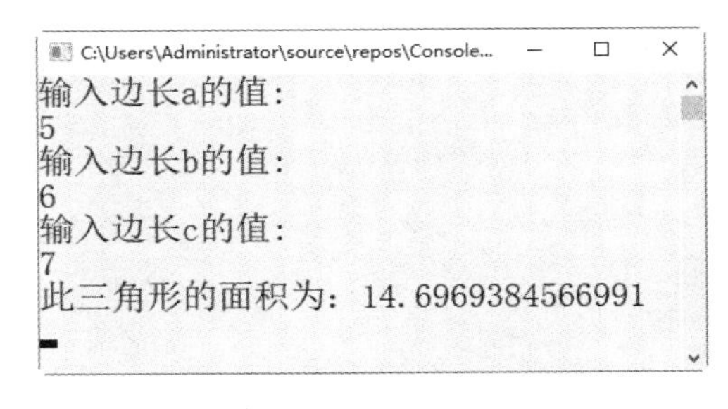

图 8-7　三角形的面积

第9章

窗体与控件

Windows 应用程序的界面是由窗体和控件组成的。窗体是一个容器，用于容纳控件，控件是用于输入/输出的图形或文字符号。控件又分为“可视控件”和“非可视控件”。本章介绍 Windows 窗体和一些常用的控件。

9.1 Windows 窗体简介

WinForm 是.Net 开发平台中对 Windows Form 的一种称谓，即可视化的 Windows 应用程序，它以窗体为最基本单元。在创建 Windows 窗体应用时，Visual Studio 2019 会自动地创建一个窗体，并把窗体命名为“Form1”，并且会将其作为程序的主窗体，即程序的入口。

9.1.1 WinForm 窗体的概念

窗体是一个容器类对象，在 Form 类窗体中可以放置其他控件，例如按钮、文本框等。用户创建的所有窗体都是由系统的 Form 类提供的，属于 System.Windows.Forms 命名空间。

Visual Studio 2019 提供了一个图形化的可视化窗体设计器，可以实现所见即所得的设计效果，可以快速开发窗体应用程序。窗体的创建与控制台应用程序的创建类似，具体操作步骤如下：

01 选择“文件”→“新建”→“项目”命令，如图 9-1 所示。

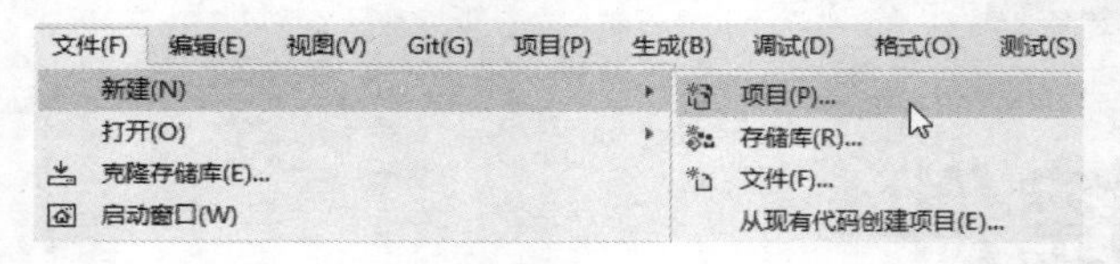

图 9-1 选择“项目”命令

02 在弹出的“创建新项目”界面中选择“Windows 窗体应用(.NET Framework)”，如图 9-2 所示。

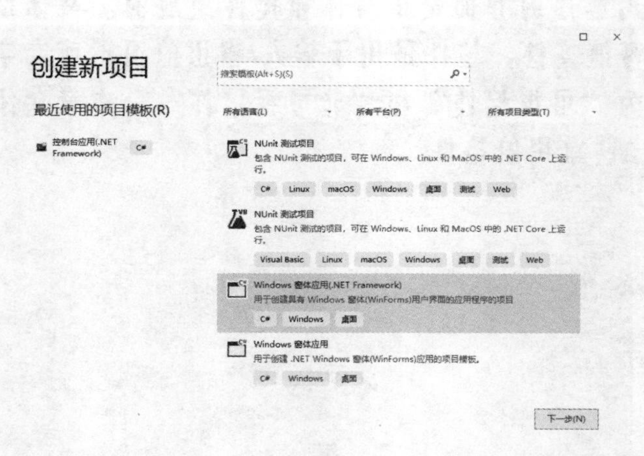

图 9-2 “创建新项目”界面

03 单击“下一步”按钮，进入配置新项目界面，在其中可以设置项目的名称、保存位置与框架，如图 9-3 所示。

图 9-3　配置新项目

04 单击“创建”按钮，即可完成 Windows 窗体应用的创建，并弹出空白窗体，如图 9-4 所示。

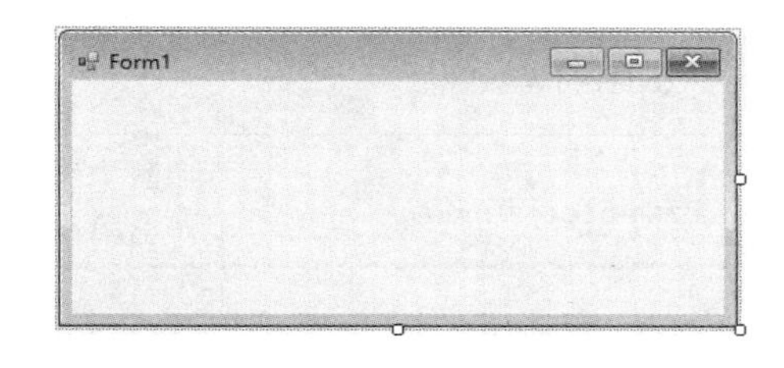

图 9-4　空白窗体

9.1.2　窗体的常用属性

窗体拥有一些基本的组成要素，包括图标、标题、位置和背景等，这些要素既可以通过窗体的“属性”面板进行设置，也可以通过代码实现。但是为了快速开发窗体应用程序，通常都通过“属性”面板进行设置，如图 9-5 所示。

图 9-5　窗体的“属性”面板

“属性”面板中的常用参数介绍如下。

1. 窗体的名称(Name)

每个窗体在程序中都有一个自己的名称，Name 属性用于标识窗体的名称。Name 属性只可以在设计状态下修改，不可以在窗体运行时修改。Name 属性值与变量命名规则相同。

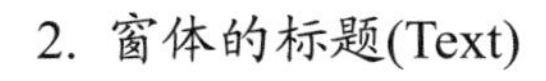

2. 窗体的标题(Text)

Text 属性用于显示窗体的标题，即标题栏中显示的名称。

3. 窗体的大小(Size)

通过 Size 属性设置窗体的大小。设置 Size 属性时，可以给定两个用分号隔开的数值，还可以分别设置 Width(宽度)和 Height(高度)属性。

4. 窗体的图标(Icon)

窗体的图标是系统默认的图标。如果想更换窗体的图标，那么可以在属性栏中设置

Icon 属性。窗体的图标是指在任务栏中表示该窗体的图片以及指定为窗体的控制框显示的图标。图片文件必须为.ico 类型的文件。

5. 窗体的边框样式(FormBorderStyle)

FormBorderStyle 表示窗体显示的边框样式。窗体的边框样式决定窗体的外边缘如何显示，属性的取值如表 9-1 所示。

表 9-1　FormBorderStyle 属性的取值及描述

属性值	描　述
None	无边框
FixedSingle	固定的单线边框
Fixed3D	固定的三维边框
FixedDialog	固定的对话框样式的粗边框
Sizable	可调整大小的边框。默认为 FormBorderStyle.Sizable
FixedToolWindow	不可调整大小的工具窗口边框。工具窗口既不会显示在任务栏中也不会显示在当用户按 Alt+Tab 组合键时出现的窗口中
SizableToolWindow	可调整大小的工具窗口边框。工具窗口既不会显示在任务栏中也不会显示在当用户按 Alt+Tab 组合键时出现的窗口中

6. 窗体运行时的显示位置(StartPosition)

StartPosition 属性可以设置窗体在运行时显示的起始位置，该属性的取值如表 9-2 所示。

表 9-2　StartPosition 属性的取值及描述

属性值	描　述
Manual	窗体的位置由 Location 属性确定
CenterScreen	窗体在当前显示窗口中居中，其尺寸在窗体大小中指定
WindowsDefaultLocation	窗体定位在 Windows 默认位置，其尺寸在窗体大小中指定
WindowsDefaultBounds	窗体定位在 Windows 默认位置，其边界也由 Windows 默认决定
CenterParent	窗体在其父窗体中居中

7. 设置窗体的背景图像(BackgroundImage)

为了使窗体更加美观，通常会设置窗体的背景。可以通过 BackColor 设置背景颜色，可以通过 BackgroundImage 设置背景图像。Windows 窗体控件不支持带有半透明或透明颜色的图像作为背景图像。

9.1.3　窗体的常用事件

Windows 操作系统中处处是事件，例如，鼠标按下、鼠标释放、键盘键按下等。系统通过用户触发的事件做出相应的响应——事件驱动机制。C#语言的 WinForm 应用程序也是采用事件驱动机制。窗体的常用事件及其描述如表 9-3 所示。

表 9-3　窗体的常用事件及其描述

事　件	描　述
Load	窗体加载时事件
MouseClick	在窗体中单击鼠标触发该事件
MouseDoubleClick	在窗体中双击鼠标触发该事件
MouseMove	在窗体中移动鼠标触发该事件
KeyDown	键盘按下时触发该事件
KeyUp	键盘松开时触发该事件

生成事件的方法为选中控件，在“属性”窗口中单击⚡按钮，选择所需事件，双击生成事件处理方法，编写相应代码。

双击选择的控件，可生成控件的默认事件处理方法。例如，双击窗体，产生 Load 事件。

9.1.4　添加和删除窗体

Windows 应用程序一般都有多个窗体，本节介绍如何添加和删除窗体。

1. 添加窗体

如果要向项目中添加一个新窗体，那么可以按照如下操作步骤进行：

01 在项目名称上单击鼠标右键，在弹出的快捷菜单中选择“添加”→“窗体(Windows 窗体)”或者“添加”→“新建项”命令，如图 9-6 所示。

02 打开“添加新项”对话框，在其中选择“窗体(Windows 窗体)”，如图 9-7 所示。

图 9-6　选择添加窗体命令

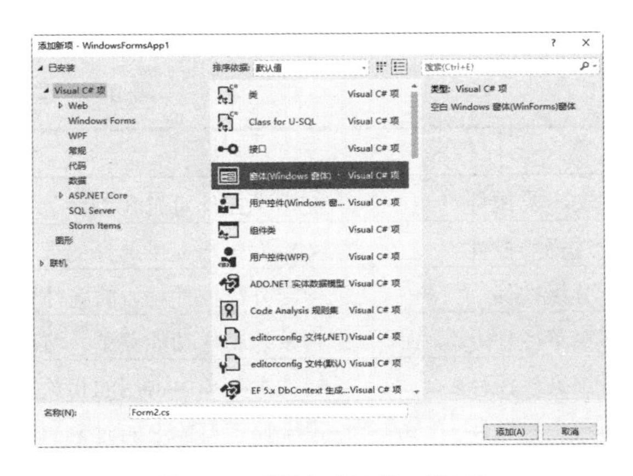

图 9-7　“添加新项”对话框

03 输入窗体名称后，单击“添加”按钮，即可向项目中添加一个新的窗体，如图 9-8 所示。

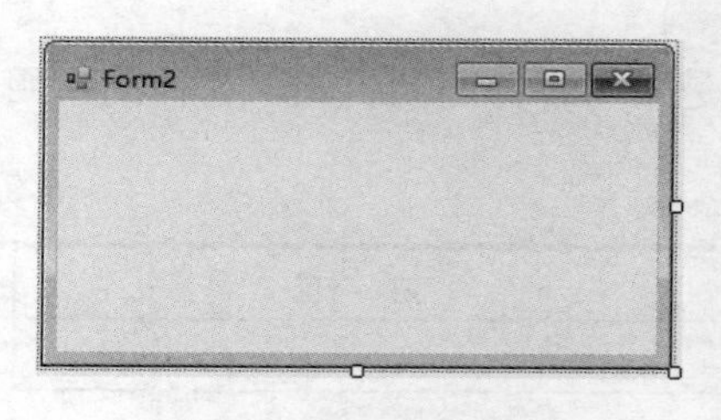

图 9-8　添加新的窗体

2. 删除窗体

删除窗体的方法非常简单，只需要在要删除的窗体名称上单击鼠标右键，在弹出的快捷菜单中选择“删除”命令，即可将窗体删除，如图 9-9 所示。

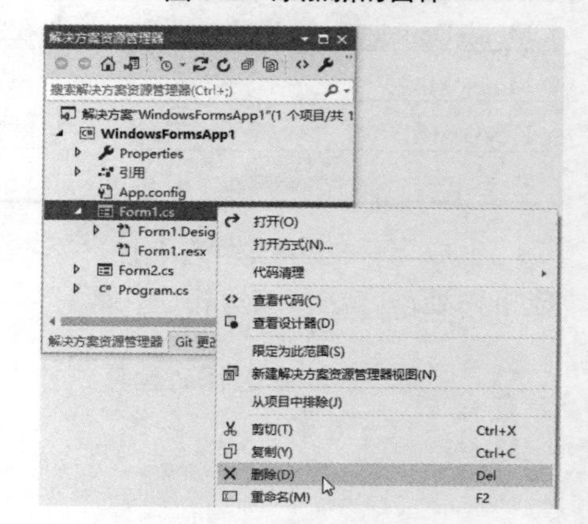

图 9-9　删除窗体操作

3. 启动窗体

在项目中添加多个窗体以后，程序运行时，只有一个入口，即只运行一个窗体。如果要调试程序，就必须设置先运行的窗体。项目的启动窗体是在 Program.cs 文件中设置的，在 Program.cs 文件中的 Main 方法中改变 Run 方法的参数，即可实现设置启动窗体。

例如，将 MainForm 窗体设置为项目的启动窗体，将 Run 方法 new 关键字后的窗体更改为 MainForm，代码如下：

```
Application.Run(new MainForm());
```

9.2　常用 Windows 窗体控件

控件是用于输入/输出信息的图形或文字符号，也是窗体的重要组成元素。合理设置和使用控件不但可以提高程序的美观度，还能提高程序的开发效率。

9.2.1　控件分类

在 Visual Studio 2019 开发环境中，常用控件可以分为文本类控件、选择类控件、分组控件、菜单控件等。几类常用控件的作用如表 9-4 所示。

表 9-4　常用控件的作用

控件分类	作　用
文本类控件	文本类控件可以在控件上显示文本
选择类控件	主要为用户提供选择的项目
分组控件	使用分组控件可以将窗体中的其他控件进行分组处理
菜单控件	为系统制作功能菜单，将应用程序命令分组，使它们更容易访问
工具栏控件	提供主菜单中常用的相关工具
状态栏控件	用于显示窗体上的对象的相关信息，或者显示应用程序的信息

在使用控件的过程中，可以通过控件默认的名称调用。为了保证程序的规范化，一般都不使用默认名称，会对控件重新命名，对控件的命名应该做到见名知意，这样可以方便代码的交流和维护，使代码更方便阅读与理解。

9.2.2　添加控件

在窗体上添加控件的方法有两种，一种是在窗体上绘制控件，另一种是将控件拖曳到窗体上。

1. 在窗体上绘制控件

在工具箱中单击要添加到窗体的控件，然后在窗体上拖动出相应大小的矩形框，如图 9-10 所示，松开鼠标左键，窗体上就会生成一个相应大小的控件，如图 9-11 所示。

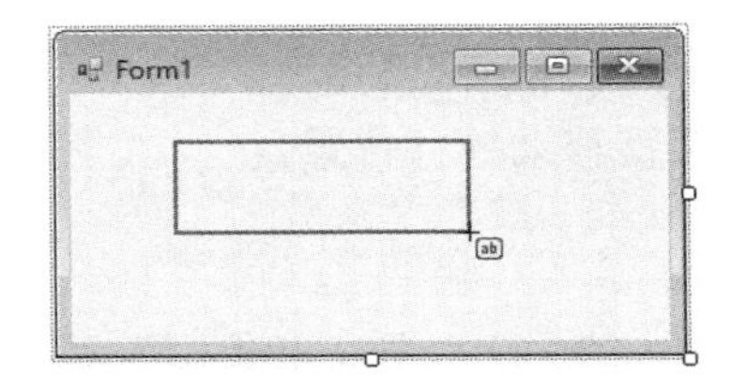

图 9-10　绘制控件尺寸

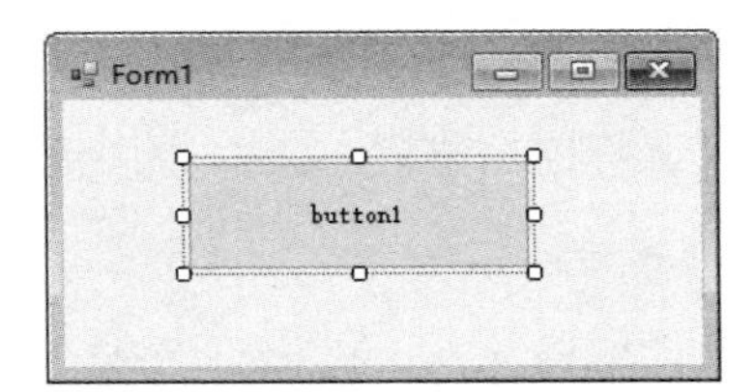

图 9-11　绘制完成

2. 将控件拖曳到窗体上

在工具箱中单击所需的控件，按住鼠标左键不松开，将控件拖到窗体中合适的位置，如图 9-12 所示，松开鼠标左键，控件以其默认大小添加到窗体中，如图 9-13 所示。

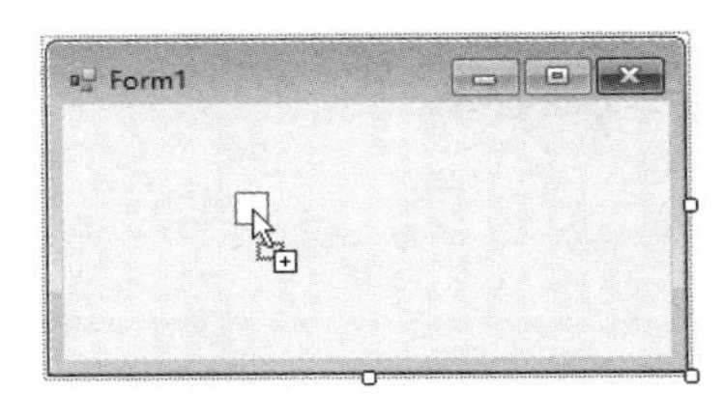

图 9-12　拖动控件

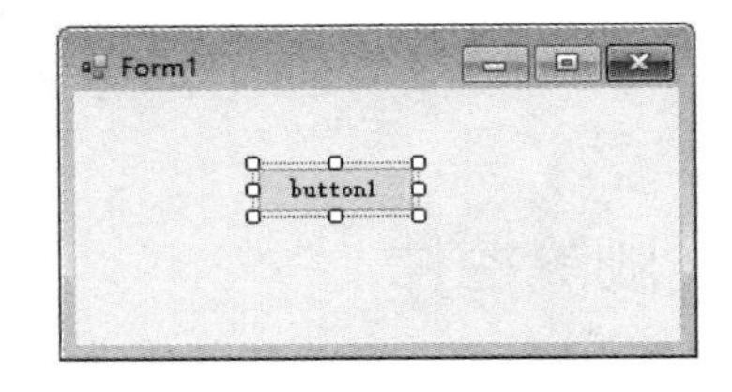

图 9-13　控件添加完成

在工具箱中双击所需控件，窗体上会出现一个系统默认大小的所选控件。

9.2.3　排列控件

将控件添加到窗体之后，控件的位置及大小可能都不合适，可以通过 Visual Studio 2019 开发工具提供的布局工具栏快速方便地调整。

1. 选择控件

操作控件时，首先要选择控件，选择控件可以通过以下 4 种方法。

方法 1：单击选择一个控件。

方法 2：按下 Ctrl 键或 Shift 键单击控件，可以选择多个控件。

方法 3：按下鼠标左键拖动形成矩形窗口，窗口内的控件将会被选择。

方法 4：在“属性”窗口的“对象名称”栏中选择相应控件。

2. 调整控件的尺寸与位置

调整控件的尺寸与位置的方法有如下几种。

方法 1：控件的尺寸与位置可以通过属性栏设置。通过宽度 Width 和高度 Height 属性可以精确地调整控件的尺寸，通过 Location 属性可以调整控件的位置。

方法 2：选中控件，通过鼠标调整控件的尺寸手柄。利用尺寸手柄调整控件大小，方法与调整窗口大小相同。

方法 3：通过键盘调整控件尺寸和位置。

键盘调整控件尺寸：Ctrl+Shift+方向箭头(↑↓←→)组合键调整控件尺寸。

键盘调整控件位置：Ctrl+方向箭头(↑↓←→)组合键移动控件位置。

3. 对齐控件

选定一组控件，可以通过“格式”菜单下相应的命令或者“布局工具栏”对齐，布局工具栏如图 9-14 所示。

图 9-14　布局工具栏

布局工具栏中的大部分命令，要求选择两个及以上的控件。在选择的过程中第一个选择的控件(尺寸手柄为空心矩形)将作为参照标准。

9.2.4　删除控件

删除控件的方法非常简单，可以在控件上单击鼠标右键，在弹出的快捷菜单中选择“删除”命令进行删除，如图 9-15 所示。或者选择控件，然后按 Delete 键。

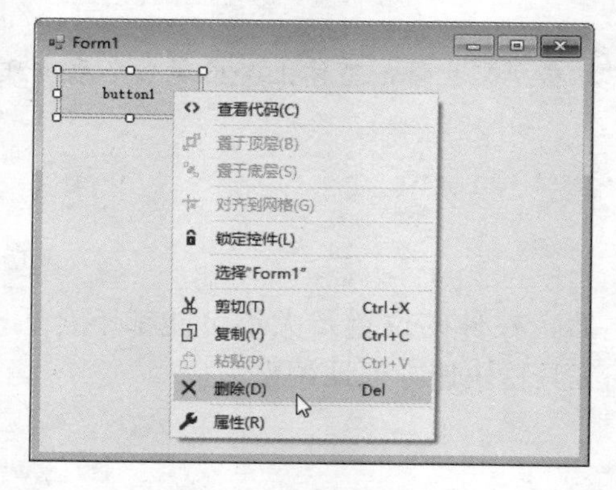

图 9-15　删除控件

9.3　多文档编程(MDI 窗体)

在实际应用中，经常会有这类窗体，所有的窗体共享菜单和工具栏，并且文档窗体都显示在主窗体内，不能移出主窗体，随着主窗体的关闭而关闭。例如，Visual Studio 2019 开发工具就是一个多文档窗体，创建的各类文档窗体都显示在主窗体内，这类窗体称为多文档界面(Multiple-Document Interface，MDI)。

9.3.1　MDI 窗体的概念

在 MDI 窗体中，窗体之间存在“父子”关系，起着容器作用的窗体称为“父窗体”，可放在父窗体中的其他窗体称为“子窗体”或者“MDI 子窗体”。当 MDI 应用程序启动时，首先会显示父窗体，所有的子窗体都在父窗体中打开，在父窗体中可以在任何时候打开多个子窗体。每个应用程序只能有一个父窗体，其他子窗体不能移出父窗体的框架区域。

9.3.2　MDI 窗体的设置

将普通窗体变为 MDI 窗体，其实就是将窗体设置为 MDI 父窗体或子窗体。一个 MDI 窗体应用程序，只能设置一个 MDI 父窗体，其他窗体设置为 MDI 子窗体。

1) 设置 MDI 父窗体

如果将某个窗体设置为父窗体，那么只需在“属性”面板中，将 IsMdiContainer 属性设置为 True，具体语句格式如下：

```
this.IsMdiContainer = true ;
```

2) 设置 MDI 子窗体

如果要将某个窗体设置为子窗体，那么首先必须有一个父窗体，然后在工程中新建 Windows 窗体，通过窗体的 MdiParent 属性来确定，具体实现语句如下：

```
窗体对象名称. MdiParent=MDI 父窗体名称;
```

例如，将 MainForm 窗体设置为 MDI 父窗体，将 ChildForm 窗体设置为 MDI 子窗体，在 MainForm 窗体的 Load 事件中加入如下代码。

```
this.IsMdiContainer = true ;
ChildForm frmCF = new ChildForm();
frmCF.MdiParent = this;
```

实例 1　在 Form1 中添加多个子窗体(源代码\ch09\9.1.txt)。

编写程序，创建一个 Windows 应用程序，在 Form1 窗体中添加一个 Button 控件，再为 Form1 添加 3 个子窗体，并在 Form1 中打开它们。

```
public partial class Form1 : Form
    {
```

```
        public Form1()
        {
            InitializeComponent();
        }
        private void Form1_Load(object sender, EventArgs e)
        {
            this.IsMdiContainer = true;
        }
        private void button1_Click(object sender, EventArgs e)
        {
            Form2 form2 = new Form2();
            form2.MdiParent = this;
            form2.Show();
            Form3 form3 = new Form3();
            form3.MdiParent = this;
            form3.Show();
            Form4 form4 = new Form4();
            form4.MdiParent = this;
            form4.Show();
        }
    }
```

程序运行结果如图 9-16 所示。

9.3.3 MDI 子窗体的排列

在一个父窗体中允许同时打开多个子窗体，如果不对子窗体进行排列，界面就会变得混乱，而且不方便操作。C#语言针对 MDI 窗体提供的 LayoutMdi 方法，专门用于排列父窗体中的子窗体，语法格式如下：

```
LayoutMdi(Value);
```

其中，Value 定义子窗体的布局，为 MdiLayout 枚举类型，取值及其说明如表 9-5 所示。

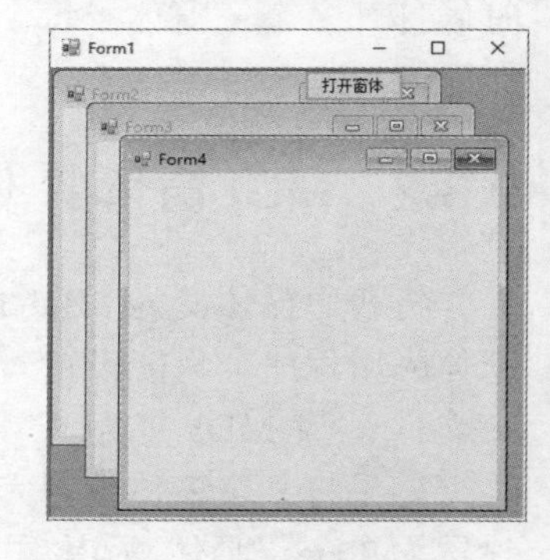

图 9-16　MDI 窗体

表 9-5　MdiLayout 枚举类型的取值及其说明

成员名称	说　明
Cascade	所有 MDI 子窗体均层叠在 MDI 父窗体的工作区内
TileHorizontal	所有 MDI 子窗体均水平平铺在 MDI 父窗体的工作区内
TileVertical	所有 MDI 子窗体均垂直平铺在 MDI 父窗体的工作区内
ArrangeIcons	所有 MDI 子窗体均排列在 MDI 父窗体的工作区内

实例 2　排列布局多个子窗体(源代码\ch09\9.2.txt)。

编写程序，创建一个 Windows 应用程序，设置 Form1 为 MDI 父窗体，添加 3 个窗体作为子窗体并排列平铺布局，在 Form1 中打开它们。

```
public partial class Form1 : Form
    {
        public Form1()
        {
```

```
        InitializeComponent();
    }
    private void Form1_Load(object sender, EventArgs e)
    {
        this.IsMdiContainer = true;          //将当前窗体设置为父窗体
        Form2 ParentObj1 = new Form2();      //创建窗体对象
        ParentObj1.MdiParent = this;         //将窗体设置为当前父窗体的子窗体
        ParentObj1.Show();   //显示窗体
        Form3 ParentObj2 = new Form3();
        ParentObj2.MdiParent = this;
        ParentObj2.Show();
        Form4 ParentObj3 = new Form4();
        ParentObj3.MdiParent = this;
        ParentObj3.Show();
        this.LayoutMdi(MdiLayout.TileHorizontal);   //设置窗体平铺
    }
}
```

程序运行结果如图 9-17 所示。

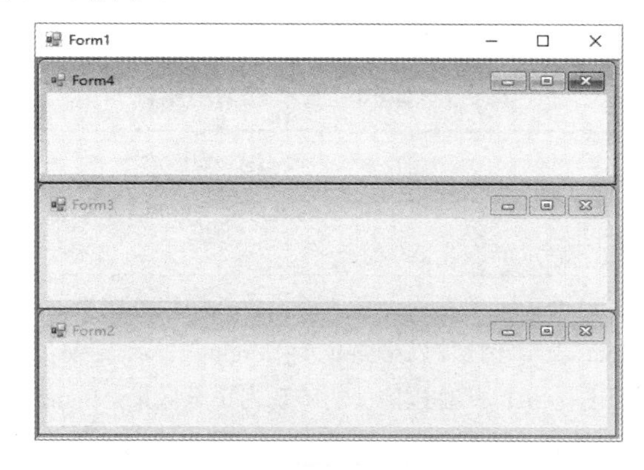

图 9-17　MDI 平铺效果

9.4　文本类控件和消息框

C#语言提供的控件有多种，每一个控件都是一个对象。掌握好一个控件，需要掌握控件的常用属性和提供的常用方法，以及对外部动作响应的常用事件。

9.4.1　标签(Label)控件

标签(Label)控件主要用于显示用户不能编辑的文本，标识窗体上的对象(例如，给文本框、列表框等添加描述信息)，也可以通过编写代码来设置要显示的文本信息，通常有注释的功能。Label 控件的常用属性如表 9-6 所示。

表 9-6　Label 控件的常用属性

属 性	说　明
Dock	控件在窗体中的对齐方式。大部分控件都具有该属性，它的作用是将控件停靠在窗体的边缘(上、下、左、右)或填充窗体，控件的尺寸都会适应窗体尺寸

续表

属 性	说 明
BorderStyle	边框样式。BorderStyle 属性用于获取或设置控件的边框样式，有三种取值：None 表示无边框，FixedSingle 表示单行边框，Fixed3D 表示三维边框
AutoSize	根据内容自动调整标签。该属性的默认值为 True，即 Label 标签调整宽度以显示它的所有内容。当属性值设置为 False 时，Label 标签的尺寸为用户指定的大小

标签控件常用于文本说明，比较简单，很少对标签控件的事件编写代码。

9.4.2 按钮(Button)控件

按钮(Button)控件允许用户通过单击来执行操作。Button 按钮控件有两种显示方法，一种是显示为文本，另一种是显示为图像。当该按钮被单击时，它看起来像是被按下，然后被释放。Button 控件的常用属性如表 9-7 所示。

表 9-7 Button 控件的常用属性

属 性	说 明
Image	按钮设置为图像。按钮既可以显示为文本，也可以显示为图像。Image 属性用于设置或获取按钮上显示的图像
FlatStyle	按钮外观。FlatStyle 属性用于获取或设置按钮控件的平面样式外观。该属性有以下几种取值：Flat 表示该控件以平面显示；Popup 表示该控件以平面显示，直到鼠标指针移动到该控件为止，此时该控件的外观为三维效果；Standard 表示该控件外观为三维效果；System 表示该控件的外观是由用户的操作系统决定的

Button 控件非常简单，一般很少用到控件提供的方法，常用事件是 Click(单击)。如果希望按下键盘的 Enter 键，即可执行按钮的单击事件，可以将窗体的 AcceptButton 属性设置为该按钮。如果希望按下键盘的 Esc 键，即可执行按钮的单击事件，可以将窗体的 CancelButton 属性设置为该按钮。

实例 3 输出不同类型的问候语(源代码\ch09\9.3.txt)。

编写程序，创建一个 Windows 窗体应用，窗体包含两个按钮控件和一个标签控件。程序运行后，单击“中文”按钮，标签中显示“早上好”，单击“英文”按钮，标签中显示“Good Morning”。窗体中各对象的初始属性设置如表 9-8 所示。

表 9-8 各对象的初始属性设置

控 件	属 性	值	说 明
Form1	Name	Regard	窗体在程序中使用的名称
	Text	问候语	窗体标题名称
label1	Name	lblShow	标签 1 在程序中使用的名称
	Text	空	标签 1 在初始状态下不显示任何内容

续表

控　件	属　性	值	说　明
button1～button2	Name	btnChinese、btnEnglish	按钮 1～2 控件在程序中使用的名称
	Text	中文、英文	按钮 1～2 显示的内容

事件代码如下：

```
public partial class Regard : Form
{
    public Regard()
    {
        InitializeComponent();
    }
    private void btnChinese_Click(object sender, EventArgs e)
    {
        lblShow.Text = "早上好";
    }
    private void btnEnglish_Click(object sender, EventArgs e)
    {
        lblShow.Text = "Good Morning";
    }
}
```

程序运行结果如图 9-18 和图 9-19 所示。

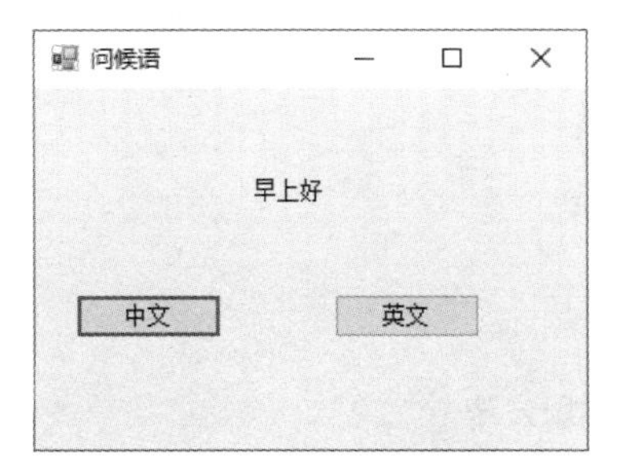

图 9-18　单击“中文”按钮

图 9-19　单击“英文”按钮

9.4.3　文本框(TextBox)控件

文本框控件(TextBox)用于获取用户输入的数据或者显示文本，运行时用户既可以编辑，也可以设置为只读。

1. TextBox 控件的常用属性

TextBox 控件的常用属性如表 9-9 所示。

表 9-9　TextBox 控件的常用属性

属　性	说　明
ReadOnly	只读型文本。当此属性设置为 true 时，用户不能在运行时更改控件的内容，但仍可以在代码中设置 Text 属性的值。当此属性设置为 false 时，用户可以编辑控件的内容

续表

属 性	说 明
PasswordChar	将文本框的 PasswordChar 属性设置为指定字符，以该字符显示所输入的内容
MultiLine	将文本框的 MultiLine 属性设置为 True，则为多行文本框，否则为单行文本框
MaxLength	MaxLength 用于获取或设置用户可在文本框控件中键入或粘贴的最大字符数。当设置为 0 时，表示可容纳任意多个输入字符，最大值为 32767。若将其设置为正整数，则这个数值就是可容纳的最多字符数
ScrollBars	获取或设置哪些滚动条应出现在多行 TextBox 控件中。有以下几种取值：None 表示不显示任何滚动条，Horizontal 表示只显示水平滚动条，Vertical 表示只显示垂直滚动条，Both 表示同时显示水平滚动条和垂直滚动条
WordWrap	WordWrap 指示多行文本框控件在必要时是否自动换行到下一行的开始。如果多行文本框控件可换行，就为 true；如果用户键入的内容超过控件的右边缘，文本框控件自动水平滚动，就为 false。默认值为 true
SelectedText	SelectedText 用于标识用户选中的文本内容，该属性为字符串类型
SelectionStart	SelectionStart 属性设置或获取被选择文本的开始位置，属性值为 Int 类型，位置从 0 开始
SelectionLength	SelectionLength 属性用于设置或获取被选择文本的长度，属性值为 Int 类型

SelectedText、SelectionStart 和 SelectionLength 属性只能通过编写代码进行更改，无法在属性栏中操作。

2. TextBox 控件的常用方法

TextBox 控件的常用方法如表 9-10 所示。

表 9-10　TextBox 控件的常用方法

方 法	说 明
Clear()	用于清除控件的内容，使用格式为：文本框控件名.Clear()
Copy()	可以将文本框中的当前选定内容复制到“剪贴板”。使用格式为：文本框控件名.Copy()
Cut()	可以将文本框中的当前选定内容移动到“剪贴板”。使用格式为：文本框控件名.Cut()
Paste()	可以用剪贴板的内容替换文本框中的当前选定内容。使用格式为：文本框控件名.Paste()

3. 文本框控件(TextBox)的常用事件

文本框控件主要用于输入和显示，常用事件是 TextChanged，表示当文本框中的文本发生更改时，触发该事件。

实例 4　在文本框显示个人联系信息(源代码\ch09\9.4.txt)。

编写程序，设计 Windows 应用程序，要求将一个人的姓名、电话、通信地址作为输入项，输入相应信息，单击“提交”按钮，在文本框显示这个人的联系信息。

窗体中各对象的初始属性设置如表 9-11 所示。

表 9-11　各对象的初始属性设置

控　件	属　性	值	说　明
label1～label3	Name	label1、label2、label3	标签 1～3 在程序中使用的名称
	Text	姓名：、电话：、通信地址：	标签 1～3 在初始状态下显示的内容
textBox1～textBox3	Name	txtName、txtPhone、txtAddress	文本框 1～3 在程序中使用的名称
textBox4	Name	txtInfo	文本框 4 控件在程序中使用的名称
	MultiLine	true	文本框支持多行文本
	Enabled	false	使文本框不能编辑和选择
button1	Name	btnSubmit	按钮 1 在程序中使用的名称
	Text	提交	按钮 1 上显示的内容

事件代码如下：

```
public partial class Form1 : Form
{
    public Form1()
    {
        InitializeComponent();
    }
    private void Form1_Load(object sender, EventArgs e)
    {
        this.Text = "个人联系信息";
    }
    private void btnSubmit_Click(object sender, EventArgs e)
    {
        string ResultInfo;
        ResultInfo = "姓名: " + txtName.Text + "\r\n";
        ResultInfo += "电话: " + txtPhone.Text + "\r\n";
        ResultInfo += "通信地址: " + txtAddress.Text + "\r\n";
        txtInfo.Text = ResultInfo;
    }
}
```

程序运行结果如图 9-20 所示。

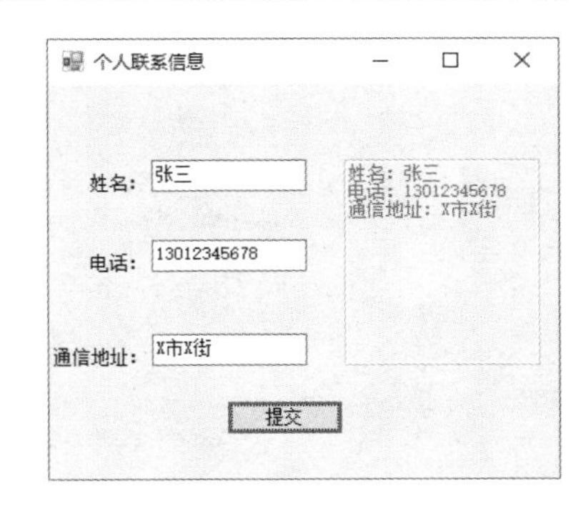

图 9-20　个人联系信息

9.4.4　消息框(MessageBox)

消息框是一种预制的模式对话框，用于向用户显示文本消息。可以根据编程需要，在应用软件使用过程中弹出可包含文本、按钮和符号的消息框。通过调用 MessageBox 类的静态 Show 方法来显示消息框。语法格式如下：

```
MessageBox.Show(String,String,MessageBoxButtons,
MessageBoxIcon)
```

该格式显示具有指定文本、标题、按钮和图标的消息框，参数说明如下：

(1) String：必选项，字符串类型，表示消息框的正文。

(2) String：可选项，字符串类型，表示消息框的标题。

(3) MessageBoxButtons：可选项，消息框的按钮设置，默认只显示“确定”按钮。

(4) MessageBoxIcon：可选项，指定消息框包含的图标样式，默认不显示任何图标。

实例 5 输出警告对话框(源代码\ch09\9.5.txt)。

编写程序，完善实例 4，要求姓名、电话和通信地址输入不能为空，并且电话必须为数字。当姓名、电话或通信地址为空或输入非数字型电话号码时，将弹出警告对话框。

```
public partial class Form1 : Form
    {
        public Form1()
        {
           InitializeComponent();
        }
        private void Form1_Load(object sender, EventArgs e)
        {
           this.Text = "个人联系信息";
        }
        private void btnSubmit_Click(object sender, EventArgs e)
        {
           string ResultInfo;
           string name = txtName.Text;
           string phone = txtPhone.Text;
           string address = txtAddress.Text;
           if (name != "")
           {
              ResultInfo = "姓名: " + name + "\r\n";
           }
           else
           {
              MessageBox.Show("姓名不能为空", "错误", MessageBoxButtons.OK,
              MessageBoxIcon.Error);
              return;   //结束单击事件，终止程序的运行
           }
           if (phone != "")
           {
              ResultInfo += "电话: " + phone + "\r\n";
           }
           else
           {
              MessageBox.Show("电话不能为空", "错误", MessageBoxButtons.OK,
              MessageBoxIcon.Error);
              return;   //结束单击事件，终止程序的运行
           }
           if (address != "")
           {
              ResultInfo += "通信地址: " + address + "\r\n";
           }
           else
           {
              MessageBox.Show("通信地址不能为空", "错误", MessageBoxButtons.OK,
              MessageBoxIcon.Error);
              return;   //结束单击事件，终止程序的运行
           }
           bool IsNum = true;   //判断是否为数字
                       //以下循环实现对电话号码是否为数字的判断
```

```
            for (int i = 0; i < phone.Length; i++)
            {
                if (!(char.IsDigit(phone[i])))
                {
                    IsNum = false;
                    break;
                }
            }
            if (!IsNum)
            {
                MessageBox.Show("电话号码必须为数字", "错误", MessageBoxButtons.OK,
                MessageBoxIcon.Error);
                return;    //结束单击事件，终止程序的运行
            }
            txtInfo.Text = ResultInfo;
        }
}
```

程序运行结果如图 9-21～图 9-24 所示。

图 9-21　姓名不能为空

图 9-22　电话不能为空

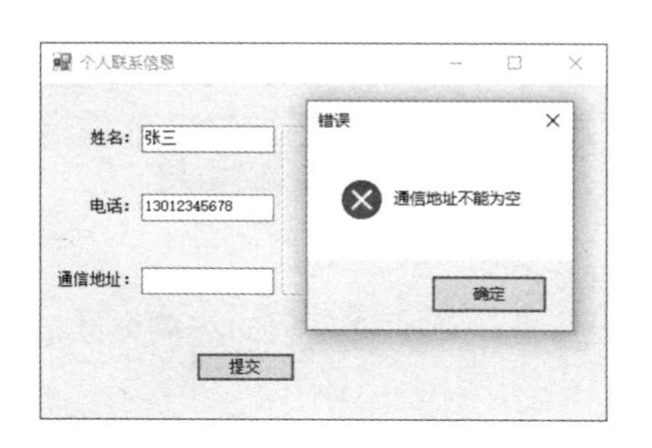

图 9-23　通讯地址不能为空

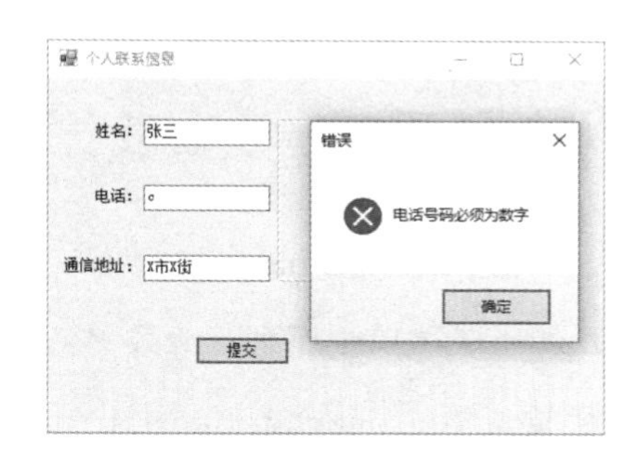

图 9-24　电话号码必须为数字

本实例使用了 if…else 语句来判断条件是否符合，如果不符合就用 MessageBox 消息框弹出错误提示。如果符合，就输出的个人信息并储存到已声明好的对应变量中。

9.5　菜单控件与工具栏控件

在 Windows 环境下，几乎所有的应用程序都通过菜单和工具栏实现各种操作，下面介绍 C#语言中的菜单控件和工具栏控件。

9.5.1 菜单控件

在设计应用程序时，若操作比较简单，则一般通过控件来执行，若操作复杂，则可利用菜单把有关的应用程序组织在一起，通过单击特定的菜单项执行特定的任务。菜单可以分为下拉菜单(MenuStrip)和快捷菜单(ContextMenuStrip)两类。

1. 下拉菜单(MenuStrip)

下拉菜单由菜单栏、菜单标题和菜单项 3 部分组成。

(1) 菜单栏：菜单栏在窗体标题下方，包含每个菜单标题。

(2) 菜单标题：菜单标题又称为主菜单，包括命令列表或子菜单名等若干选项。

(3) 菜单项：菜单项又称为子菜单，可以逐级下拉。菜单项可以是命令、选项、分隔条或子菜单标题。每个菜单项都是一个控件，有自己的属性和事件。

创建菜单的操作方法如下：

01 将 MenuStrip 添加到窗体，此时窗体的上方出现一个空菜单栏，并提示输入主菜单标题，如图 9-25 所示。

02 添加主菜单后，可以在主菜单下方白色区域直接输入菜单名称，也可以单击鼠标右键，选择“插入”命令，如图 9-26 所示，选择菜单项的控件类型。

图 9-25　MenuStrip 控件

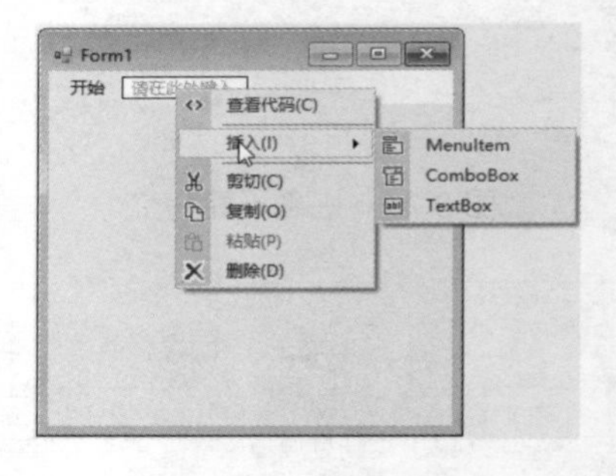

图 9-26　“插入”命令

03 如果子菜单中还有下级菜单，那么可以按上述方法在子菜单项的右侧继续添加。

2. 快捷菜单(ContextMenuStrip)

快捷菜单是比较常见的一种菜单，在其作用范围内单击鼠标右键即可弹出。创建快捷菜单的方法与创建下拉菜单一样，属性事件及方法也相同，这里不再赘述。

注意　快捷菜单创建之后，并不会在窗体中出现，并且单击右键也不会执行该菜单，必须让菜单与窗体或可见控件相关联。操作方法为选择希望单击右键弹出快捷菜单的对象，将该对象的 ContextMenuStrip 属性设置为快捷菜单对象。

创建下拉菜单的操作方法如下：

创建一个 Windows 应用程序，使用 MenuStrip 控件创建一个“编辑”菜单，包含剪切、复制、粘贴子菜单。具体操作步骤如下：

01 创建 Windows 应用程序，在工具箱中双击 MenuStrip 控件添加到窗体中。

02 在文本框中输入“编辑(&E)”就会产生“编辑 E”菜单，此处“&”会被识别为确认快捷键字符，可使用 Alt+E 键打开。紧接着在“编辑”菜单下创建剪切 T、复制 C、粘贴 P 子菜单，如图 9-27 所示。

03 创建完毕后，运行结果如图 9-28 所示。

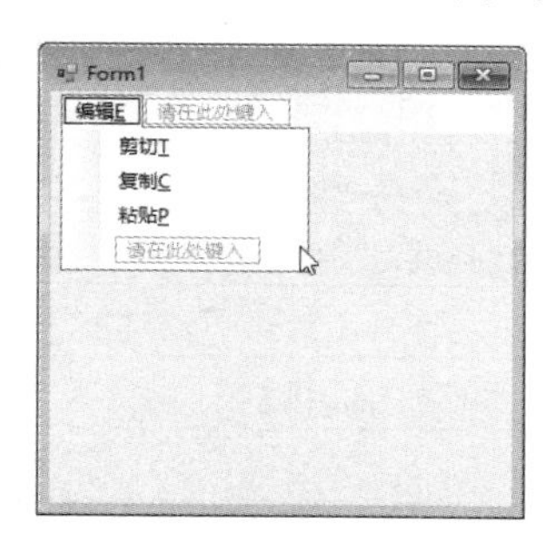

图 9-27　菜单创建过程

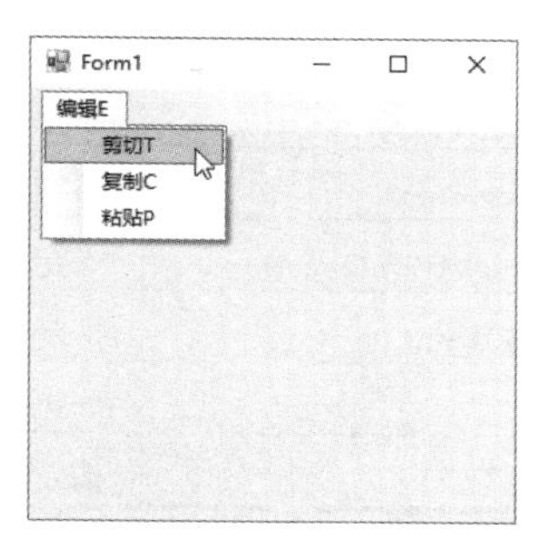

图 9-28　“编辑”菜单

9.5.2　工具栏(ToolStrip)控件

工具栏在应用程序中的表现比较直观、快捷。在工具栏中可以快速地执行和菜单项相同的命令，它一般由多个按钮排列组成。

1. 添加工具栏

将工具栏控件拖动到窗体中，在窗体中显示一个空白的工具栏，右边有一个带向下箭头的图标，单击该箭头可为工具栏添加项目，有八个类别可供添加，如图 9-29 所示。

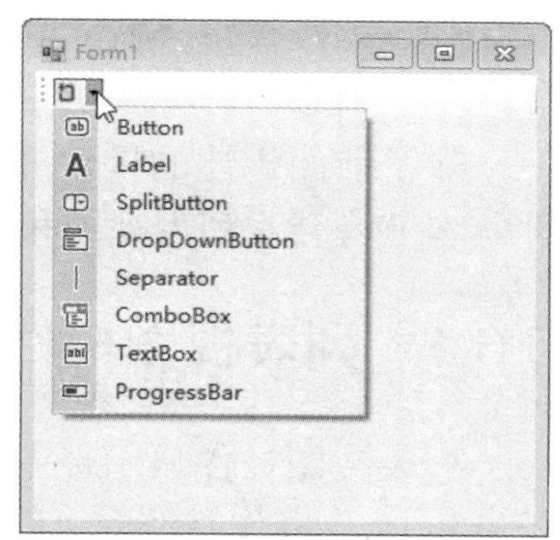

图 9-28　工具栏控件

(1) Button：工具按钮，是最常见的控件。

(2) Label：文本标签。

(3) SplitButton：一个左侧标准按钮和右侧下拉按钮的组合。可以通过单击右侧下拉按钮所显示的列表选择一个左侧显示的按钮。

(4) DropDownButton：与 SplitButton 极其相似。它们之间的区别在于，单击 SplitButton 左侧按钮时不会弹出下拉列表，而单击 DropDownButton 左侧按钮时会弹出下拉列表。两者的子菜单设置十分相近。

(5) Separator：分隔线，用于对 toolStrip 上的其他项进行分组。

(6) ComboBox：组合框。

(7) TextBox：文本框。

(8) ProgressBar：进度条。

2. 常用属性和事件

1) Items 属性

Items 属性可以获取属于 toolStrip 的所有项，该属性为集合类型，下标 0 代表第 1 个类别项目，Count 属性代表集合的个数。

2) LayoutStyle 属性

LayoutStyle 属性可以获取或设置一个值，该值指示 toolStrip 如何对项目集合进行布局。该属性为 ToolStripLayoutStyle 枚举类型，枚举值及其说明如表 9-12 所示。

表 9-12　枚举值及说明

成员名称	说　明
StackWithOverflow	指定项目按自动方式进行布局
HorizontalStackWithOverflow	指定项目按水平方向进行布局且必要时会溢出
VerticalStackWithOverflow	指定项目按垂直方向进行布局，在控件中居中且必要时会溢出
Flow	根据需要指定项目按水平方向或垂直方向排列
Table	指定项目的布局方式为左对齐

工具栏中的每个类别项目都是一个控件，都可以有自己的属性和事件。

工具栏一般情况下只需对各个类别项目使用 Click 事件。

9.6　列表视图控件和树视图控件

除了前面讲述的控件外，在编写 WinForm 程序时，还会用到列表视图和树视图等控件。本节将会对列表视图和树视图控件进行详细讲解。

9.6.1　列表视图控件(ListView)

列表视图控件显示带图标项的列表，可以显示大图标、小图标和数据。可以实现类似于 Windows 操作系统的“查看”菜单选项的显示效果，如图 9-30 所示。

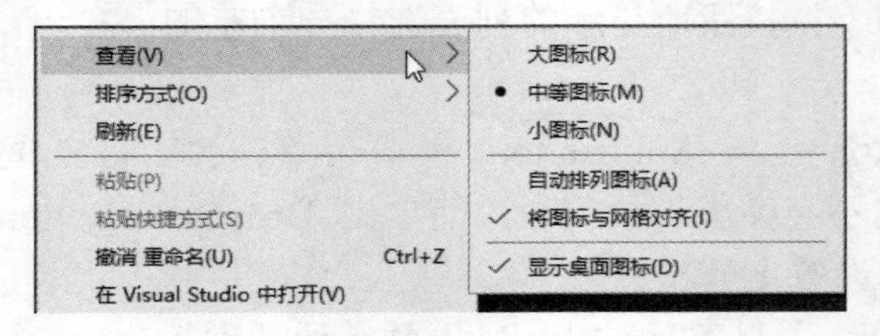

图 9-30　“查看”菜单选项

1. 列表视图控件的常用属性

(1) View 属性用于获取或设置项目在控件中的显示方式。

(2) SmallImageList 属性获取或设置 ImageList 对象，当项目在控件中显示为小图标 SmallIcon 时使用。

(3) LargeImageList 属性获取或设置 ImageList 对象，当项目在控件中显示为大图标 LargeIcon 时使用。

(4) ShowGroups 确定是否以分组形式显示项目。

(5) Items 属性可以获取包含控件中所有项目的集合。

(6) Groups 属性获取分配给控件的 ListViewGroup 对象的集合。ListView 分组功能可以创建逻辑相关的 ListView 项目的可视化组。每个组均由下面带有一条水平线的文本标题和分配给该组的项目组成。

(7) Columns 属性可以获取控件中显示的所有列标题的集合。

2. Items 属性的常用方法

(1) Add 方法：ListView 控件的 Items 属性拥有 Add 方法，使用 Add 方法可以向控件中添加新项，它的使用语法如下：

```
public virtual ListViewItem Add(string text,int imageIndex);
```

text 为添加项的文本，imageIndex 为该项显示的图像索引。添加项目的返回值将会被添加到 ListViewItem 集合中。

(2) RemoveAt 方法和 Clear 方法：ListView 控件的 Items 属性拥有 RemoveAt 和 Clear 方法，使用这两种方法可以移除控件中的项目。不同的是，RemoveAt 方法可以移除指定项目，而 Clear 方法将会移除列表中的所有项目。

RemoveAt 方法的使用语法如下：

```
public virtual void RemoveAt(int index);
```

index 为从零开始的索引，类似于集合下标。

Clear 方法的使用语法如下：

```
public virtual void Clear();
```

实例 6　列表视图控件应用实例(源代码\ch09\9.7.txt)。

编写程序，创建一个 Windows 应用程序，在窗体中添加三个 button 按钮，它们的 text 属性分别为添加、移除、清空；一个 TextBox 控件；一个 ListView 控件，要求实现 ListView 的添加、移除、清空功能。

```
public partial class Form1 : Form
{
    public Form1()
    {
        InitializeComponent();
    }
    private void button1_Click(object sender, EventArgs e)
    {
        if(textBox1.Text=="")    //判断文本框是否有内容，没有就弹出警告
        {
            MessageBox.Show("内容不得为空");
        }
        else
        {
            listView1.Items.Add(textBox1.Text.Trim());
        }
    }
    private void button2_Click(object sender, EventArgs e)
    {
```

```
        if(listView1.SelectedItems.Count==0)    //判断是否选择内容
        {
            MessageBox.Show("请选择想要删除的内容");
        }
        else
        {
            listView1.Items.RemoveAt(listView1.SelectedItems[0].Index);//删除所选内容
            listView1.SelectedItems.Clear();  //取消控件选择
        }
    }
    private void button3_Click(object sender, EventArgs e)
    {
        if (listView1.Items.Count == 0)       //判断 ListView 中是否存在内容，没有就会警告
        {
            MessageBox.Show("内容为空");
        }
        else
        {
            listView1.Items.Clear();            //清空内容
        }
    }
}
```

程序运行结果如图 9-31～图 9-33 所示。

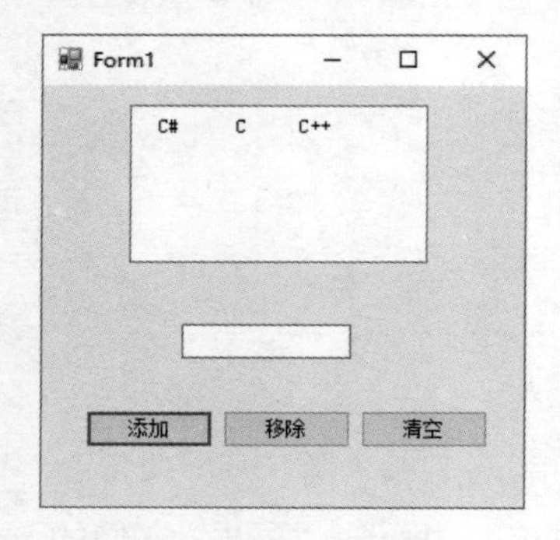

图 9-31　ListView 添加

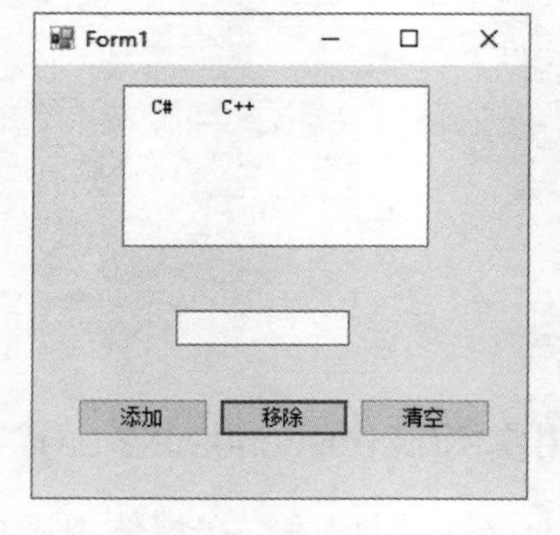

图 9-32　ListView 移除

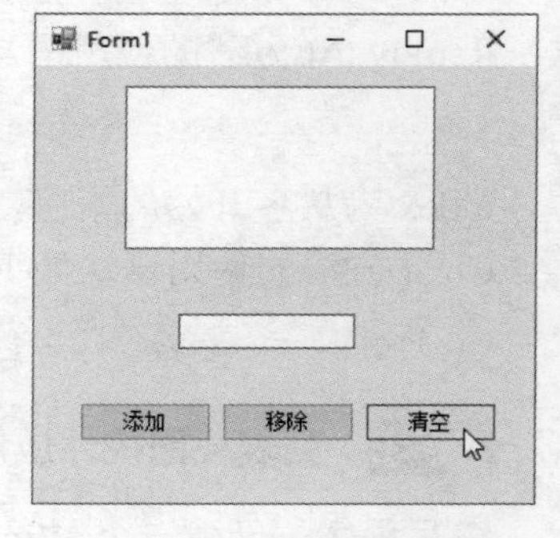

图 9-33　ListView 清空

本实例演示了 ListView 控件 item 属性的添加、移除、清空功能，可以看出，这些功能与集合的元素添加、删除、清空使用方法非常类似。

9.6.2　树视图控件(TreeView)

树视图控件可以显示节点层次结构，就像在 Windows 操作系统的资源管理器的左窗格中显示文件和文件夹一样。

树视图中的各个节点可能包含其他节点，被包含的节点称为“子节点”。可以按展开或折叠的方式显示父节点。

1. 常用属性

TreeView 控件的常用属性及说明如表 9-13 所示。

表 9-13　TreeView 控件的常用属性及说明

属　性	说　明
Nodes	获取分配给树视图控件的树节点集合。该属性的类型是 TreeNodeCollection。使用 Add、Remove 和 RemoveAt 方法能够在树节点集合中添加和移除各个树节点；使用 Level 属性获取节点的深度，根节点深度为 0，依此类推
SelectedNode	获取或设置当前在树视图控件中选定的树节点。如果当前未选定任何 TreeNode，SelectedNode 属性则为空引用。当选定节点的父节点或任何祖先节点以编程方式或通过用户的操作折叠时，折叠的节点将成为选定的节点
SelectedValue	获取选定节点的值

2. Nodes 属性的常用方法

1) Add 方法

使用 Nodes 属性的 Add 方法能够向控件中添加节点，它的使用语法如下：

```
public virtual int Add(TreeNode node);
```

node 为添加到集合中的 TreeNode，它的返回值为添加到树节点集合中的 TreeNode 由 0 开始的索引值。

2) Remove 方法

使用 Nodes 属性的 Remove 方法能够将树节点集合中的指定节点移除，它的使用语法如下：

```
public void Remove(TreeNode node);
```

node 为要移除的节点 TreeNode。

实例 7　树视图控件应用实例(源代码\ch09\9.8.txt)。

编写程序，创建一个 Windows 应用程序，在窗体中添加 button 控件，使用 Nodes 属性的 Add 方法和 Remove 方法添加与移除选中的子节点。

```
public partial class Form1 : Form
{
    public Form1()
    {
        InitializeComponent();
    }
    private void Form1_Load(object sender, EventArgs e)
    {
        TreeNode f1 = treeView1.Nodes.Add("姓名");   //建立 3 个父节点
        TreeNode f2 = treeView1.Nodes.Add("学院");
        TreeNode f3 = treeView1.Nodes.Add("班级");
        TreeNode z1 = new TreeNode("张三");   //建立子节点
        TreeNode z2 = new TreeNode("李四");
        f1.Nodes.Add(z1);   //将子节点添加到 f1 父节点中
        f1.Nodes.Add(z2);
        TreeNode z3 = new TreeNode("信息工程");   //建立子节点
        TreeNode z4 = new TreeNode("语言文化");
        f2.Nodes.Add(z3);   //将子节点添加到 f2 父节点中
        f2.Nodes.Add(z4);
```

```
        TreeNode z5 = new TreeNode("计算机 2 班");   //建立子节点
        TreeNode z6 = new TreeNode("外语系 3 班");
        f3.Nodes.Add(z5);   //将子节点添加到 f3 父节点中
        f3.Nodes.Add(z6);
    }
    private void button1_Click(object sender, EventArgs e)
    {
        if (treeView1.SelectedNode.Text == "姓名" || treeView1.SelectedNode.Text ==
"学院" ||
        treeView1.SelectedNode.Text == "班级")
        {
            MessageBox.Show("请选择子节点进行删除");
        }
        else
        {
            treeView1.Nodes.Remove(treeView1.SelectedNode);
        }
    }
}
```

程序运行结果如图 9-34 和图 9-35 所示。

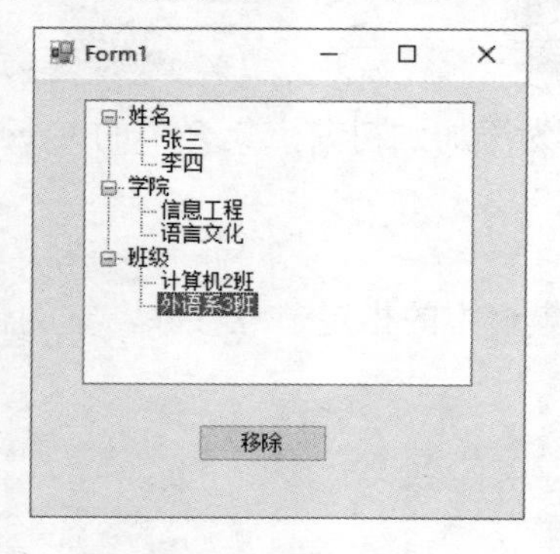

图 9-34　删除前子节点

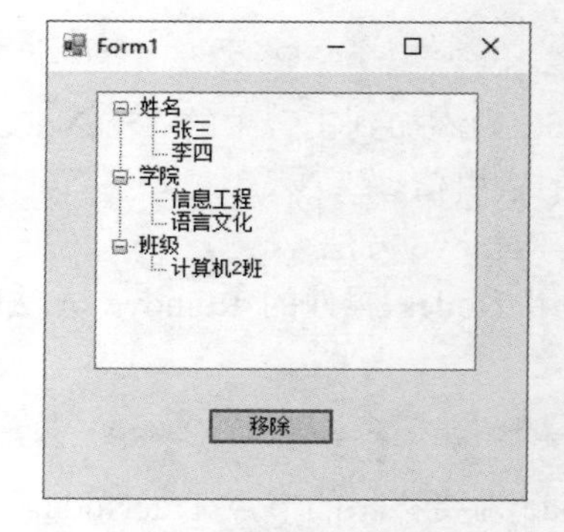

图 9-35　删除后子节点

3. 常用事件

TreeView 控件的常用事件及其说明如表 9-14 所示。

表 9-14　TreeView 控件的常用事件及其说明

事　件	说　明
AfterCollapse	在折叠树节点后发生
AfterExpand	在展开树节点后发生
AfterSelect	在选定树节点后发生
BeforeCollapse	在折叠树节点前发生
BeforeExpand	在展开树节点前发生
BeforeSelect	在选定树节点前发生

实例 8　获取被选中节点的文本信息(源代码\ch09\9.9.txt)。

编写程序，创建一个 Windows 应用程序，在窗体上添加 TreeView 和 Label 控件，在

TreeView 控件的 AfterSelect 事件中获取被选中节点的文本并显示在标签中。

```
public partial class Form1 : Form
    {
        public Form1()
        {
            InitializeComponent();
        }
        private void Form1_Load(object sender, EventArgs e)
        {
            TreeNode f1 = treeView1.Nodes.Add("姓名"); //建立 3 个父节点
            TreeNode f2 = treeView1.Nodes.Add("学院");
            TreeNode f3 = treeView1.Nodes.Add("班级");
            TreeNode z1 = new TreeNode("张三");          //建立子节点
            TreeNode z2 = new TreeNode("李四");
            f1.Nodes.Add(z1);   //将子节点添加到 f1 父节点中
            f1.Nodes.Add(z2);
            TreeNode z3 = new TreeNode("信息工程");      //建立子节点
            TreeNode z4 = new TreeNode("语言文化");
            f2.Nodes.Add(z3);   //将子节点添加到 f2 父节点中
            f2.Nodes.Add(z4);
            TreeNode z5 = new TreeNode("计算机 2 班");   //建立子节点
            TreeNode z6 = new TreeNode("外语系 3 班");
            f3.Nodes.Add(z5);   //将子节点添加到 f3 父节点中
            f3.Nodes.Add(z6);
    }
    private void treeView1_AfterSelect(object sender, TreeViewEventArgs e)
    {
        label1.Text = "被选中的节点为: " + e.Node.Text; //获取被选中节点的内容
    }
}
```

程序运行结果如图 9-36 所示。

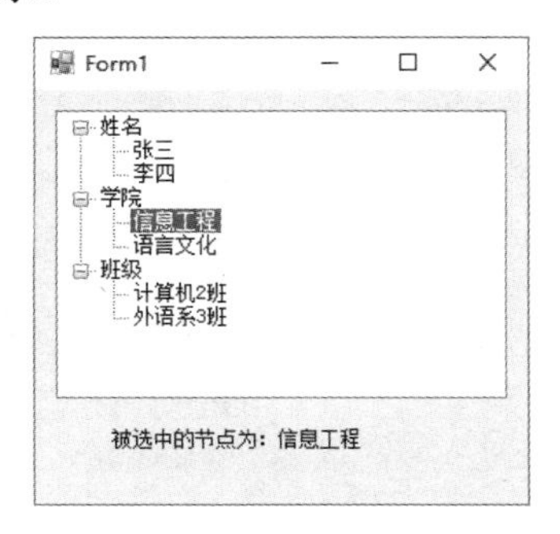

图 9-36　AfterSelect 事件

本例演示了 AfterSelect 事件，当树节点被选中之后就会触发 AfterSelect 事件，通过 Label 控件可以得到事件触发后所获得的返回文本。

9.7　选项卡控件(TabControl)

选项卡控件(TabControl)可以添加多个选项卡，然后在选项卡上添加控件。选项卡控件可以把窗体设计成多个页，使窗体的功能划分为多个部分。若一个窗体的内容较多且有分类效果，则特别适合使用选项卡控件。

9.7.1 选项卡控件的常用属性

选项卡控件的常用属性及其说明如表 9-15 所示。

表 9-15 选项卡控件的常用属性及其说明

属 性	说 明
Appearance	获取或设置控件选项卡的可视外观。属性值为 TabAppearance 枚举类型，枚举值 Normal 表示该选项卡具有选项卡的标准外观，Buttons 表示选项卡具有三维按钮的外观，FlatButtons 表示选项卡具有平面按钮的外观
SelectedIndex	获取或设置当前选定的选项卡页的索引。0 代表第 1 个选项卡页面，依此类推
SelectedTab	获取或设置当前选定的选项卡页
TabCount	获取选项卡条中选项卡的数目
TabPages	获取选项卡控件中选项卡页的集合，通过 TabPages 集合编辑器添加、删除选项卡页

实例 9 添加三维样式的按钮(源代码\ch09\9.10.txt)。

编写程序，创建一个 Windows 应用程序，在窗体中添加一个 TabControl 控件和 ImageList 控件，设置 Appearance 属性，使选项卡拥有三维按钮外观。

```
public partial class Form1 : Form
{
    public Form1()
    {
        InitializeComponent();
    }
    private void Form1_Load(object sender, EventArgs e)
    {
        tabControl1.ImageList = imageList1;
        tabPage1.ImageIndex = 0;   //设置选项卡的图标
        tabPage2.ImageIndex = 0;
        //将 Appearance 属性设置为 Buttons，使选项卡具有三维按钮外观
        tabControl1.Appearance = TabAppearance.Buttons;
    }
}
```

程序运行结果如图 9-37 所示。本例演示了通过设置 TabControl 控件的 Appearance 属性使选项卡具有三维按钮的外观。

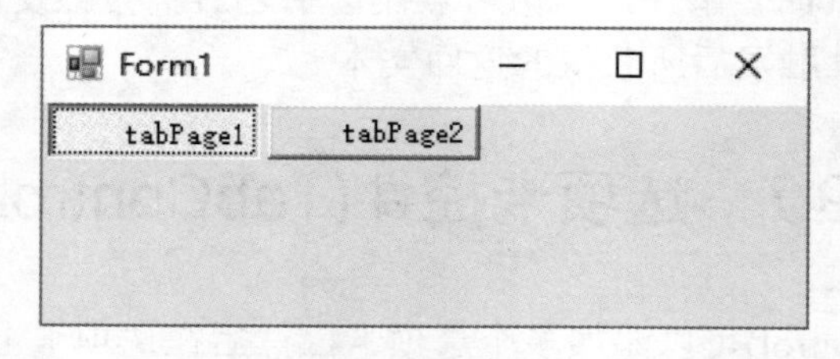

图 9-37 设置三维按钮的外观

9.7.2　选项卡控件的常用方法

1. Add *方法*

使用 TabPages 的 Control 属性的 Add 方法能够在选项卡中添加控件，而若想新增选项卡则需要使用 TabPages 属性的 Add 方法。

使用 TabPages 的 Control 属性的 Add 方法可将指定控件添加到控件的集合中，它的使用语法如下：

```
public virtual void Add(Control value);
```

value 是将要添加到控件集合中的控件。

一般情况下，TabControl 包含两个选项卡，使用 TabPages 属性的 Add 方法可将选项卡添加到集合中，它的使用语法如下：

```
public void Add(TabPage value);
```

value 为将要添加的选项卡。

2. Remove *方法*

使用 TabPages 属性的 Remove 方法可以将集合中的选项卡移除，它的使用语法如下：

```
public void Remove(TabPage value);
```

其中，value 是要移除的选项卡且不能为空。

3. Clear *方法*

删除所有选项卡可使用 TabPages 属性的 Clear 方法，使用此方法能够将集合中的所有选项卡移除，它的使用语法如下：

```
public virtual void Clear();
```

例如，删除 tabControl1 中的所有选项卡，代码如下：

```
tabControl1.TabPages.Clear();
```

实例 10　创建一个下拉菜单(源代码\ch09\9.11.txt)。

编写程序，创建一个 Windows 应用程序，在窗体中添加一个 TabControl 控件，两个 button 控件，button1 实现添加选项卡功能，button2 实现删除指定选项卡功能。

```
public partial class Form1 : Form
   {
       public Form1()
       {
          InitializeComponent();
       }
       private void Form1_Load(object sender, EventArgs e)
       {
          tabControl1.ImageList = imageList1;
          tabPage1.ImageIndex = 0;    //设置选项卡的图标
          tabPage2.ImageIndex = 0;
          tabControl1.Appearance = TabAppearance.Buttons;
```

```
            //将 Appearance 属性设置为 Buttons，使选项卡具有三维按钮外观
        }
        private void button1_Click(object sender, EventArgs e)
        {
            string tp = "tabPage"+(tabControl1.TabCount+1).ToString();//新的选项卡名称
            TabPage t = new TabPage(tp);   //实例化 tabPage
            tabControl1.TabPages.Add(t);   //使用 TabPages 属性的 Add 方法添加新的选项卡
            tabControl1.SizeMode = TabSizeMode.Fixed;   //设置选项卡的尺寸为 Fixed
        }
        private void button2_Click(object sender, EventArgs e)
        {
            if (tabControl1.SelectedIndex == 0)   //判断是否选择选项卡
            {
                MessageBox.Show("请选择需要删除的选项卡");
            }
            else
            {
                tabControl1.TabPages.Remove(tabControl1.SelectedTab);//将选择的选项卡删除
            }
        }
    }
```

程序运行结果如图 9-38 和图 9-39 所示。

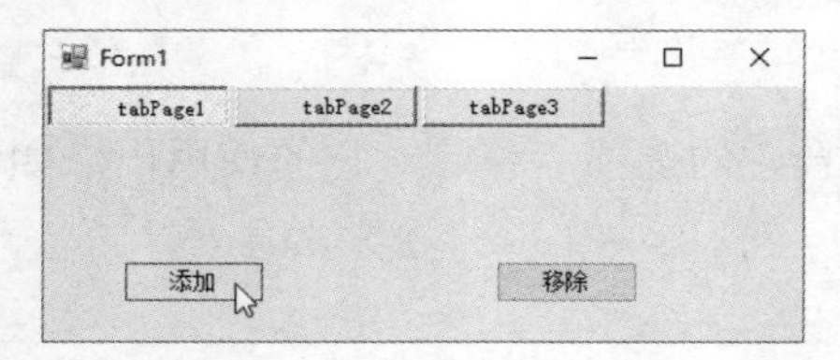

图 9-38　添加选项卡

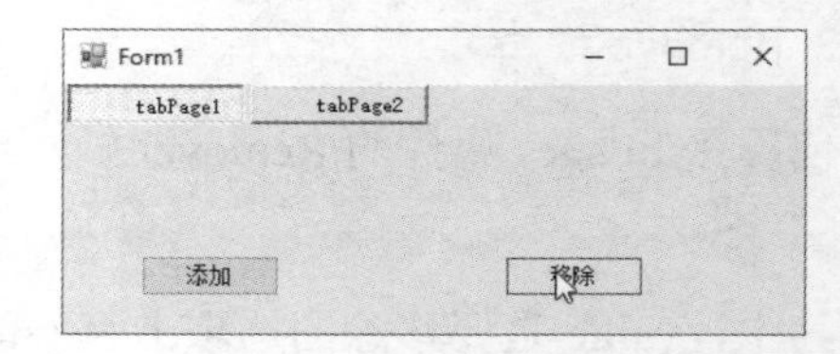

图 9-39　移除选项卡

9.8　就业面试问题解答

问题 1：ActiveX 控件和.NET 控件的主要区别是什么？

答：.NET 控件是.NET 程序集，允许任何 Visual Studio 语言使用，而 ActiveX 控件常常在设计和运行期间显示。

问题 2：Windows 应用程序与控制台应用程序有什么不同？

答：控制台应用程序是在 DOS 环境下，或者模拟 DOS 环境下运行，运行时一般会启动一个提示符窗口。而应用程序是 Windows 环境下的窗口程序，运行时一般会启动一个窗口画面。

9.9　上机练练手

上机练习 1：使节点在正常和被选中状态下拥有图标显示。

编写程序，创建一个 Windows 应用程序，在窗体中添加 TreeView 控件和 ImageList 控件，设置 ImageIndex 属性和 SelectedImageIndex 属性，使节点在正常和被选中状态下拥有图标显示。程序运行结果如图 9-40 所示。

上机练习 2：通过按钮增加选项卡。

编写程序，创建一个 Windows 应用程序，向窗体中添加一个 TabControl 控件和一个 ImageList 控件，为 tabPage2 添加一个按钮控件“测试”，然后使用 Add 方法增加一个新的选项卡 tabPage3。程序运行结果如图 9-41 所示。

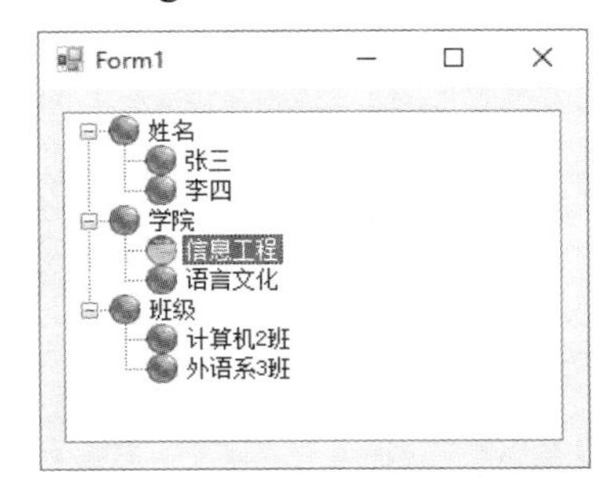

图 9-40　为 TreeView 控件节点添加图标

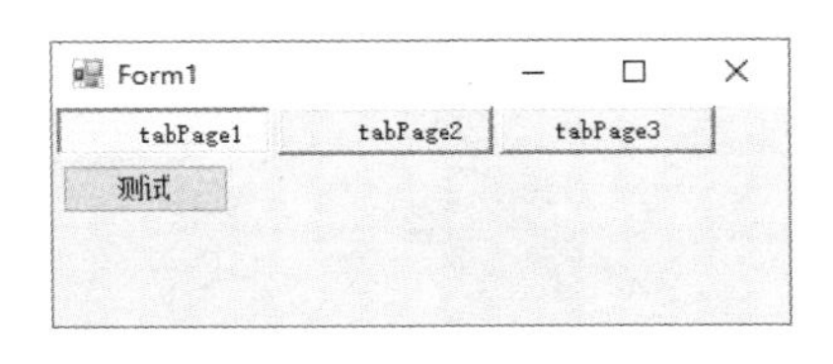

图 9-41　通过按钮增加选项卡

上机练习 3：分组显示姓名与性别。

编写程序，创建一个 Windows 应用程序，在窗口中添加一个 ListView 控件，将 View 属性设置为 SmallIcon。使用 Group 集合的 Add 方法创建两个组，分别为姓名和性别，左对齐。使用 Items 属性的 Add 方法添加 4 项，设置 Group 属性进行分组。程序运行结果如图 9-42 所示。

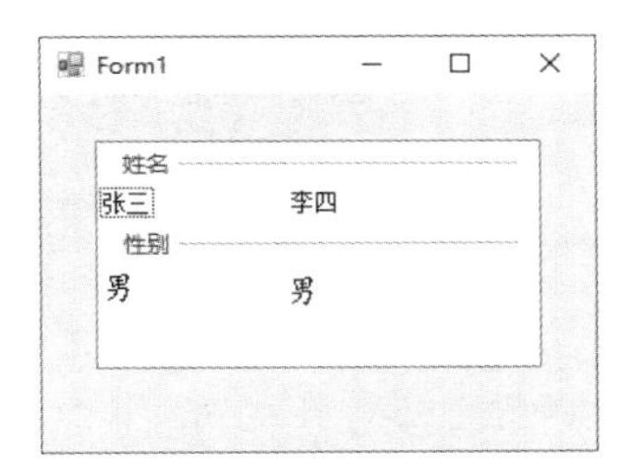

图 9-42　分组显示姓名与性别

第 10 章

C#中的文件流

文件管理是操作系统的一个重要组成部分，无论是哪一种操作系统，无论是什么版本的操作系统，都需要实现文件的存储、读取、修改、分类、复制、移动、删除等操作。本章就来介绍 C#中的文件流。

10.1 文　件

文件中的内容可以永久地存储到硬盘或其他设备上，且操作较简单。文件的持久性数据特性可以方便地存储应用程序配置等数据，以便在程序下一次运行时使用。

10.1.1 System.IO 命名空间

C#语言中与文件、文件夹及文件操作有关的输入/输出类都位于 System.IO 命名空间。System.IO 命名空间中的类及其说明如表 10-1 所示。

表 10-1　System.IO 命名空间中的常用类及其说明

类	说　明
BinaryReader	用特定的编码将基元数据类型读作二进制值
BinaryWriter	以二进制形式将基元类型写入流，并支持用特定的编码写入字符串
Directory	公开了用于创建、移动、枚举、删除目录和子目录的静态方法。这是一个密封类，其他类不继承此类
Peek	返回下一个可用的字符，但不使用它
File	提供创建、复制、删除、移动和打开文件的静态方法，并协助创建 FileStream 对象
Path	对包含文件或目录路径信息的 String 实例执行操作。这些操作是以跨平台的方式执行的
StreamReader	实现一个 TextReader，使其以一种特定的编码从字节流中读取字符
StreamWriter	实现一个 TextWriter，使其以一种特定的编码向流中写入字符
StringReader	实现从字符串进行读取的 TextReader
StringWriter	实现一个用于将信息写入字符串的 TextWriter。该信息存储在 StringBuilder 中
TextReader	表示可读取连续字符系列的读取器
TextWriter	表示可以编写一个有序字符系列的编写器。该类为抽象类

文件或文件夹都是靠路径定位的，因此操作文件或文件夹都难免与文件路径打交道。描述路径有两种方式：绝对路径和相对路径。例如，E:\c#\chapter10 路径表示为绝对路径。如果程序当前的工作路径在 E:\c#下，那么还可以使用相对路径表示，即直接用 chapter10 表示路径。

“\”在 C#语言中有特殊意义，用于表示转义字符，因此路径在 C#语言中的表示形式可以采用下述两种方法之一:

方法 1: 路径的分隔符使用“\\”表示。例如，"E:\\c#\\chapter"。

方法 2: 在路径前加上“@”前导符，表示这里的“\”不是转义字符，而是字符“\”，例如，@"E:\c#\chapter"。

10.1.2 文件类 File 的使用

用户对文件的操作通常有创建、复制、删除、移动、打开和追加到文件。C#语言中的静态文件类 File 提供了这些操作功能。File 类常用的方法成员如表 10-2 所示。

表 10-2　File 类的常用方法及其描述

静态方法	描　述
Move	将指定文件移到新位置，并提供指定新文件名的选项
Delete	删除指定的文件。如果指定的文件不存在，就不会引发异常
Create	在指定路径中创建或覆盖文件
Copy	将现有文件复制到新文件
CreateText	创建或打开一个文件用于写入 UTF-8 编码的文本
OpenText	打开现有 UTF-8 编码文本文件以进行读取
Open	打开指定路径上的 FileStream
OpenRead	打开现有文件以进行读取
OpenWrite	打开现有文件以进行写入
Exists	确定指定的文件是否存在
AppendAllText	将指定的字符串追加到文件中，如果文件还不存在就创建该文件
AppendText	创建一个 StreamWriter，它将 UTF-8 编码文本追加到现有文件
WriteAllBytes	创建一个新文件，写入指定的字节数组并关闭该文件。如果目标文件存在就覆盖该文件
WriteAllLines	创建一个新文件，写入指定的字符串并关闭文件。如果目标文件已存在就覆盖该文件
WriteAllText	创建一个新文件，在文件中写入内容并关闭文件。如果目标文件已存在就覆盖该文件

File 类中的所有方法都为静态方法，相比执行一个操作时，它的效率比 FileInfo 类中的方法更高。

实例 1　使用 File 类创建文件(源代码\ch10\10.1.txt)。

编写程序，创建一个 Windows 应用程序，在窗体中添加一个 Button 控件和一个 TextBox 控件，使用 File 类在 TextBox 中输入需要创建的文件路径和它的名称，通过单击 Button 实现创建。

```
public partial class Form1 : Form
{
    public Form1()
    {
        InitializeComponent();
    }
    private void button1_Click(object sender, EventArgs e)
    {
        if (textBox1.Text == "")   //文件名称不能为空
        {
            MessageBox.Show("文件名称不得为空");
        }
        else
        {
            if(File.Exists(textBox1.Text))   //使用 Exists 方法判断文件是否已存在
            {
                MessageBox.Show("该文件已存在，请重新命名");
```

```
            }
            else
            {
                File.Create(textBox1.Text);    //使用 Create 方法创建文件
            }
        }
    }
}
```

程序运行结果如图 10-1 所示。

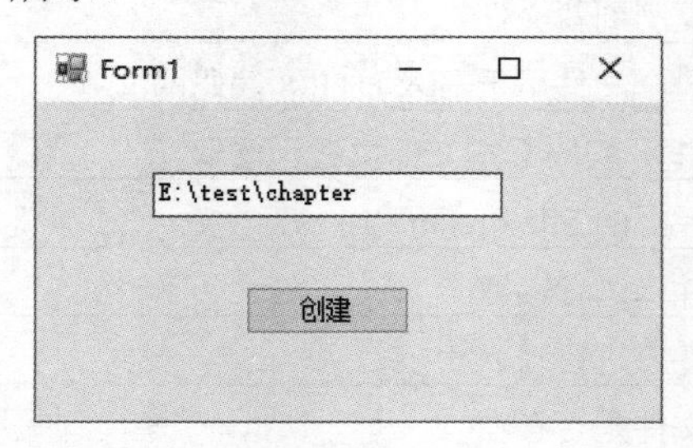

图 10-1　创建文件

本实例通过使用 if...else 循环嵌套语句来实现创建一个文件的过程，使用 if 判断文件的名称以及是否已经存在此文件，在确保无误的情况下，再进行文件的生成创建。

在编写代码时要使用 System.IO 命名空间，也就是在 using 引用处书写“using System.IO”。同时在创建文件的时候一定要注意路径的书写正确与否，否则会出现错误。

10.1.3　文件夹类 Directory 的使用

为了便于管理文件，一般不会将文件直接放在磁盘根目录，而是创建具有层次关系的文件夹或者目录。对于文件夹的常用操作主要包括新建、复制、移动和删除等。C#语言中的静态文件夹类 Directory 提供了这些操作功能。Directory 类常用的方法成员如表 10-3 所示。

表 10-3　Directory 类常用的方法及其描述

静态方法	描　述
CreateDirectory	创建指定路径中的所有目录
Delete	删除指定的目录
Exists	确定给定路径是否引用磁盘上的现有目录
Move	将文件或目录及其内容移到新位置
GetDirectories	获取指定目录中子目录的名称
GetFiles	返回指定目录中的文件的名称

例如，假设 e:\aa 文件夹存在，将其删除，并创建 e:\bb 文件夹，窗体的 Load 事件代码如下：

```
string Path1 = @"e:\aa";
string Path2 = @"e:\bb";
if(Directory.Exists(Path1))
{
    Directory.Delete(Path1);
}
Directory.CreateDirectory(Path2);
```

实例 2　使用 Directory 类创建文件夹(源代码\ch10\10.2.txt)。

编写程序，创建一个 Windows 应用程序，在窗体中添加一个 Button 控件和一个 TextBox 控件，使用 Directory 类在 TextBox 中输入需要创建的文件夹路径和它的名称，通过单击 Button 实现创建。

```
public partial class Form1 : Form
{
    public Form1()
    {
        InitializeComponent();
    }
    private void button1_Click(object sender, EventArgs e)
    {
        if(textBox1.Text=="")                          //检查是否输入名称
        {
            MessageBox.Show("请输入文件夹名称");
    }
    else
    {
            if(Directory.Exists(textBox1.Text))
            {
                MessageBox.Show("该文件夹已存在，请重新输入");  //检查是否重名
            }
            else
            {
                    Directory.CreateDirectory(textBox1.Text);
                    //使用 CreateDirectory 方法创建文件夹
            }
        }
    }
}
```

程序运行结果如图 10-2 所示。

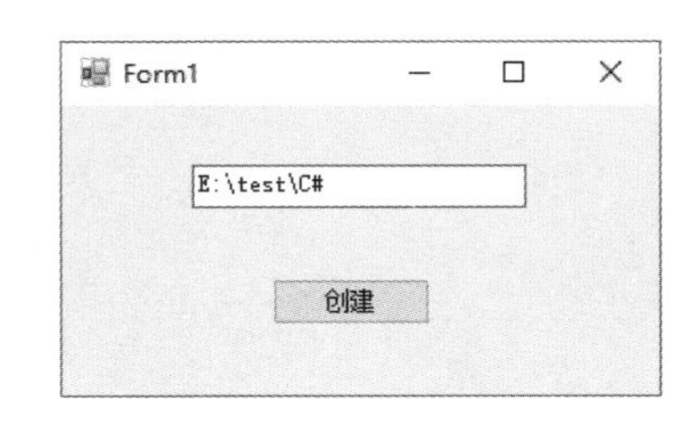

图 10-2　创建文件夹

本例使用 if...else 循环嵌套语句实现创建一个文件夹的操作，通过 if 语句块来判断输入是否为空以及将要创建的文件夹是否已经存在，如果条件满足，就完成文件夹的创建。

在进行文件夹的创建操作时，要确保文件夹路径书写无误，否则将会发生异常。

10.1.4　FileInfo 类的使用

FileInfo 类是一个实例类，使用方法类似 File 类，它对应某一个文件进行操作，方法

大部分为实例方法，它的操作有可能是调用 File 中对应的静态方法。如果是对一个文件进行大量的操作，那么建议使用 FileInfo 类。FileInfo 类的常用属性及其说明如表 10-4 所示。

表 10-4　FileInfo 类的常用属性及其说明

属　性	说　明
CreationTime	获取或设置当前 FileSystemInfo 对象的创建时间
Directory	获取父目录的实例
DirectoryName	获取文件的完整路径
Exists	指定当前文件是否存在
Length	获取当前文件的大小(字节)
IsReadOnly	获取或设置当前文件是否为只读
Name	获取文件的名称
Extension	获取表示文件拓展名部分的字符串
FullName	获取目录或文件的完整目录
LastAccessTime	获取或设置上次访问文件或目录的时间
LastWriteTime	获取文件的最后修改时间

当对某个对象进行重复操作时，使用 FileInfo 类会更合适。

实例 3　使用 FileInfo 类创建文件(源代码\ch10\10.3.txt)。

编写程序，创建一个 Windows 应用程序，在窗体中添加一个 Button 控件和一个 TextBox 控件，使用 FileInfo 类在 TextBox 中输入需要创建的文件路径和文件名称，通过单击 Button 实现创建。

```
public partial class Form1 : Form
{
    public Form1()
    {
        InitializeComponent();
    }
    private void button1_Click(object sender, EventArgs e)
    {
        if (textBox1.Text == "")   //文件名称不能为空
        {
            MessageBox.Show("文件名称不得为空");
        }
        else
        {
            FileInfo f = new FileInfo(textBox1.Text);   //实例化 FileInfo 对象
            if (f.Exists)   //使用 Exists 方法判断文件是否已存在
            {
                MessageBox.Show("该文件已存在，请重新命名");
            }
            else
            {
                f.Create();   //使用 Create 方法创建文件
```

```
                }
            }
        }
}
```

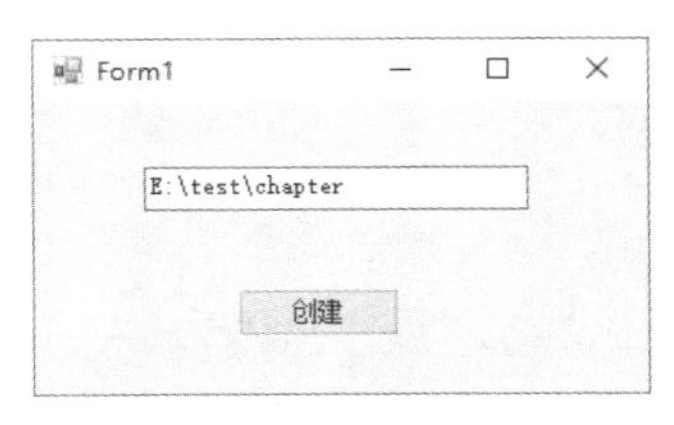

图 10-3　FileInfo 类的使用

程序运行结果如图 10-3 所示。

本例使用 if...else 循环嵌套语句，通过 if 语句块来判断文件名是否为空以及将要创建的文件是否重名，如果无误，就完成创建。

10.1.5　DirectoryInfo 类的使用

DirectoryInfo 类用于典型操作，如复制、移动、重命名、创建和删除目录，类似于 Directory 类。如果打算多次重用某个对象，那么可以考虑使用 DirectoryInfo 的实例方法，而不是 Directory 类相应的静态方法，因为并不总是需要安全检查。DirectoryInfo 类的常用属性及其说明，如表 10-5 所示。

表 10-5　DirectoryInfo 类的常用属性及其说明

属　性	说　明
CreationTime	获取或设置当前文件或目录的创建时间
Exists	获取指示目录是否存在的值
Extension	获取表示文件扩展名部分的字符串
FullName	获取目录或文件的完整目录
LastAccessTime	获取或设置上次访问文件或目录的时间
LastWriteTime	获取或设置上次写入文件或目录的时间
Name	获取此 DirectoryInfo 实例的名称
Parent	获取指定子目录的父目录
Root	获取路径的根目录

在接收路径作为输入字符串的成员中，路径必须是格式良好的，否则将引发异常。这里的路径既可以是相对路径，也可以是服务器统一命名的约定(UNC)路径。

实例 4　使用 DirectoryInfo 类创建文件夹(源代码\ch10\10.4.txt)。

编写程序，创建一个 Windows 应用程序，在窗体中添加一个 Button 控件和一个 TextBox 控件，使用 DirectoryInfo 类在 TextBox 中输入需要创建的文件夹路径和它的名称，通过单击 Button 实现创建。

```
public partial class Form1 : Form
{
    public Form1()
    {
        InitializeComponent();
    }
    private void button1_Click(object sender, EventArgs e)
    {
```

```
        if (textBox1.Text == "")    //检查是否输入名称
        {
           MessageBox.Show("请输入文件夹名称");
        }
        else
        {
           //实例化 DirectoryInfo 类对象
           DirectoryInfo d = new DirectoryInfo(textBox1.Text);
           if (d.Exists)
           {
              MessageBox.Show("该文件夹已存在，请重新输入");    //检查是否重名
           }
           else
           {
              d.Create();    //使用 Create 方法创建文件夹
           }
        }
    }
}
```

程序运行结果如图 10-4 所示。

本实例使用 if...else 循环嵌套语句，通过 if 语句块来判断文件夹名称是否为空以及将要创建的文件夹是否重名，如果无误，就完成创建。

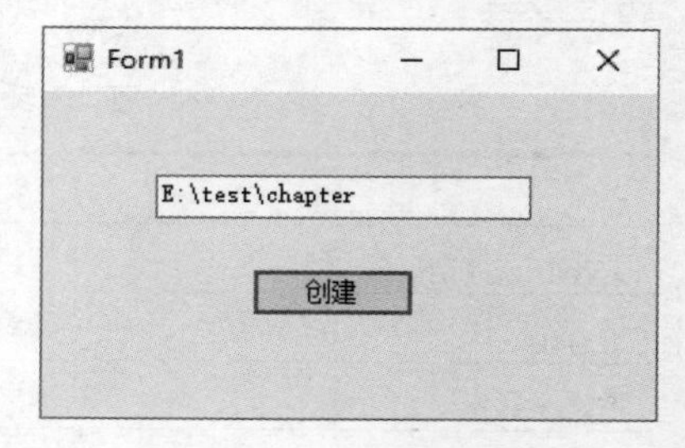

图 10-4　DirectoryInfo 类的使用

10.1.6　文件与文件夹的相关操作

文件与文件夹都存在类似判断是否存在、创建、移动、删除等操作，本节将对这些基本的操作进行详细讲解。

1. 判断是否存在

Flie 类的 Exists 方法用于判断指定的文件是否存在。例如，判断 E 盘是否存在 test.doc 文件，代码如下：

```
File.Exists("E:\\test.doc");
```

FileInfo 类的 Exists 方法用于判断指定的文件是否存在。例如，判断 E 盘是否存在 test.doc 文件，代码如下：

```
FileInfo f = new FileInfo("E:\\test.doc");
if(f.Exists)
{
   MessageBox.Show("存在");
}
```

Directory 类的 Exists 方法用于判断指定文件夹是否存在。例如，判断 E 盘是否存在 test 文件夹，代码如下：

```
Directory.Exists("E:\\test");
```

DirectoryInfo 类的 Exists 方法用于判断指定文件夹是否存在。例如，判断 E 盘是否存在 test 文件夹，代码如下：

```
DirectoryInfo d = new DirectoryInfo("E:\\test");
if (d.Exists)
{
   MessageBox.Show("存在");
}
```

路径不得为空，否则会出现异常。

2. 创建

File 类的 Create 方法可用于创建文件。例如，在 E 盘创建一个 test.doc 文件，代码如下：

```
File.Create("E:\\test.doc");
```

FileInfo 类的 Create 方法可用于创建文件。例如，在 E 盘创建一个 test.doc 文件，代码如下：

```
FileInfo f = new FileInfo("E:\\test.doc");
f.Create();
```

Directory 类的 CreateDirectory 方法用于创建文件夹。例如，在 E 盘创建一个 test 文件夹，代码如下：

```
Directory.CreateDirectory("E:\\test");
```

DirectoryInfo 类的 Create 方法用于创建文件夹。例如，在 E 盘创建一个 test 文件夹，代码如下：

```
DirectoryInfo d = new DirectoryInfo("E:\\test");
d.Create();
```

3. 复制或移动

File 类的 Copy 方法用于将指定路径下的文件复制到指定的其他路径。例如，将 E 盘的 test.doc 文件复制到 D 盘，代码如下：

```
File.Copy("E:\\test.doc", "D:\\test.doc");
```

File 类的 Move 方法用于将指定路径下的文件移动到指定的其他路径。例如，将 E 盘的 test.doc 文件移动到 D 盘，代码如下：

```
File.Move("E:\\test.doc", "D:\\test.doc");
```

如果在移动过程中指定路径已存在同名文件，就会触发异常。

FileInfo 类的 CopyTo 方法用于将指定路径下的文件复制到指定的其他路径，如果该路径下已存在此文件，就将其替换。例如，将 E 盘的 test.doc 文件复制到 D 盘，代码如下：

```
FileInfo f = new FileInfo("E:\\test.doc");
f.CopyTo("D:\\test.doc", true);
```

FileInfo 类的 MoveTo 方法用于将指定路径下的文件移动到指定的其他路径。例如，将

E 盘的 test.doc 文件移动到 D 盘，代码如下：

```
FileInfo f = new FileInfo("E:\\test.doc");
f.MoveTo("D:\\test.doc");
```

Directory 类的 Move 方法用于将指定路径下的文件或目录及其内容移动到指定的其他路径。例如，将 E 盘的 test 文件夹移动到 E 盘下的“测试”文件夹中，代码如下：

```
Directory.Move("E:\\test", "E:\\测试\\test");
```

DirectoryInfo 类的 MoveTo 方法用于将指定路径下的文件或目录及其内容移动到指定的其他路径。例如，将 E 盘的 test 文件夹移动到 E 盘下的“测试”文件夹中，代码如下：

```
DirectoryInfo d = new DirectoryInfo("E:\\test");
d.MoveTo("E:\\测试\\test");
```

Directory 类的 Move 方法和 DirectoryInfo 类的 MoveTo 方法在移动时只能在相同的根目录下，比如 E 盘的文件夹只能移动到 E 盘下某个文件夹中。

4. 删除

File 类的 Delete 方法可用于删除指定路径下的文件。例如，删除 E 盘下的 test.doc 文件，代码如下：

```
File.Delete("E:\\test.doc");
```

FileInfo 类的 Delete 方法可用于删除指定路径下的文件。例如，删除 E 盘下的 test.doc 文件，代码如下：

```
FileInfo f = new FileInfo("E:\\test");
f.Delete();
```

Directory 类的 Delete 方法可用于删除指定路径下的文件夹。例如，删除 E 盘下的 test 文件夹，代码如下：

```
Directory.Delete("E:\\test");
```

DirectoryInfo 类的 Delete 方法可用于永久性删除指定路径下的文件。例如，删除 E 盘下的 test 文件夹，代码如下：

```
DirectoryInfo d = new DirectoryInfo("E:\\test");
d.Delete();
```

实例 5 **获取文件基本信息(源代码\ch10\10.5.txt)。**

编写程序，使用 FileInfo 类的属性获取文件的各项基本信息，在窗体中添加一个 OpenFileDialog 控件、一个 Button 控件和一个 Label 控件用于获取选中文件的信息。

```
public partial class Form1 : Form
{
    public Form1()
    {
        InitializeComponent();
    }
    private void button1_Click(object sender, EventArgs e)
    {
```

```
        if(openFileDialog1.ShowDialog()==DialogResult.OK)
        {
            string  ct, la, lw, n, fn, dn, ir;
            long l;
            label1.Text = openFileDialog1.FileName;
            FileInfo f = new FileInfo(label1.Text);    //实例化
            n = f.Name;   //获取文件名
            ct = f.CreationTime.ToShortDateString();   //获取创建时间
            la = f.LastAccessTime.ToShortDateString(); //获取上次访问文件时间
            lw = f.LastWriteTime.ToShortDateString();  //获取上次写入文件时间
            fn = f.FullName;                        //获取文件完整目录
            dn = f.DirectoryName;                   //获取文件完整路径
            ir = f.IsReadOnly.ToString();           //获取文件是否为只读
            l = f.Length;                           //获取文件的长度
            MessageBox.Show("此文件基本信息为：\n 文件名：" + n + "\n 创建时间：" + ct +
            "\n 上次访问文件时间：" + la + "\n 上次写入文件时间：" + lw + "\n 文件完整目录：" 
            + fn + "\n 是否只读：" + ir + "\n 文件长度：" + l);
        }
    }
}
```

程序运行结果如图 10-5 和图 10-6 所示。

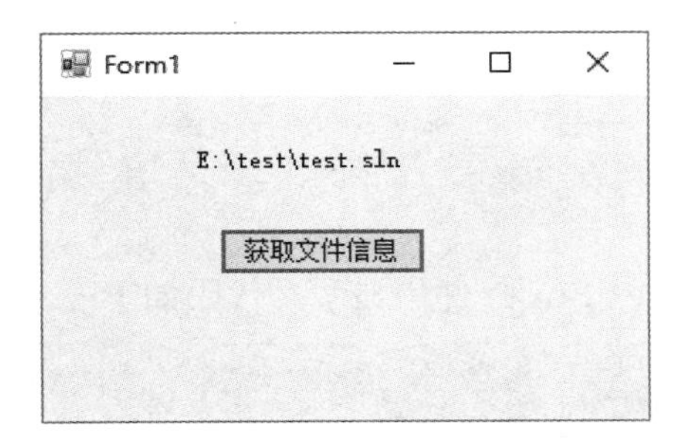

图 10-5　所要获取的文件

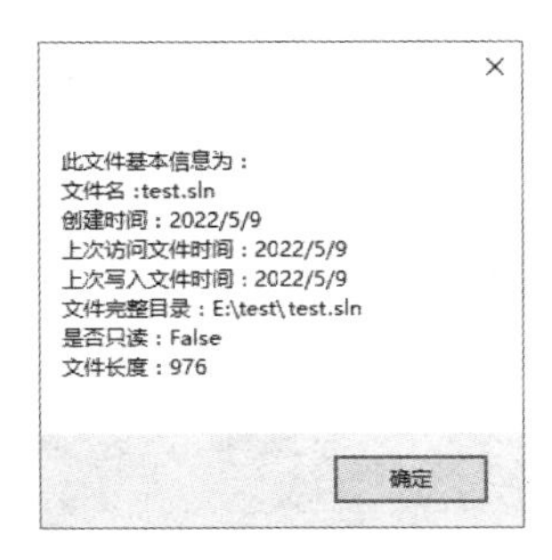

图 10-6　文件的基本信息

本实例首先实例化一个 FileInfo 对象，通过 OpenFileDialog 打开文件以获取文件的路径并显示在 Label 控件上，然后通过定义变量的形式，分别获得此文件的基本信息，最后再将它们显示在 MessageBox 中。

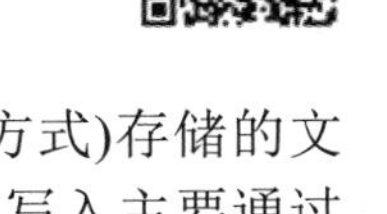

10.2　文本文件的读写操作

文本文件是一种典型的顺序文件，是指以 ASCII 码方式(也称为文本方式)存储的文件，其文件的逻辑结构又属于流式文件。在 C#语言中，文本文件的读取与写入主要通过 StreamReader 类和 StreamWriter 类实现。

10.2.1　StreamReader 类

StreamReader 类是专门用来处理文本文件的读取类，它可以方便地以一种特定的编码从字节流中读取字符。StreamReader 类提供了许多用于读取和浏览字符数据的方法，如表 10-6 所示。

表 10-6　StreamReader 类的常用方法及其说明

名　称	说　明
Close	关闭 StreamReader 对象和基础流，并释放与读取器关联的所有系统资源
Read	读取输入流中的下一个字符或下一组字符
ReadLine	从当前流中读取一行字符并将数据作为字符串返回
ReadToEnd	从流的当前位置到末尾读取流
Peek	这回下一个可用的字符，但不使用它

创建 StreamReader 类对象提供了多种构造函数，常用的有如下 3 种。

方法 1：用指定的流初始化 StreamReader 类的新实例。

```
StreamReader(Stream stream)
```

方法 2：用指定的文件名初始化 StreamReader 类的新实例。

```
StreamReader(string path)
```

方法 3：用指定的流或文件名，并指定字符编码初始化 StreamReader 类的新实例。

```
StreamReader(Stream stream,Encoding encoding)    //使用流和字符编码
StreamReader(string path,Encoding encoding)      //使用文件名和字符编码
```

Encoding 为枚举类型。

例如，读取“E:\test.doc”的内容，并在 RichTextBox 控件中显示，代码如下：

```
StreamReader SR=new StreamReader(@"e:\test.doc",Encoding.Default);
rtxShow.Text = SR.ReadToEnd();
SR.Close();
```

10.2.2　StreamWriter 类

StreamWriter 类是专门用来处理文本文件的类，可以方便地向文本文件中写入字符串。StreamWriter 类的常用方法及其说明如表 10-7 所示。

表 10-7　StreamWriter 类的常用方法及其说明

名　称	说　明
Close	关闭 StreamWriter 对象和基础流
Write	向相关联的流中写入字符
WriteLine	向相关联的流中写入字符，后跟换行符

创建 StreamWriter 类实例常用的构造函数与 StreamReader 类非常相似，这里只介绍用文件名和指定编码方式创建实例，它区别于 StreamReader 类，格式如下：

```
StreamWriter(string path,bool append,Encoding encoding)
```

如果希望使用文件名和编码参数来创建 StreamWriter 类实例，就必须使用上述格式。其中，append 参数确定是否将数据追加到文件。如果该文件不存在，并且 append 为 false，那么该文件被覆盖。如果该文件存在，并且 append 为 true，那么数据被追加到该文

件中。否则，将创建新文件。例如，将 RichTextBox 控件中显示的文本保存在“E:\out.txt”文件中，代码如下：

```
StreamWriter SW = new StreamWriter(@"e:\out.txt", true, Encoding.Default);
SW.WriteLine(rtxShow.Text);
SW.Close();
```

实例 6 读写文本文件(源代码\ch10\10.6.txt)。

编写程序，创建一个 Windows 应用程序，使用 SaveFileDialog 控件、OpenFileDialog 控件、TextBox 控件以及 Button 控件演示文本文件的读写操作。

```
public partial class Form1 : Form
{
    public Form1()
    {
        InitializeComponent();
    }
    private void button1_Click(object sender, EventArgs e)
    {
        if(textBox1.Text=="")
        {
            MessageBox.Show("请输入写入内容！");
        }
        else
        {
            saveFileDialog1.Filter = "文本文件(*.txt)|*.txt";   //设置文件保存格式
            if(saveFileDialog1.ShowDialog()==DialogResult.OK)
            {
                //实例化 StreamWriter 对象，文件名为“另存为”对话框中输入的名称
                StreamWriter w = new StreamWriter(saveFileDialog1.FileName, true);
                w.WriteLine(textBox1.Text);   //写入内容
                w.Close();   //关闭写入流
                textBox1.Clear();
            }
        }
    }
    private void button2_Click(object sender, EventArgs e)
    {
        openFileDialog1.Filter = "文本文件(*.txt)|*.txt";   //设置文件打开格式
        if(openFileDialog1.ShowDialog()==DialogResult.OK)
        {
            //实例化 StreamReader 对象，文件名为“打开”对话框所选文件名
            StreamReader r = new StreamReader(openFileDialog1.FileName);
            textBox1.Text = r.ReadToEnd();   //使用 ReadToEnd 方法读取内容
            r.Close();   //关闭读取流
        }
    }
}
```

程序运行结果如图 10-7 所示。

本实例通过 SaveFileDialog 控件将 TextBox 控件中的内容写入文本文件中，然后通过 OpenFileDialog 打开写入的文本文件，并将文件的内容读取出来显示在 TextBox 控件中。

图 10-7　读写操作演示

10.3　读写二进制文件

图形文件及文字处理程序等计算机程序都属于二进制文件。在 C#语言中，二进制文件的读取与写入主要是通过 BinaryReader 类和 BinaryWriter 类实现。

10.3.1　BinaryReader 类

BinaryReader 类是专门用来处理二进制文件的读取类。它可以方便地用特定的编码将基元数据类型读作二进制值。BinaryReader 类的常用方法及说明如表 10-8 所示。

表 10-8　BinaryReader 类的常用方法及其说明

名　称	说　明
Close	关闭当前阅读器及基础流
PeekChar	返回下一个可用的字符，如果没有可用字符或者流不支持查找时为-1
Read	从基础流中读取字符
Read7BitEncodedInt	以压缩格式读入 32 位整数
ReadBoolean	从当前流中读取 Boolean 值
ReadByte	从当前流中读取下一个字节
ReadBytes	从当前流中将多个字符读入字节数组
ReadChar	从当前流中读取下一个字符
ReadChars	从当前流中读取多个字符，以字符数组的形式返回数据
ReadDecimal	从当前流中读取十进制数值
ReadDouble	从当前流中读取 8 字节浮点值
ReadInt16	从当前流中读取 2 字节有符号整数
ReadInt32	从当前流中读取 4 字节有符号整数
ReadInt64	从当前流中读取 8 字节有符号整数
ReadSByte	从当前流中读取一个有符号字节
ReadSingle	从当前流中读取 4 字节浮点值
ReadString	从当前流中读取一个字符
ReadUInt16	从当前流中读取 2 字节无符号整数
ReadUInt32	从当前流中读取 4 字节无符号整数
ReadUInt64	从当前流中读取 8 字节无符号整数

创建 BinaryReader 类对象需要借助 FileStream 创建的文件流，构造方法有以下两种：

方法 1：用指定的流初始化 BinaryReader 类的新实例。

```
BinaryReader(Stream input)
```

方法 2：用指定的流和字符编码初始化 BinaryReader 类的新实例。

```
BinaryReader(Stream input,Encoding encoding)
```

10.3.2　BinaryWriter 类

BinaryWriter 类是专门用来处理二进制文件的写入类。它可以方便地以二进制形式将基元类型写入流，并支持用特定的编码写入字符串。BinaryWriter 类提供的常用方法及其说明如表 10-9 所示。

表 10-9　BinaryWriter 类的常用方法及其说明

名　称	说　明
Close	关闭当前的 BinaryWriter 和基础流
Seek	设置当前流中的位置
Write	已重载。将值写入当前流

实例 7　读写二进制文件(源代码\ch10\10.7.txt)。

编写程序，创建一个 Windows 应用程序，使用 SaveFileDialog 控件、OpenFileDialog 控件、TextBox 控件以及 Button 控件演示二进制文件的读写操作。

```
public partial class Form1 : Form
{
   public Form1()
   {
      InitializeComponent();
   }
   private void button1_Click(object sender, EventArgs e)
   {
      if (textBox1.Text == "")
      {
         MessageBox.Show("请输入写入内容！");
      }
      else
      {
         saveFileDialog1.Filter = "二进制文件(*.bmp)|*.bmp";   //设置文件保存格式
         if (saveFileDialog1.ShowDialog() == DialogResult.OK)
         {
            //实例化 FileStream 对象，文件名为“另存为”对话框中输入的名称
            FileStream f = new FileStream(saveFileDialog1.FileName,
            FileMode.OpenOrCreate,FileAccess.ReadWrite);
            BinaryWriter w = new BinaryWriter(f);//实例化 BinaryWriter 二进制写入流对象
            w.Write(textBox1.Text);   //写入内容
            w.Close();   //关闭二进制写入流
            f.Close();   //关闭文件流
            textBox1.Clear();
         }
      }
   }
   private void button2_Click(object sender, EventArgs e)
   {
      openFileDialog1.Filter = "二进制文件(*.bmp)|*.bmp";   //设置文件打开格式
      if (openFileDialog1.ShowDialog() == DialogResult.OK)
      {
         //实例化 StreamReader 对象，文件名为“打开”对话框中所选文件名
```

```
            FileStream f = new FileStream(openFileDialog1.FileName,
               FileMode.Open,FileAccess.Read);
            BinaryReader r = new BinaryReader(f);   //实例化 BinaryReader 二进制读入流对象
            if(r.BaseStream.Position < r.BaseStream.Length)   //判断不超出流的结尾
            {
               textBox1.Text = Convert.ToString(r.ReadUInt32());
               //用二进制方式读取文件内容
            }
            r.Close();   //关闭读取流
            f.Close();   //关闭文件流
        }
    }
}
```

程序运行结果如图 10-8 和图 10-9 所示。

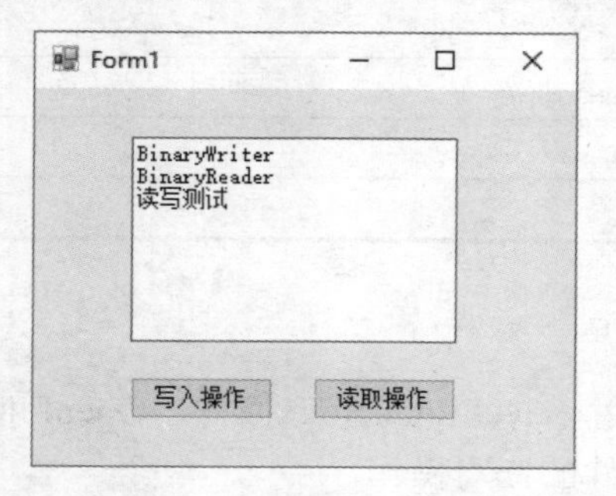

图 10-8　二进制文件写入操作

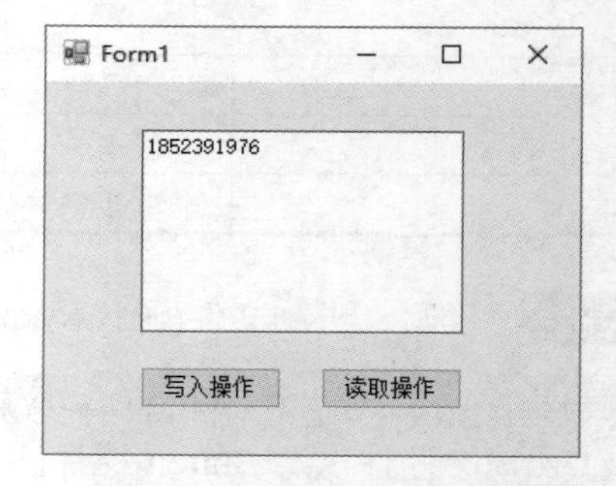

图 10-9　二进制文件读取操作

本实例通过 SaveFileDialog 控件将 TextBox 控件中的内容写入二进制文件中，然后通过 OpenFileDialog 打开写入的二进制文件，并将文件的内容读取出来显示在 TextBox 控件中。

10.4　读写内存流

MemoryStream 类主要用于操作内存中的数据。比如说，网络中传输数据时可以用流的形式，当我们收到这些流数据时就可以声明 MemoryStream 类来存储并且处理它们。MemoryStream 类的常用方法及其说明如表 10-10 所示。

表 10-10　MemoryStream 类的常用方法及其说明

名　称	说　明
Read	读取 MemoryStream 流对象，将值写入缓存区
ReadByte	从 MemoryStream 流中读取一个字节
Write	将值从缓存区写入 MemoryStream 流对象
WriteByte	从缓存区写入 MemoryStream 流对象一个字节

实例 8　内存流文件的读写(源代码\ch10\10.8.txt)。

编写程序，创建一个 Windows 应用窗体，在窗体中添加一个 PictureBox 控件和一个 Button 控件用于演示内存流文件的读写操作。

```
public partial class Form1 : Form
{
    public Form1()
    {
        InitializeComponent();
    }
    private void button1_Click(object sender, EventArgs e)
    {
        //实例化一个打开文件对话框
        OpenFileDialog op = new OpenFileDialog();
        //设置文件的类型
        op.Filter = "JPG 图片|*.jpg|GIF 图片|*.gif";
        //如果用户点击了打开按钮，选择了正确的图片路径就进行如下操作
        if (op.ShowDialog() == DialogResult.OK)
        {
            //实例化一个文件流
            FileStream f = new FileStream(op.FileName, FileMode.Open);
            //把文件读取到字节数组
            byte[] data = new byte[f.Length];
            f.Read(data, 0, data.Length);
            f.Close();
            //实例化一个内存流并把从文件流中读取的字节数组放到内存流中
            MemoryStream ms = new MemoryStream(data);
            //设置图片框 pictureBox1 中的图片
            this.pictureBox1.Image = Image.FromStream(ms);
        }
    }
}
```

程序运行结果如图 10-10 所示。

本实例在写入内存流文件时，通过 FileStream 类实例化一个文件流对象，再将文件流对象的内容读取到一个 byte 类型字节组中，最后把此 byte 类型字节组放入 MemoryStream 类实例化内存流对象中，通过这种方式的转换最后将写入的文件在 PictureBox 控件中读取出来。

图 10-10　读取内存流文件

10.5　就业面试问题解答

问题 1：如何复制、移动、重命名、删除文件和目录？

答：使用 FileInfo 和 DirectoryInfo 类可实现复制、移动、重命名、删除文件和目录。FileInfo 类的相关方法：FileInfo.CopyTo，将现有文件复制到新文件，其重载版本还允许覆盖已存在的文件；FileInfo.MoveTo，将指定文件移到新位置，并提供指定新文件名的选项，所以可以用来重命名文件(而不改变位置)；FileInfo.Delete，永久删除文件，如果文件不存在，就不执行任何操作；FileInfo.Replace，使用当前 FileInfo 对象对应文件的内容替换目标文件，而且指定另一个文件名作为被替换文件的备份。DirectoryInfo 类的相关方法：DirectoryInfo.Create，创建指定目录，如果指定路径中有多级目录不存在，那么该方法会一一创建；DirectoryInfo.CreateSubdirectory，创建当前对象对应的目录的子目录；

DirectoryInfo.MoveTo，将目录及其包含的内容移至一个新的目录，也可用来重命名目录；DirectoryInfo.Delete，删除目录(如果它存在的话)。如果要删除一个包含子目录的目录，就要使用它的重载版本，以指定递归删除。

问题 2：什么是流？它与文件有什么关系？

答：流是抽象的概念，可以把流看做一种数据的载体，通过它可以实现数据交换和传输。文件在操作时也表现为流，即流是从一些输入中读取到的一系列字节。例如，视频文件是文件之一，只要在网上点播就可以播放，而不必完全下载后才播放，因为这是流。

10.6 上机练练手

上机练习 1：获取指定文件夹中的子文件夹以及文件的信息。

编写程序，创建一个 Windows 应用程序，在窗体中添加一个 Button 控件、一个 Label 控件、一个 FolderBrowserDialog 控件和一个 ListView 控件，用于获取指定文件夹中的子文件夹以及文件的信息。程序运行结果如图 10-11 所示。

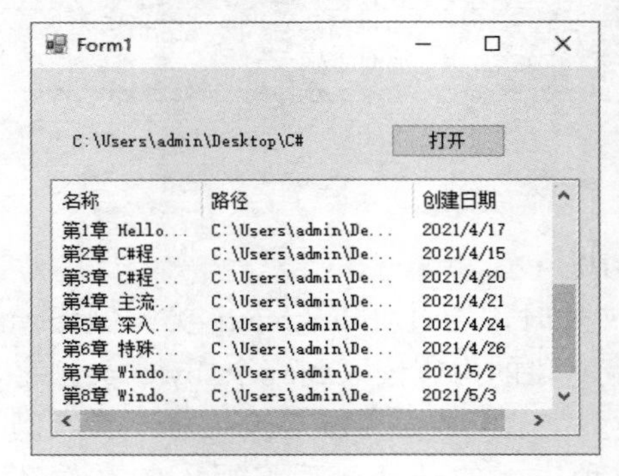

图 10-11 文件夹遍历

上机练习 2：输出成绩反馈信息。

编写程序，使用 Switch 语句根据成绩等级反馈成绩评论信息。通过输入端，输入成绩等级，然后根据用户的选择进行判断。若输入 A，则返回“很棒！”；若输入 B，则返回“做得好”；若输入 C，则返回“您通过了”；若输入 D，则返回“最好再试一下”；若缺省或输入 A～D 以外的结果，则返回“无效的成绩”。程序运行结果如图 10-12 所示。

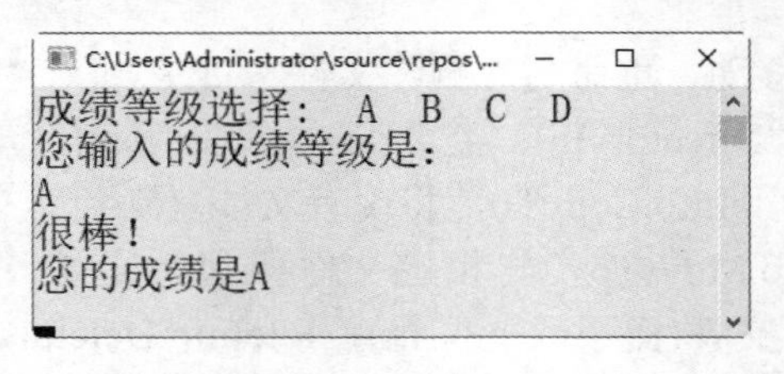

图 10-12 switch 语句应用

第 11 章

C#中的语言集成查询

C#中的语言集成查询(LINQ)是一项突破性的创新，它在对象领域和数据领域之间架起了一座桥梁。本章将介绍 C#中的语言集成查询。

11.1 LINQ 简介

LINQ(Language Integrated Query)是集成在.NET Framework 编程语言中的一种特性。LINQ 已经成为编程语言的一个组成部分，在编写程序时可以进行语法检查，具有丰富的元数据和智能感知。LINQ 可以方便地对内存中的信息进行查询而不仅仅只是查询外部数据源，在任何源代码文件中，要使用 LINQ 查询功能，必须引用 System.Linq 命名空间。

11.1.1 隐式类型化变量(var)

在使用或编写 LINQ 查询语句时，可以使用 var 修饰符来指示编译器推断并分配类型，隐式类型的本地变量是强类型变量(就好像用户已经声明该类型一样)，但由编译器确定类型，而不必在声明并初始化变量时显式指定类型，如下所示：

```
var i = 10; //隐式类型
int i = 10; //显式类型
```

11.1.2 查询操作简介

在使用 LINQ 时，所有的查询操作都由下面三个过程组成：

(1) 获取数据源。

(2) 创建查询。

(3) 执行查询。

LINQ 的查询表达式关键字有 from、select、where、orderby、group、join 等。

(1) from：指定要查找的数据源以及范围变量，多个 from 子句则表示从多个数据源中查找数据。

(2) select：指定查询要返回的目标数据，可以指定任何类型，包括匿名类型。

(3) where：指定元素的筛选条件，多个 where 子句则表示并列关系，必须全部都满足才能入选。

(4) orderby：指定元素的排序字段和排序方式，当有多个排序字段时，由字段顺序确定主次关系，可以指定升序和降序两种排序方式。

(5) group：指定元素的分组字段。

(6) join：指定多个数据源的关联方式。

完整的 LINQ 查询操作如图 11-1 所示。

图 11-1　完整的 LINQ 查询操作

实例 1　在 Form1 中添加多个子窗体(源代码\ch11\11.1.txt)。

编写程序，创建一个控制台应用程序，定义一个整数数组，用于演示 LINQ 的查询操作。

```
class Program
{
    static void Main(string[] args)
    {
        //数据源
        int[] numbers = new int[7] { 2, 3, 4, 5, 6, 7, 8 };
        //创建查询
        var numQuery =
            from num in numbers
            where (num % 2) == 0
            select num;
        //执行查询
        foreach (int num in numQuery)
        {
            Console.WriteLine("{0,1} ", num);
        }
        Console.ReadLine();
    }
}
```

程序运行结果如图 11-2 所示。

本实例首先在 Main 函数中定义一个数组 numbers 作为查询的数据源，然后创建一个查询，此查询的书写方式与 SQL 语句的书写方式刚好相反，此查询的目的是筛选出能被 2 整除的数，最后使用 foreach 循环输出结果。

图 11-2　LINQ 查询

11.1.3　数据源

在实例 1 中，由于数据源是数组，因此它隐式支持泛型 IEnumerable<T>接口。这个事实意味着该数据源可以用 LINQ 进行查询。查询在 foreach 语句中执行，因此，foreach 需要 IEnumerable 或 IEnumerable<T>。支持 IEnumerable<T>或派生接口(如泛型 IQueryable<T>)的类型称为可查询类型。

11.1.4　查询

查询指定要从数据源中检索的信息。查询还可以指定在返回这些信息之前如何对其进行排序、分组和结构化。查询存储在查询变量中，并用查询表达式进行初始化。为了使编写查询的工作变得更加容易，C#语言引入了新的查询语法。

实例中的查询从整数数组中返回所有偶数。该查询表达式包含三个子句：from、where 和 select(如果熟悉 SQL，就会注意到这些子句的顺序与 SQL 中的顺序相反)。from 子句指定数据源，where 子句应用筛选器，select 子句指定返回的元素的类型。需要注意的是，在 LINQ 中，查询变量本身不执行任何操作并且不返回任何数据。

11.1.5　执行查询

C#语言在执行查询时，包括延迟执行和强制立即执行两种方式。

1. 延迟执行

查询变量本身只存储查询命令。查询的实际执行将推迟到在 foreach 语句中循环访问查询变量之后进行。此概念称为延迟执行，例如：

```
foreach (int num in numQuery)
{
   Console.Write("{0,1} ", num);
}
```

foreach 语句是检索查询结果。例如，在上面的查询中，迭代变量 num 保存了返回的序列中的每个值(一次保存一个值)。

由于查询变量本身从不保存查询结果，因此可以根据需要随意执行查询。例如，可以通过一个单独的应用程序持续更新数据库。在应用程序中，可以创建一个检索最新数据的查询，并可以按某一时间间隔反复执行该查询以便每次检索出不同的结果。

2. 强制立即执行

对一系列元素执行聚合函数的查询必须首先循环访问这些元素。Count、Max、Average 和 First 就属于此类查询。由于查询本身必须使用 foreach 以便返回结果，因此这些查询在执行时不使用显式 foreach 语句。另外还要注意，这些类型的查询返回单个值，而不是 IEnumerable 集合。例如，下面的查询返回数组中的偶数：

```
var evenNumQuery =
   from num in numbers
   where (num % 2) == 0
   select num;
int evenNumCount = evenNumQuery.Count();
```

若要强制立即执行任意查询并缓存其结果，则可以调用 ToList 或 ToArray 方法。

ToList 的使用方法如下：

```
List<int> numQuery=
   (from num in numbers
   where (num % 2) == 0
   select num).ToList();
```

ToArray 的使用方法如下：

```
var numQuery =
   (from num in numbers
   where (num % 2) == 0
   select num).ToArray();
```

此外，还可以通过在紧跟查询表达式之后的位置放置一个 foreach 循环来强制执行查询。但是，通过调用 ToList 或 ToArray，也可以将所有数据缓存在单个集合对象中。

11.2 LINQ 和泛型类型

LINQ 查询基于.NET Framework 2.0 中引入的泛型类型。无须深入了解泛型即可开始编写查询。但是，首先需要了解以下两个基本概念：

(1) 创建泛型集合类(如 List<T>)的实例时，需将“T”替换为列表将包含的对象类型。例如，字符串列表表示为 List<string>，Customer 对象列表表示为 List<Customer>。泛型列表属于强类型，与将其元素存储为 Object 的集合相比，泛型列表具有更多优势。如果尝试将 Customer 添加到 List<string>，就会在编译时出错。泛型集合易于使用的原因是不必在运行时进行类型转换。

(2) IEnumerable<T>是一个接口，通过该接口，可以使用 foreach 语句来枚举泛型集合类。泛型集合类支持 IEnumerable<T>，就像非泛型集合类(如 ArrayList)支持 IEnumerable 一样。

11.2.1　LINQ 查询中的 IEnumerable 变量

LINQ 查询变量类型化为 IEnumerable<T>或派生类型，如 IQueryable<T>。看到类型化为 IEnumerable<Customer>的查询变量时，这只意味着执行查询时，该查询将生成包含零个或多个 Customer 对象的序列。

例如，定义一个 LINQ 查询变量，类型化为 IEnumerable<Customer>，代码如下：

```
IEnumerable<Customer> customerQuery =
        from cust in customers
        where cust.City == "London"
        select cust;
    foreach (Customer customer in customerQuery)
    {
        Console.WriteLine(customer.LastName + ", " + customer.FirstName);
}
```

11.2.2　通过编译器处理泛型类型声明

在编写 LINQ 查询时，可以使用 var 关键字来避免使用泛型语法。var 关键字指示编译器通过查看在 from 子句中指定的数据源来推断查询变量的类型。

例如，使用 var 关键字查询游览城市为 London 的顾客 LastName 和 FirstName：

```
var customerQuery =
        from cust in customers
        where cust.City == "London"
        select cust;
    foreach(var customer in customerQuery)
    {
        Console.WriteLine(customer.LastName + ", " + customer.FirstName);
    }
```

当变量的类型明显或显式指定嵌套泛型类型(如由组查询生成的那些类型)并不重要时，var 关键字很有用。但是通常情况下如果使用 var，就会使他人更难理解代码。

11.3　基本 LINQ 查询操作

在使用 LINQ 查询语句时需要用到一些常用的查询表达式和执行与查询相关的基本操作。

11.3.1 获取数据源

在 LINQ 查询中，第一步是指定数据源。和大多数编程语言相同，在使用 C#语言时也必须先声明变量，然后才能使用它。在 LINQ 查询中，先使用 from 子句引入数据源和范围变量。

例如，使用 from 子句引入数据源 customers 和范围变量 cust，代码如下：

```
var queryAllCustomers = from cust in customers
                        select cust;
```

范围变量就像 foreach 循环中的迭代变量，但查询表达式中不会真正发生迭代。当执行查询时，范围变量将充当对 customers 中每个连续的元素的引用。

11.3.2 筛选

筛选中最常见的查询操作是以布尔表达式的形式应用筛选器。筛选器使查询仅返回表达式为 true 的元素，并且将通过使用 where 子句生成结果。筛选器实际指定要从源序列排除哪些元素。

例如，筛选出地址为 London 的顾客，代码如下：

```
var queryLondonCustomers = from cust in customers
                           where cust.City == "London"
                           select cust;
```

在筛选时，也可以使用逻辑运算符 AND 和 OR，在 where 子句中根据需要应用尽可能多的筛选器表达式。

例如，使用 AND 筛选出地址为 London 并且顾客名为 Devon 的数据，代码如下：

```
var queryLondonCustomers = from cust in customers
                           where cust.City == "London" && cust.Name == "Devon"
                           select cust;
```

例如，使用 OR 筛选出来自 London 或 Paris 的顾客，代码如下：

```
var queryLondonCustomers = from cust in customers
                           where cust.City == "London" || cust.City == "Paris"
                           select cust;
```

11.3.3 排序

对返回的数据进行排序通常很方便。使用 orderby 子句可根据要排序类型的默认比较器，对返回序列中的元素进行排序。

例如，基于 Name 属性，可将下列查询扩展为对结果进行升序排序。由于 Name 是字符串，默认比较器将按字母顺序从 A 到 Z 进行排序，代码如下：

```
var queryLondonCustomers3 =
    from cust in customers
    where cust.City == "London"
    orderby cust.Name ascending
    select cust;
```

注意　orderby…ascending 语句为升序排序，若要对结果进行从 Z 到 A 的降序排序，则使用 orderby…descending 子句。

实例 2　对数组进行排序(源代码\ch11\11.2.txt)。

编写程序，创建一个控制台应用程序，使用 orderby 子句对数组 arr 进行升序和降序排序，并将排序结果输出。

```
class Program
{
    static void Main(string[] args)
    {
        //定义数组
        int[] arr= { 8, 50, 37, 9, 57, 54, 1, 10, 15, 6, 7, 35, 25, 58, 41 };
        //创建查询 query1
        var query1 =
            from val in arr
            orderby val
            select val;
        Console.WriteLine("升序数组：");
        //执行查询并输出查询结果
        foreach (var item in query1)
        {
            Console.Write("{0}   ", item);
        }
        Console.WriteLine();
        //创建查询 query2
        var query2 =
            from val in arr
            orderby val descending
            select val;
        Console.WriteLine("降序数组：");
        //执行查询并输出查询结果
        foreach (var item in query2)
        {
            Console.Write("{0}   ", item);
        }
        Console.ReadLine();
    }
}
```

程序运行结果如图 11-3 所示。

```
C:\Users\Administrator\source\repos\ConsoleApp1\ConsoleApp1\bin\Debug\ConsoleApp1.exe
升序数组:
1  6  7  8  9  10  15  25  35  37  41  50  54  57  58
降序数组:
58  57  54  50  41  37  35  25  15  10  9  8  7  6  1
```

图 11-3　orderby 排序

本实例演示了 LINQ 查询中使用 orderby 子句对查询结果进行升序和降序的排序操作。首先定义数据源数组 arr，创建查询 query1，并使用 orderby 子句对查询出的 val 进行升序排序，然后使用 foreach 循环输出排序结果。接着创建一个查询 query2，使用 orderby 子句对查询出的 val 进行降序排序，最后用 foreach 循环输出结果。

11.3.4 分组

group 子句用于对根据用户指定的键所获得的结果进行分组。例如，可指定按 City 对结果进行分组，使来自 London 或 Paris 的所有客户位于单独的组内，代码如下：

```
var queryCustomersByCity =
      from cust in customers
      group cust by cust.City;
   foreach (var customerGroup in queryCustomersByCity)
   {
      Console.WriteLine(customerGroup.Key);
      foreach (Customer customer in customerGroup)
      {
         Console.WriteLine("    {0}", customer.Name);
   }
}
```

在这种情况下，cust.City 是键。

使用 group 子句结束查询时，结果将以列表的形式列出。列表中的每个元素都是具有 Key 成员的对象，列表中的元素根据该键进行分组。在循环访问生成组序列的查询时，必须使用嵌套 foreach 循环。外层循环循环访问每个组，内层循环循环访问每个组的成员。

如果必须引用某个组操作的结果，就可使用 into 关键字创建能被进一步查询的标识符。例如，下列查询仅返回包含两个以上客户的组：

```
var custQuery =
   from cust in customers
   group cust by cust.City into custGroup
   where custGroup.Count() > 2
   orderby custGroup.Key
   select custGroup;
```

实例 3 对数组进行分组(源代码\ch11\11.3.txt)。

编写程序，创建一个控制台应用程序，定义数组 man，包含人名、年龄与性别，使用 LINQ 查询语句的 group 子句对数组进行分组，分组依据为性别，输出分组结果。

```
class Program
{
   static void Main(string[] args)
   {
      //定义数组 man
      var man = new[]
      {
         new{name="张三",age="15",sex="男"},
         new{name="李四",age="17",sex="男"},
         new{name="王五",age="19",sex="女"},
         new{name="张丹",age="18",sex="女"},
      };
      //创建查询 query
      var query = from s in man
         group s by s.sex;   //使用性别进行分组
      //执行查询并输出
      foreach(var grp in query)
```

```
            {
                //输出分组依据
                Console.WriteLine(grp.Key);
                //输出每组成员
                foreach (var m in grp)
                {
                    Console.WriteLine(m);
                }
            }
            Console.ReadLine();
        }
    }
```

程序运行结果如图 11-4 所示。

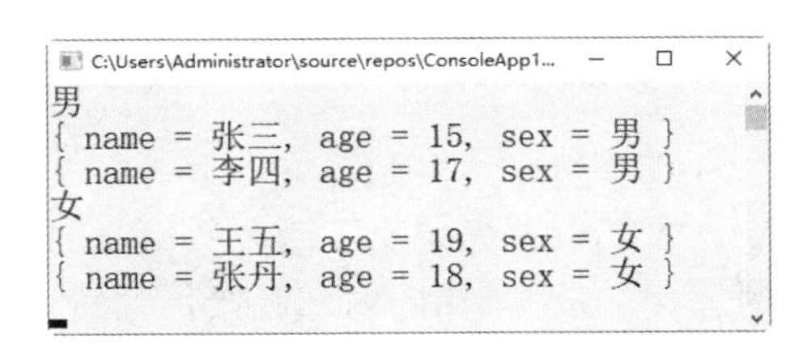

图 11-4 group 子句

本实例演示了 LINQ 查询语句的 group 子句是如何进行数组分组的。首先定义一个 man 数组，它包含人物的姓名、年龄以及性别，接着创建查询 query，对数组通过性别进行分组，最后执行查询，按照性别的分组依据对数组 man 进行分组输出。这里需要注意的是，外循环 foreach 是为了输出分组的依据“Key”，也就是 sex 为“男”和“女”。

11.3.5 联接

join 子句实现联接操作，将来自不同源序列，并且在对象模型中没有直接关系的元素相关联，唯一的要求就是每个源中的元素需要共享某个可以进行比较，以判断是否相等的值。

join 子句可以实现 3 种类型的联接：内部联接、分组联接和左外部联接。

1. 内部联接

内部联接 join 子句的使用语法如下：

```
join element in datasource on exp1 equals exp2
```

参数介绍如下：

(1) datasource：表示数据源，它是联接要使用的第二个数据集。

(2) element：表示存储 datasource 中元素的本地变量。

(3) exp1 和 exp2：表示两个表达式，它们具有相同的数据类型，可以用 equals 进行比较。如果 exp1 和 exp2 相等，那么当前元素将添加到查询结果中。

实例 4 通过内部联接比较两个数组(源代码\ch11\11.4.txt)。

编写程序，创建一个控制台应用程序，使用 LINQ 查询语句的 join 内部联接子句，定义两个数组 arr1 和 arr2。如果 arr1 数组中的元素加 1 得到的结果与 arr2 数组中的元素除以 1 得到的结果相等，就将它们添加到查询结果中。

```
class Program
{
    static void Main(string[] args)
    {
        //定义数组 arr1 和 arr2
```

```
        int[] arr1 = { 1, 3, 5, 7, 9 };
        int[] arr2 = { 2, 4, 6, 8, 10, 12 };
        //创建查询，val+1 与 val/1 相等就添加到查询结果中
        var query =
            from val1 in arr1
            join val2 in arr2 on val1 + 1 equals val2 / 1
            select new { VAL1 = val1, VAL2 = val2 };
        foreach (var val in query)
        {
            Console.WriteLine(val);
        }
        Console.ReadLine();
    }
}
```

程序运行结果如图 11-5 所示。

本实例首先定义了两个数组 arr1 和 arr2，创建查询时使用 join 子句的内部联接，判断 val1 加 1 的结果与 val2 除以 1 的结果是否相等，将相等的元素保存到查询结果中，最后输出。

```
C:\Users\Administrator\sourc...
{ VAL1 = 1, VAL2 = 2 }
{ VAL1 = 3, VAL2 = 4 }
{ VAL1 = 5, VAL2 = 6 }
{ VAL1 = 7, VAL2 = 8 }
{ VAL1 = 9, VAL2 = 10 }
```

图 11-5　内部联接

2. 分组联接

分组联接 join 子句的使用语法如下：

```
join element in datasource on exp1 equals exp2 into grpname
```

参数介绍如下：

(1) into 关键字：表示将这些数据分组并保存到 grpname 中。

(2) grpname：保存一组数据的集合。

分组联接产生分层的数据结果，它将第一个集合中的每一个元素与第二个集合中的一组相关元素进行配对。值得注意的是，即使第一个集合中的元素在第二个集合中没有配对的元素，也会为它产生一个空的分组对象。

实例 5　通过分组联接比较两个数组(源代码\ch11\11.5.txt)。

编写程序，创建一个控制台应用程序，使用 LINQ 查询语句的 join 分组联接子句，定义两个数组 arr1 和 arr2。如果 arr1 数组中的元素加 1 得到的结果与 arr2 数组中的元素除以 1 得到的结果相等，就将它们保存到 grpName 集合中。

```
class Program
{
    static void Main(string[] args)
    {
        //定义数组 arr1 和 arr2
        int[] arr1 = { 1, 3, 5, 7, 9 };
        int[] arr2 = { 2, 4, 6, 8, 10, 12 };
        //创建查询，val+1 与 val/1 相等就添加到 grpName 集合中
        var query =
            from val1 in arr1
            join val2 in arr2 on val1 + 1 equals val2 / 1 into grpName
            select new { VAL1 = val1, VAL2 = grpName };
```

```
        foreach (var val in query)
        {
            Console.Write("{0}:", val.VAL1);
            foreach(var obj in val.VAL2)
            {
                Console.Write("{0} ",obj);
            }
            Console.WriteLine();
        }
        Console.ReadLine();
    }
}
```

程序运行结果如图 11-6 所示。本实例首先定义两个数组 arr1 和 arr2，创建查询时使用 join 子句的分组联接，判断 val1 加 1 的结果与 val2 除以 1 的结果是否相等，将相等的元素保存到 grpName 集合中，最后输出。

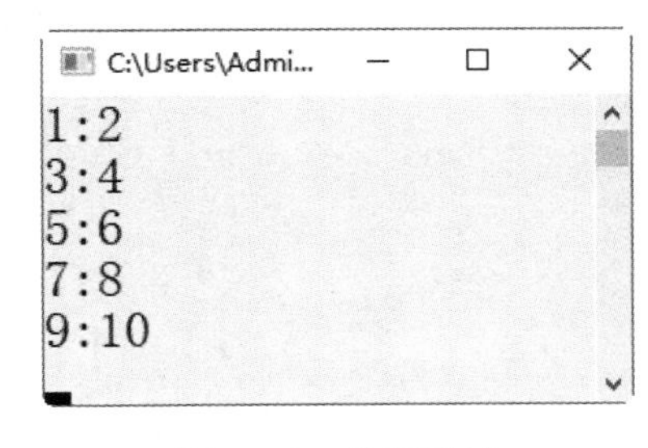

图 11-6　分组联接

3. 左外部联接

左外部联接 join 子句的使用语法与分组联接一样：

```
join element in datasource on exp1 equals exp2
into grpname
```

左外部联接返回的是第一个集合元素的所有元素，无论它在第二个集合中是否有相关元素。在 LINQ 中，通过对分组联接的结果调用 DefaultEmpty()来执行左外部联接。它的语法格式如下：

```
var query14 =
    from val1 in intarray1
    join element in datasource on exp1 equals exp2 into grpname
    from grp in grpName.DefaultIfEmpty()
    select new { VAL1 = val1 , VAL2 = grp};
```

实例 6　通过左外部联接比较两个数组(源代码\ch11\11.6.txt)。

编写程序，使用 LINQ 查询语句的 join 左外部联接子句，定义两个数组 arr1 和 arr2。如果 arr1 数组中的元素加 1 得到的结果与 arr2 数组中的元素除以 1 得到的结果相等，就将它们保存到 grpName 集合中。

```
class Program
{
    static void Main(string[] args)
    {
        //定义数组 arr1 和 arr2
        int[] arr1 = { 1, 3, 5, 7, 9 };
        int[] arr2 = { 2, 4, 6, 8, 10, 12 };
        //创建查询，val+1 与 val/1 相等就添加到 grpName 集合中
        var query =
            from val1 in arr1
            join val2 in arr2 on val1 + 1 equals val2 / 1 into grpName
            from grp in grpName.DefaultIfEmpty()
```

```
            select new { VAL1 = val1, VAL2 = grp };
        foreach (var val in query)
        {
            Console.WriteLine(val);
        }
        Console.ReadLine();
    }
}
```

程序运行结果如图 11-7 所示。

本实例首先定义两个数组 arr1 和 arr2，创建查询时使用 join 子句的左外部联接，判断 val1 加 1 的结果与 val2 除以 1 的结果是否相等，将相等的元素保存到 grpName 集合中，最后输出。

```
C:\Users\Administrator\source\re...
{ VAL1 = 1, VAL2 = 2 }
{ VAL1 = 3, VAL2 = 4 }
{ VAL1 = 5, VAL2 = 6 }
{ VAL1 = 7, VAL2 = 8 }
{ VAL1 = 9, VAL2 = 10 }
```

图 11-7　左外部联接

11.4　就业面试问题解答

问题 1：使用 orderby 子句时有哪些注意事项？

答：orderby 子句在使用时需要注意以下几点：

(1) 对查询出来的结果集进行升序或降序排列。

(2) 可以指定多个键，以便执行一个或多个次要排序操作。

(3) 默认排序顺序为升序。

问题 2：使用 where 筛选子句时需要注意什么？

答：在使用 where 子句时需要注意以下几点：

(1) 一个查询表达式可以包含多个 where 子句。

(2) where 子句是一种筛选机制。除了不能是第一个或最后一个子句外，它几乎可以放在查询表达式中的任何位置。where 子句可以出现在 group 子句的前面或后面，具体情况取决于是必须在对源元素进行分组之前还是分组之后来筛选源元素。

(3) 如果指定的谓词对于数据源中的元素无效，编译时就会发生错误。这是 LINQ 提供的强类型检查的一个优点。

(4) 编译时，where 关键字会被转换为对 where 标准查询运算符方法的调用。

11.5　上机练练手

上机练习 1：过滤字符串中指定的字符或字符串。

编写程序，完成字符串的输入、要过滤的字符或字符串的输入，以及用于替换所过滤的字符或字符串的输入，最后调用 FilterChar()方法对字符串进行过滤。程序运行结果如图 11-8 所示。

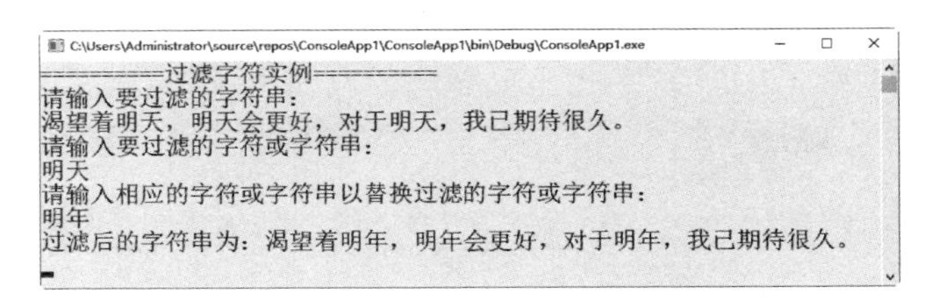

图 11-8　过滤字符串

上机练习 2：模拟制作进度条。

编写程序，创建一个 Windows 应用程序，在窗体中添加两个进度条 progressBar1 和 progressBar2，使用线程控件进度条，实现进度不一的两条进度条同时工作。程序运行结果如图 11-9 和图 11-10 所示。

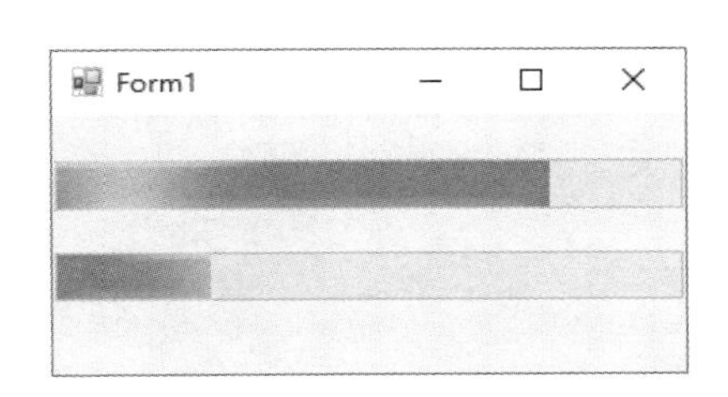

图 11-9　进度条自增

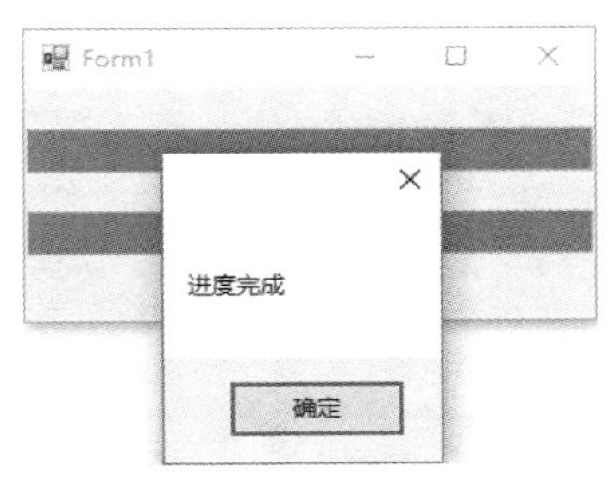

图 11-10　进度完成

第12章

C#程序的异常和调试

在 C#语言中，只要程序存在错误，不论是什么原因造成的，.NET Framework 都会引发异常，因此异常是 C#语言中重要的概念。在编写程序的过程中出现错误也是十分常见的，无论多少资深的程序员，也无法保证一次编写成功。本章就来介绍 C#程序中的异常和调试。

12.1 异常处理

C#语言的异常处理机制，可将程序在运行期间产生的错误报告给程序员，并正常退出运行，不会出现死机等中断程序运行的现象。调试技术是指在运行程序之前，找出程序中的错误语句，目的是在造成后果之前就消灭程序错误。

12.1.1 异常处理的概念

一个优秀的程序员，在编写程序时，不仅要关心代码的正常控制流程，还应该把握现实世界中可能发生的不可预期的事件(来自系统的，如内存不够、磁盘出错、数据库无法使用等；来自用户的，如用户的非法输入等)，而这些事件最终会导致程序错误运行或无法运行。对这些事件的处理方法称为异常处理。它是.NET Framework 提供的一种处理机制，可以防止程序处于非正常状态，并可根据不同类型的错误来执行不同的处理方法。

异常具有以下特点：

(1) 在应用程序遇到异常情况(如被零除情况或内存不足警告)时，就会产生异常。发生异常时，控制流立即跳转到关联的异常处理程序(如果存在)。如果给定异常没有异常处理程序，那么程序将停止执行，并显示一条错误信息。

(2) 可能导致异常的操作通过 try 关键字来执行，异常发生后，异常处理程序执行 catch 关键字定义的代码块。

(3) 程序可以使用 throw 关键字显式地引发异常。

(4) 异常对象包含有关错误的详细信息，其中包括调用堆栈的状态以及有关错误的文本说明。

(5) 不管是否引发异常，finally 块中的代码都会执行，从而使程序可以释放资源。

异常处理在理论上有两种基本模型：一种称为“终止模型”。在这种模型中，程序无法返回到异常发生的地方继续执行。一旦异常被抛出，就表明错误已无法挽回，也不能回来继续执行。另一种称为“恢复模型”。这种异常处理程序的工作是修正错误，然后重新尝试修正问题的方法，并认为第二次能成功。

在 C#语言中，异常的抛出有两种情况：一种情况是程序在运行时若遇到非正常条件将自动抛出异常，例如，一个整数除法操作，会抛出 System.DivideByZeroException 异常(当分母为零时)；另一种就是使用关键字 throw 显式地抛出异常，又称为人工强制抛出异常。

在.NET 类库中，提供了针对各种异常情形设计的异常类，这些类包含异常的相关信息。配合异常处理语句，能够轻易地避免程序执行时可能中断应用程序的各种错误。在.NET 框架中，异常用 Exception 派生的类表示，公共异常类及说明如表 12-1 所示。

如果不希望程序因为出现异常而被系统中断或退出，那么建立相应的异常处理就显得至关重要。C#语言提供了 3 种异常处理语句：try...catch、finally 和 throw 语句。

表 12-1　公共异常类及说明

异 常 类	说　明
System.IO.IOException	处理 I/O 错误
System.IndexOutOfRangeException	处理当方法指向超出范围的数组索引时生成的错误
System.ArrayTypeMismatchException	处理当数组类型不匹配时生成的错误
System.NullReferenceException	处理当移除一个空对象时生成的错误
System.DivideByZeroException	处理当除以零时生成的错误
System.InvalidCastException	处理在类型转换期间生成的错误
System.OutOfMemoryException	处理空闲内存不足生成的错误
System.StackOverflowException	处理栈溢出生成的错误

12.1.2　典型的 try...catch 异常处理语句

try…catch 语句是异常处理中典型的应用，try…catch 的定义格式如下：

```
try
{
    //可能引发异常的代码
}
catch[异常类名 异常变量名]
{
    // try 部分发生异常，则执行该部分代码
}
```

其中，try 后面大括号中放置的是可能引发异常的代码，try 对这部分代码进行监控；catch 后面的大括号中则放置处理错误的程序代码，即处理发生的异常；异常类名部分为可选项，异常类名必须直接或间接地派生于或 System.Exception 类，常用公共异常类可参照表 12-1 所示内容。

try…catch 语句的执行过程如下：

(1) 程序执行到 try 语句块时，如果没有异常，程序就继续向下执行。

(2) 如果在执行 try 的过程中，异常发生了，就执行 catch 处理语句。

catch 语句如果省略异常类型，默认捕获的是公共语言运行时(CLR)的异常类对象；如果异常类型没有省略，那么捕获的是指定的异常类对象。

实例 1　使用 try…catch 语句捕获异常(源代码\ch12\12.1.txt)。

编写程序，创建一个控制台应用程序，使用 try...catch 语句，如果发生异常，那么返回异常的内容，否则返回空字符串。

```
class Program
{
    static void Main(string[] args)
    {
        int m = 0;
        try
```

```
            {
               int i = 10 / m;
            }
            //除数不能为零异常类
            catch (DivideByZeroException ex)
            {
               Console.WriteLine("错误:" + ex.Message.ToString());
            }
            Console.WriteLine("离开了 try...catch 语句");
            Console.ReadLine();
        }
}
```

程序运行结果如图 12-1 所示。

本实例首先定义了 int 变量，在 try 语句块中编写代码，让被除数除以除数为零的语句，在 catch 语句中抛出异常状态。当运行程序时，执行 try 语句块中的语句，出现异常则执行 catch 语句块，显示出异常的结果。

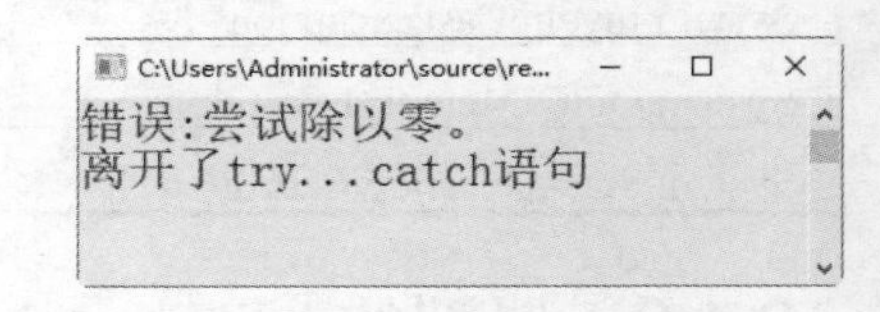

图 12-1　try...catch 语句的应用

12.1.3　使用 finally 块

在 try…catch 语句中，只有捕获到了异常，才会执行 catch 语句块中的代码。但还有一些比较特殊的情况，例如文件关闭、数据库操作中锁的释放等，这些应该是无论是否发生异常都应该执行的事件，否则会造成系统资源的占用和不必要的浪费。类似这些无论是否捕获异常都必须执行的代码，可用 finally 关键字定义。常常与 try…catch 语句搭配使用，构成典型的 try…catch…finally 语句格式。

实例 2　使用 try...catch...finally 语句捕获异常(源代码\ch12\12.2.txt)。

编写程序，创建一个控制台应用程序，使用 try…catch…finally 语句捕获异常，如果发生异常，就返回异常的内容，否则返回空字符串。

```
class Program
{
    static void Main(string[] args)
    {
        int m = 0;
        try
        {
           int i = 10 / m;
        }
        //除数不能为零异常类
        catch (DivideByZeroException ex)
        {
           Console.WriteLine("错误:" + ex.Message.ToString());
        }
        finally
        {
           Console.WriteLine("finally 块内的代码总是会执行");
        }
        Console.WriteLine("离开了 try...catch...finally 语句");
        Console.ReadLine();
    }
}
```

程序运行结果如图 12-2 所示。

注意　无论程序是否发生异常，finally 语句总是会执行。

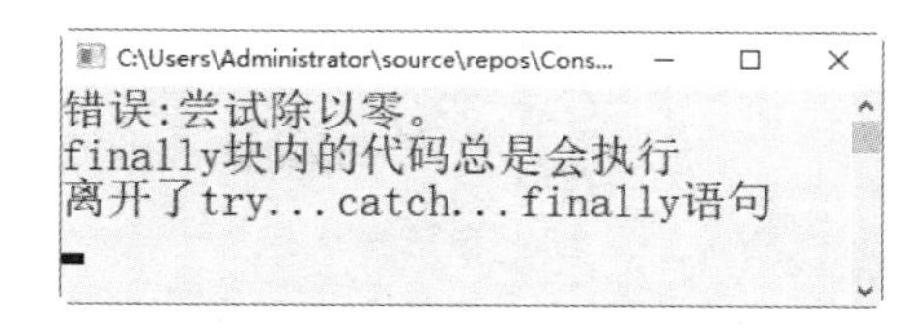

图 12-2　try…catch…finally 语句

12.1.4　使用 throw 关键字显式抛出异常

前面所捕获到的异常，都是当遇到错误时，系统自己报错，自动通知运行环境异常的发生。但是有时还可以在代码中手动告知运行环境什么时候发生异常，以及发生什么样的异常。C#语言中用 throw 关键字抛出一个异常，语法格式如下：

```
throw [异常对象]
```

当 throw 省略异常对象时，它只能用在 catch 语句中。在此情况下，该语句会再次引发当前正由 catch 语句处理的异常。

当 throw 语句带有异常对象时，只能抛出 System.Exception 类或其子类的对象，这里可以用一个适当的字符串参数对异常的情况加以说明，该字符串的内容可以通过异常对象的 Message 属性进行访问。

显式抛出异常不但能让程序员更方便地控制何时抛出何种类型的异常，还可以让内部 catch 块重新向外部 try 块中抛出异常(再次抛出异常)，使内部 catch 块中的正确执行不至于终止。

提示：当使用 throw 抛出异常时，可以单独使用，不一定将其置于 try…catch...finally 的结构中。

实例 3　使用 try...catch...finally 语句捕获异常(源代码\ch12\12.3.txt)。

编写程序，创建一个控制台应用程序，编写程序，用于检测方法的参数是否为空，并使用 throw 关键字抛出异常。

```
class Program
{
    //定义一个方法，用于检测参数是否为空
    static void CheckString(string s)
    {
        if (s == "")
        {
            //抛出异常
            throw new ArgumentNullException();
        }
    }
    static void Main()
    {
        Console.WriteLine("输出结果为: ");
        //初始化变量，调用 CheckString 方法
        try
        {
```

```
            string s = "";
            CheckString(s);
        }
        catch (ArgumentNullException e)
        {
            Console.WriteLine(e.Message);
        }
        Console.ReadLine();
    }
}
```

程序运行结果如图 12-3 所示。

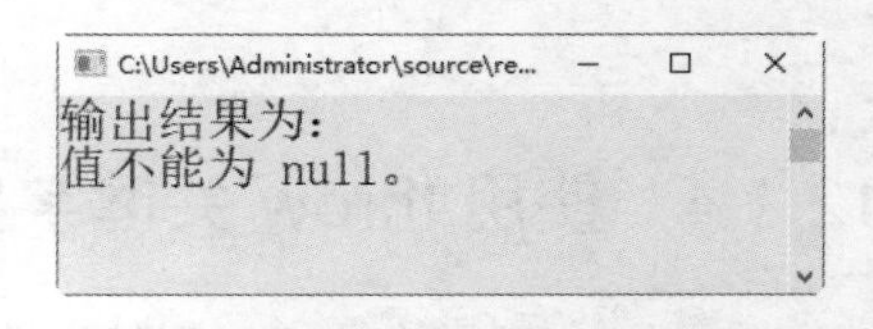

图 12-3　使用 throw 关键字抛出异常

本实例首先定义了一个 CheckString 方法，该方法是为了检测传入参数是否为空，判断为空时则抛出异常 ArgumentNullException，接着在 try 语句块中调用 CheckString 方法，在 catch 中处理错误异常。

异常处理原理就像滤水器，try 部分的代码始终被监测，会占用计算机的大量资源，导致程序效率降低，因此不要滥用异常处理程序。一般用于文件操作、数据库操作等。

12.2　程序调试

在软件开发过程中，程序出现错误是十分常见的，不论多么资深的程序员，也无法保证一次编写成功，因此程序的调试工作就必不可少。Visual Studio 2019 提供了完善的程序错误调试功能，可以帮助程序员快速地发现和定位程序中的错误，并进行修正。

12.2.1　程序错误分类

在编写程序时，经常会出现各种各样的错误，这些错误有些是容易发现和解决的，有些则比较隐蔽甚至很难发现。可以将程序中的错误归纳为 3 类：语法错误、运行期间错误和逻辑错误。

1. 语法错误

语法错误应该是 3 种错误中最容易发现也是最容易解决的一类错误。它是指在程序设计过程中出现不符合 C#语法规则的程序代码。例如，单词的拼写错误、不合法的书写格式、缺少分号、括号不匹配等。这类错误 Visual Studio 2019 编辑器能够自动指出，并会在错误代码的下方标记波浪线。只要将鼠标停留在带有波浪线标记的代码上，就会显示出其错误信息，同时该消息也会显示在下方的任务列表中，告知用户错误的位置和原因描述，这种错误通常在编译时便可发现。图 12-4 所示为当前上下文中不存在名称“MessageBox”的错误提示。

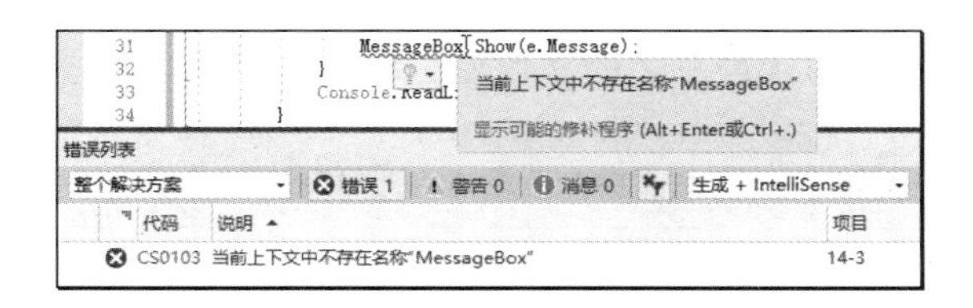

图 12-4　语法错误提示

2. 运行期间错误

程序能通过编译，但当用户输入不正确信息时，程序收到的数据不是合法的。比如，用户输入不正确的信息，在年龄中输入非数字内容等，这些都将在程序运行时引发异常。虽然系统也会提示错误或警告，但是程序会不正常终止甚至造成死机现象，如图 12-5 所示。处理这种运行错误的办法，就是在程序中加入异常处理，来捕获并处理运行阶段的异常错误。

3. 逻辑错误

逻辑错误是由人为因素导致的，这种错误会导致程序代码产生错误结果，但一般都不会引起程序本身的异常。逻辑错误通常是最不容易发现的，同时也是最难解决的，常常是由于其推理和设计算法本身的错误造成的。对于这种错误的处理，必须重新检查程序的流程是否正确以及算法是否与要求相符，有时可能需要逐步地调试分析，甚至还要适当地添加专门的调试分析代码来查找其出错的原因和位置。

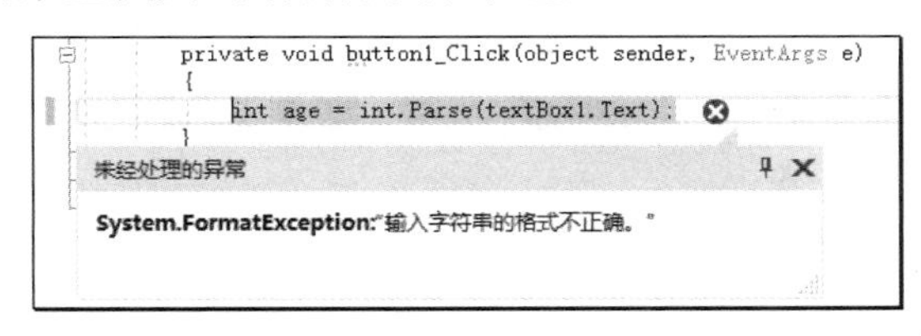

图 12-5　运行期间错误

12.2.2　基本调试概念——断点

一种优秀的开发工具必须具备完善的调试功能。在编写程序的过程中发生错误是在所难免的，功能强大的调试器可以帮助程序员在程序开发过程中检查程序的语法和逻辑等是否正确。在调试模式下，开发人员可以仔细观察程序运行的具体情况，分析变量、对象在运行期间的值和属性等。

1. 断点

断点是在程序中设置的一个位置，程序执行到此位置时中断(或暂停)。断点的作用是在进行程序调试时，当程序执行到设置了断点的语句时会暂停程序的运行，称程序处于中断模式。进入中断模式并不会终止或结束程序的执行，可以在任何时候继续执行。断点供开发人员检查断点位置处程序元素的运行情况，这样有助于定位产生不正确输出或出错的代码段。设置了断点的代码行最左端会出现一个红色的圆点，并且该代码行也显现红色背景。可以在一个程序中设置多个断点。设置断点的方法有以下两种：

(1) 直接在要设置断点的行最左边的灰色空白处单击鼠标左键，如图 12-6 所示。

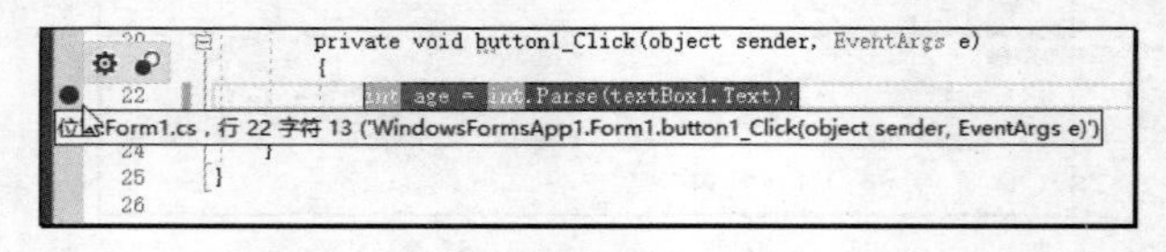

图 12-6　单击鼠标左键设置断点

(2) 选择要设置断点的代码行，选择“调试”→“窗口”→“断点”菜单命令或按 F9 键，如图 12-7 所示。

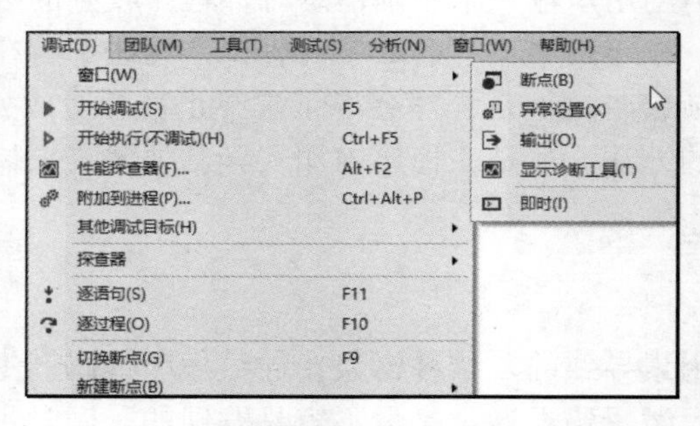

图 12-7　设置断点菜单命令

删除断点的方法可以分为三种：

(1) 直接单击设置了断点的代码行左侧的红色圆点，如图 12-8 所示。

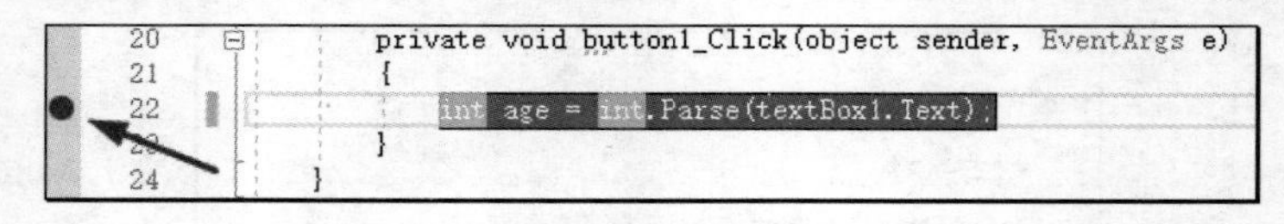

图 12-8　单击圆点来删除断点

(2) 在设置了断点的代码行左侧的红色圆点上单击鼠标右键，在弹出的快捷菜单中选择“删除断点”菜单命令，如图 12-9 所示。

(3) 选择设置了断点的代码行，选择“调试”→“切换断点”菜单命令或按 F9 键，如图 12-10 所示。

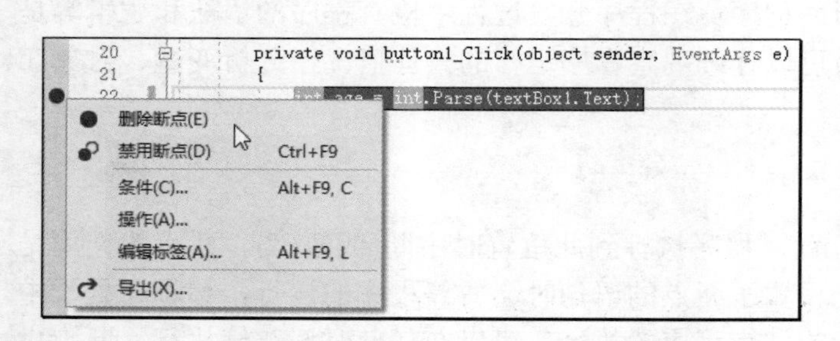

图 12-9　“删除断点”菜单命令

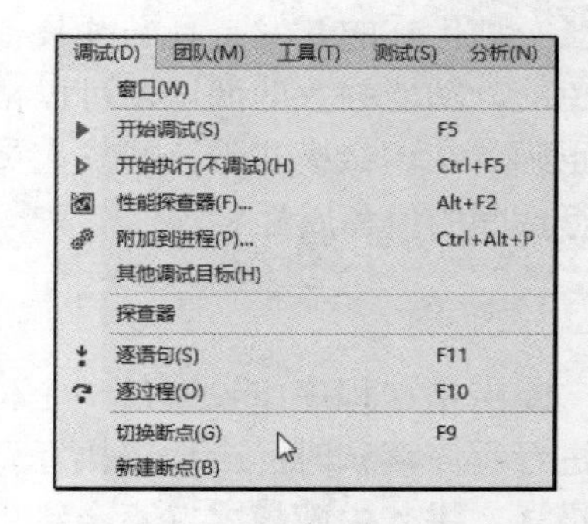

图 12-10　选择“切换断点”命令

2. 调试程序

调试程序时，首先添加断点，然后再使用“逐过程”或“逐语句”进行调试。调试程序步骤如下：

(1) 将编写好的代码置于代码编辑区，在代码的适当位置增加断点。

(2) 进行代码调试。选择“调试”→“逐过程”(或按 F10 键)或者“逐语句”菜单命令(或按 F11 键)，如图 12-11 所示，就可对程序进行不同方式的调试，不断按 F10 键或 F11 键就可对整个程序进行调试。

例如，在下述程序代码中，由于有除 0 异常，所以当执行到语句“y=1/x;”时，会出现异常警告框，如图 12-12 所示，由此可以知道异常发生的位置及异常产生的原因。

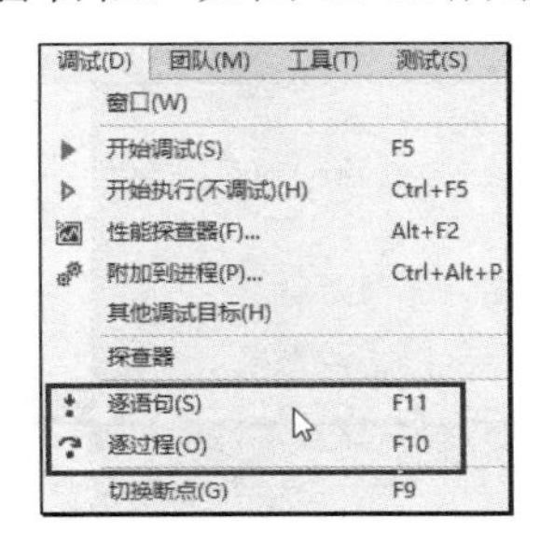

图 12-11　调试菜单命令

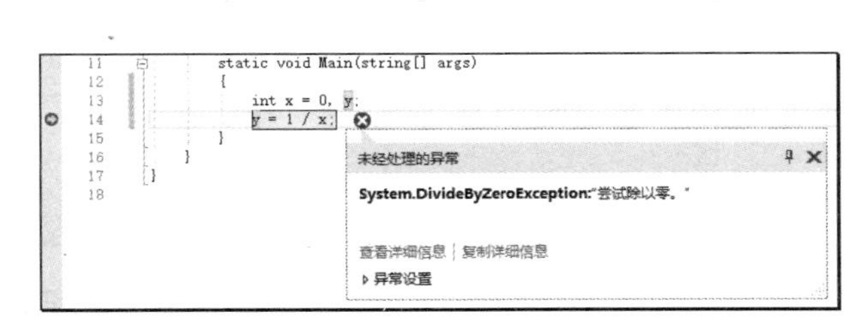

图 12-12　代码调试

(3) 如果想修改出现的异常，那么选择“调试”→“停止调试”菜单命令，如图 12-13 所示，回到程序编辑状态修改程序代码。

以上是程序调试的一种方法，除此之外，还可以通过选择“调试”→“窗口”菜单命令来设置代码调试编译环境，如图 12-14 所示，显示调试过程中程序的各种对象运行时的情况。

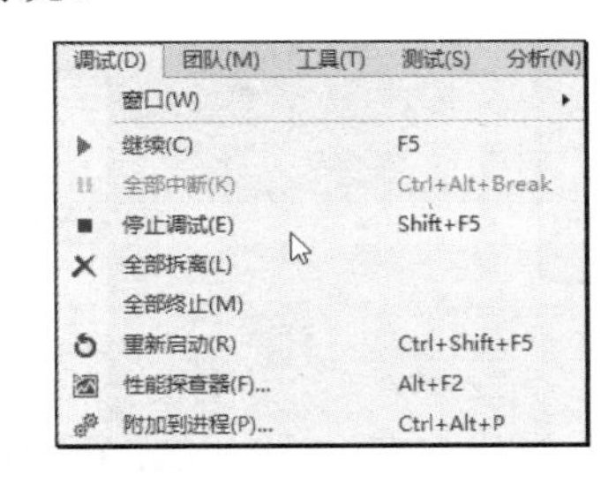

图 12-13　选择“停止调试”命令

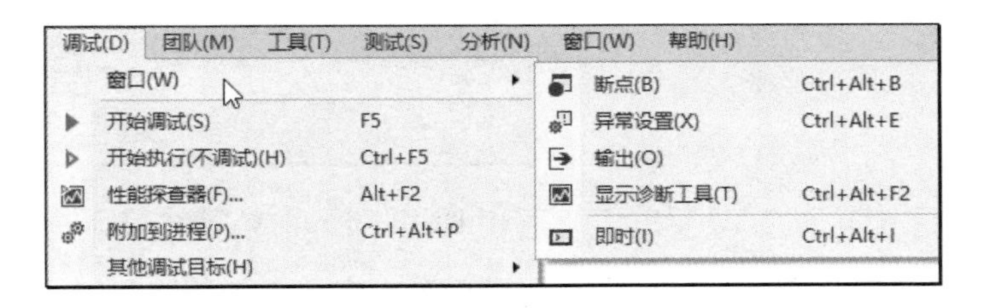

图 12-14　调试窗口命令

12.2.3　程序调试信息

Visual Studio 2019 调试器的另一个重要功能是提供程序在不同执行阶段的信息。.NET 框架提供了许多调试窗口，通过这些窗口可以得到正在调试的程序的特定信息。下面分别介绍这些调试窗口。

程序代码编辑好以后，可利用如下几种窗口进行不同途径的调试和编译工作。

1. 输出窗口

当编译一个解决方案时，如程序中出现异常，则调试器将在输出窗口显示相关的错误、警告或成功的信息。调试器可以中断程序的运行，并允许程序员手动调试代码，输出窗口如图 12-15 所示。

2. 命令窗口

命令窗口可绕过菜单而快速执行 Visual Studio 2019 的命令，或执行那些不在任何菜单中出现的命令，这些命令主要用于调试过程，例如，估计表达式的值等，利用该窗口在调试程序时可以查看改变变量的值。选择“视图”→“其他窗口”→“命令窗口”命令，如图 12-16 所示。

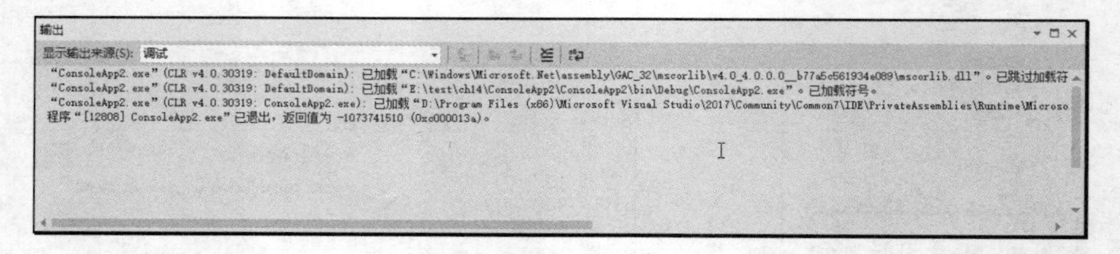

图 12-15 输出窗口

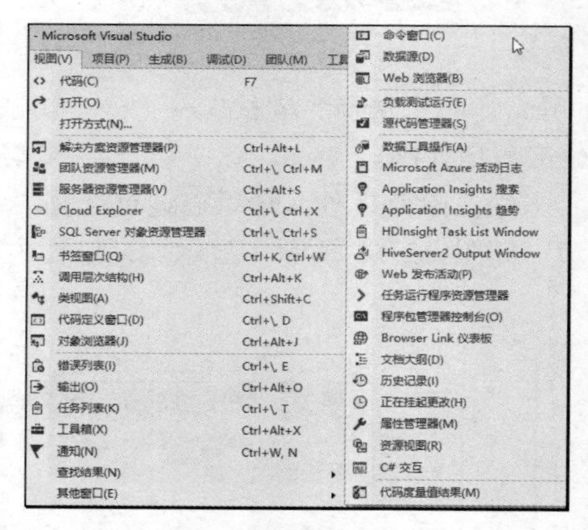

图 12-16 选择“命令窗口”命令

打开命令窗口，可在此窗口输入命令，如图 12-17 所示。当用户在命令行提示符后面输入命令的第一个字母后，VS.NET 智能提示功能就会自动启动，显示列出以该字母开头的所有可用命令，用户只需要用鼠标单击选择需要的命令，即可自动完成命令的输入。如果用户用键盘进行选择，那么选中需要的命令后，需按 Enter 键，该命令才会出现在命令提示符之后。当用户输入或选定了所需的命令之后，按 Enter 键，该命令即可被执行。例如，选中图 12-17 中的第一个命令 open，当按 Enter 键之后，打开文件对话框就会被打开并显示。

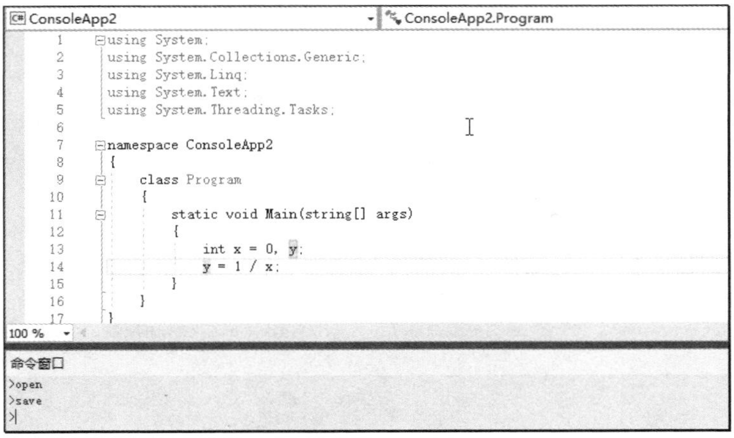

```
ConsoleApp2                          ConsoleApp2.Program
 1  using System;
 2  using System.Collections.Generic;
 3  using System.Linq;
 4  using System.Text;
 5  using System.Threading.Tasks;
 6
 7  namespace ConsoleApp2
 8  {
 9      class Program
10      {
11          static void Main(string[] args)
12          {
13              int x = 0, y;
14              y = 1 / x;
15          }
16      }
17  }
100 %
命令窗口
>open
>save
>
```

图 12-17　命令窗口

实例 4　使用 try...catch...finally 语句捕获异常(源代码\ch12\12.4.txt)。

编写程序，创建一个 Windows 应用程序，使用 try…catch 语句对用户输入是否合法进行捕获异常，实现四则运算的简易计算器。

```
public partial class Form1 : Form
{
    public Form1()
    {
        InitializeComponent();
    }
    private void Form1_Load(object sender, EventArgs e)
    {
        //设置 comboBox1 不可编辑属性
        comboBox1.DropDownStyle = ComboBoxStyle.DropDownList;
        //设置 comboBox1 默认选项为“+”
        comboBox1.SelectedIndex = 0;
        //设置 textBox3 不可编辑
        textBox3.Enabled = false;
    }
    private void button1_Click(object sender, EventArgs e)
    {
        int DataFirst, DataSecond, Result, OP;
        try
        {
            DataFirst = int.Parse(textBox1.Text);
            DataSecond = int.Parse(textBox2.Text);
            OP = comboBox1.SelectedIndex;
            //判断组合框选项，进行不同计算
            switch (OP)
            {
                case 0:
                    Result = DataFirst + DataSecond;
                    break;
                case 1:
                    Result = DataFirst - DataSecond;
                    break;
```

```
                case 2:
                    Result = DataFirst * DataSecond;
                    break;
                default:
                    Result = DataFirst / DataSecond;
                    break;
            }
            textBox3.Text = Result.ToString();
        }
        catch (Exception ex)
        {
            MessageBox.Show(ex.Message);    //弹出异常信息对话框
        }
    }
}
```

程序运行结果如图 12-18 和图 12-19 所示。

图 12-18　程序运行界面

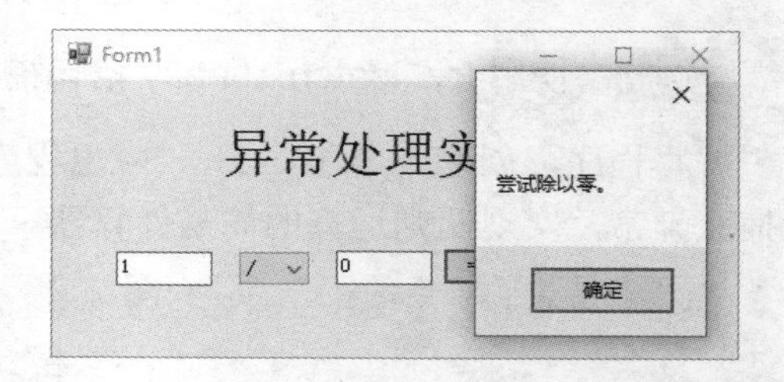

图 12-19　异常提示

本实例首先定义了整型变量 DataFirst、DataSecond、Result、OP 分别用于存储用户输入的第一个数、第二个数、两个数运算的结果以及用户选择的运算符的下标位置，其次通过 try...catch 语句对用户输入是否合法进行捕获异常。在 try 部分捕获变量是否异常，同时判断被除数是否为 0，catch 部分显示捕获到的异常。通过 switch 语句判断用户选择的运算符，然后进行相应的计算，最后将运算结果显示在结果文本框中。

12.3　就业面试问题解答

问题 1：什么是异常？异常处理的基本过程是什么？

答：异常可以分成两种。一种是人为捕捉到的异常，另一种是由系统捕捉到的异常。人为捕捉异常，可以用 try...catch...finally 块处理。try 是要监控的代码段；catch 是指捕获到异常所进行的处理，如输出日志等；finally 是指无论是否有异常，都会执行的代码块，一般用来释放资源等。

问题 2：什么是断点？断点的作用是什么？

答：断点是源代码中自动进入中断模式的一个标记，它们可以配置为：

(1) 在遇到断点时，立即进入中断模式。

(2) 在遇到断点时，如果布尔表达式的值为 true，就进入中断模式。

(3) 遇到某断点一定的次数后，进入中断模式。

(4) 在遇到断点时，如果自上次遇到断点以来变量的值发生了变化，就进入中断模式。

断点的作用为一个程序出错了，大致猜出可能在某处会出错，就在那里设置一个断点。调试程序时执行到断点，程序会停下来，这时可以检查各种变量的值，然后按步调试运行，观察程序的流向及各个变量的变化，便于快速排错。

12.4　上机练练手

上机练习 1：处理除数为 0 的异常。

在进行算术运算时，可能会因为一时疏忽或其他原因导致除数为 0 而抛出异常，为了能在抛出异常后及时获得相关信息，并做出相应处理，通常情况下，我们需要捕获该异常，并将该异常的相关信息输出，或者写入应用程序日志中。下面演示除数为 0 或字符时抛出的异常，程序运行结果如图 12-20 和图 12-21 所示。

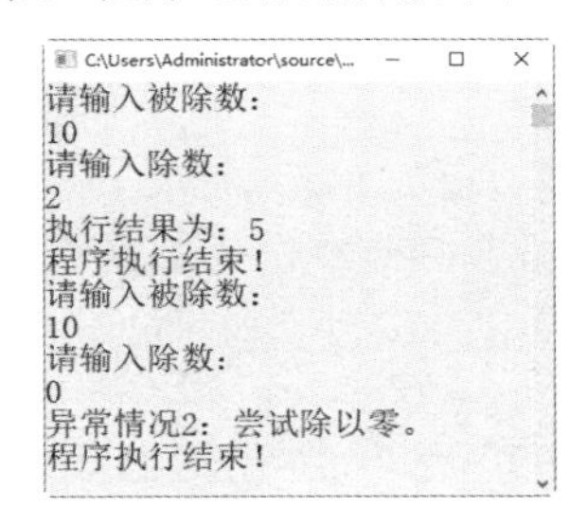

图 12-20　除数为 0 时的异常

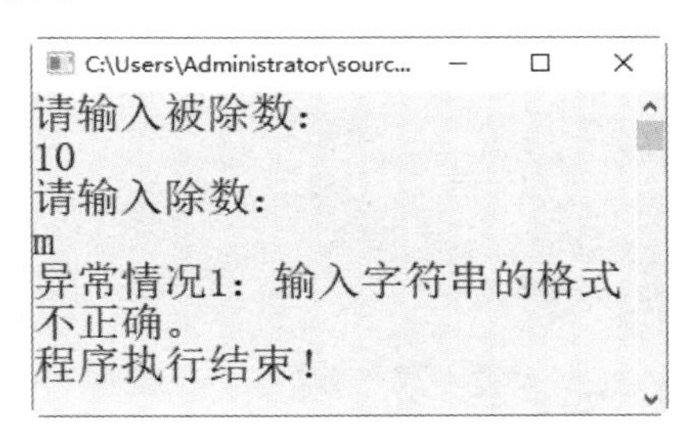

图 12-21　除数为字符时的异常

上机练习 2：处理空字符转换为数字的异常。

在开发应用程序时，我们经常会遇到将字符串中的数字字符提取出来进行算术运算的情况，这时我们就需要对数字字符进行转换。但我们不能保证每次提取的字符都是由数字组成的，所以当提取的字符由字母、空字符或其他非数字字符组成时，在进行转换时将会抛出异常。下面来看一个处理空字符转换为数字异常的实例，程序运行结果如图 12-22 所示。

上机练习 3：处理运算次数较多时的异常。

编写程序，根据用户输入的执行次数进行乘法运算。通常情况下，如果我们输入的次数合适，那么最后将输出运算结果；如果所给的运算次数较多，那么将会抛出异常，因为算术运算将导致溢出。程序运行结果如图 12-23 所示。

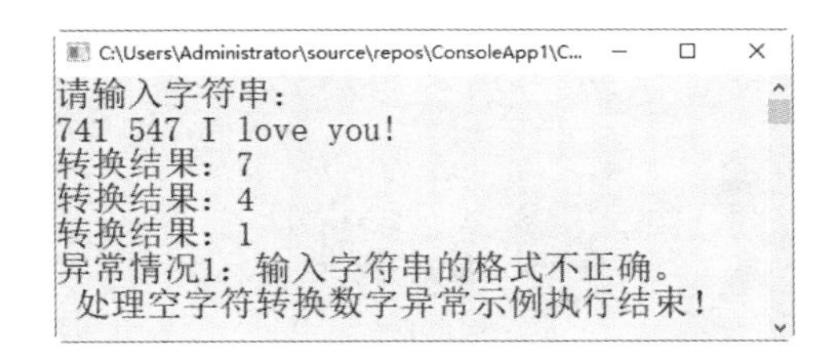

图 12-22　处理空字符转换为数字的异常

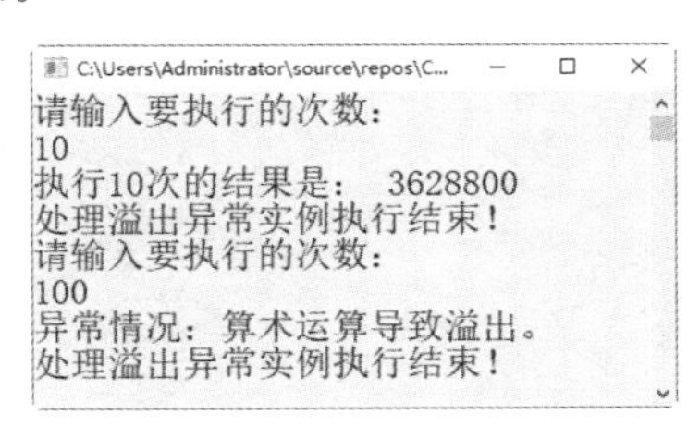

图 12-23　运算次数较多时的异常

第 13 章

使用 ADO.NET 操作数据库

SQL Server 数据库与 C#语言之间可以无缝连接，.NET Framework 框架提供的 ADO.NET 技术，使程序语言可以操纵数据库，实现程序设计语言与数据库的连接，对数据库数据进行增加、删除、修改和查询操作。本章就来介绍如何使用 ADO.NET 操作数据库。

13.1　数据库的基本知识

数据库是按照数据结构来组织、存储和管理数据的仓库，数据库技术是管理信息系统、办公自动化系统、决策支持系统等各类信息系统的核心部分。

13.1.1　数据库的基本概念

数据库主要的用途就是存储数据和数据库的对象，比如表、索引等，下面介绍数据库的一些基本概念。

1. 数据

数据是描述客观事物及其活动的并存储在某一种媒体上能够识别的物理符号。信息是以数据的形式表示的，数据是信息的载体，分为临时性数据和永久性数据。

2. 数据库

数据库是以一定的组织方式将相关的数据组织在一起存放在计算机外存储器上(有序的仓库)，并能为多个用户共享、与应用程序彼此独立的一组相关数据的集合。

3. 数据库管理系统

数据库管理系统是软件系统。数据库管理系统提供以下数据语言：数据定义语言，负责数据的模式定义与数据的物理存取构建；数据操纵语言，负责数据的操纵，如查询、删除、增加、修改等；数据控制语言，负责数据完整性、安全性的定义与检查，以及并发控制、故障恢复等。

4. 数据库系统

数据库系统包括 5 部分：硬件系统、数据库集合、数据库管理系统及相关软件、数据库管理员和用户(专业用户和最终用户)。

13.1.2　数据库的创建

这里以 SQL Server 版本为例，通过使用企业管理器(Microsoft SQL Server Management Studio)来详细介绍数据库的创建和删除操作。创建数据库的基本步骤如下：

01 选择“Windows 开始”→ Microsoft SQL Server Tools → Microsoft SQL Server Management Studio 菜单命令，如图 13-1 所示。打开企业管理器，如图 13-2 所示。

02 在企业管理器左侧的对象资源管理器中的“数据库”文件夹上单击鼠标右键，在弹出的快捷菜单中选择“新建数据库”命令，如图 13-3 所示。

03 打开“新建数据库”对话框，如图 13-4 所示，默认打开的界面为常规选项卡，在此界面输入新建数据库名称，例如 test，输入完毕的同时系统会自行产生一个行数据文件和一个日志文件，用户可自行修改或者添加这些相关的配置。然后单击“所有者”右侧的

按钮 ... 设置用户权限，这里选择默认为用户登录系统的账户，最后单击“确定”按钮即可完成创建。

图 13-1　打开企业管理器

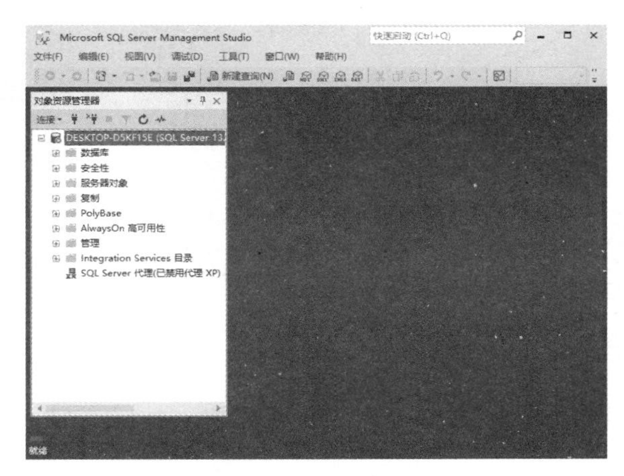

图 13-2　企业管理器界面

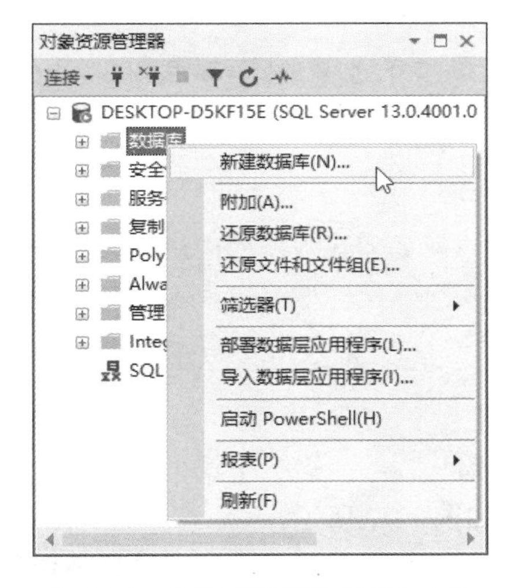

图 13-3　选择“新建数据库”命令

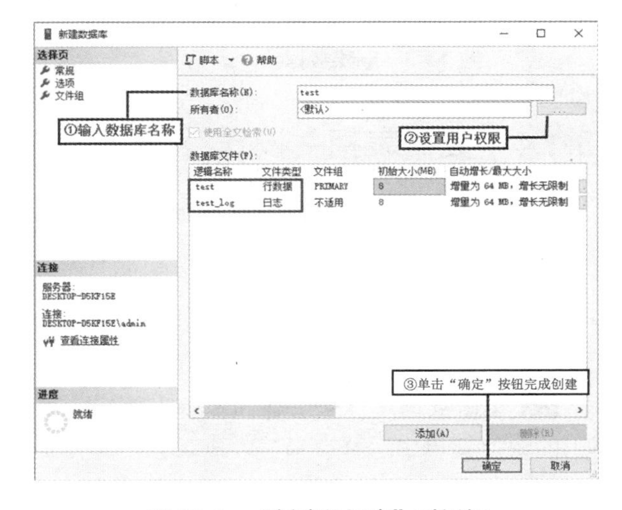

图 13-4　“新建数据库”对话框

“选项”和“文件组”选项卡用于定义数据库中的一些选项，显示文本和文件组的统计信息，在新建数据库时采用默认配置。

13.1.3　删除数据库

删除数据库的操作十分简单，在需要删除的数据库上单击鼠标右键，在弹出的快捷菜单中选择“删除”命令即可完成数据库的删除操作。例如，删除 test 数据库，如图 13-5 所示。

如果创建好的数据库需要留作以后使用，那么可通过分离数据库操作完成：在数据库上单击鼠标右键，在弹出的快捷菜单中选择“任务”→“分离”菜单命令，如图 13-6 所示。

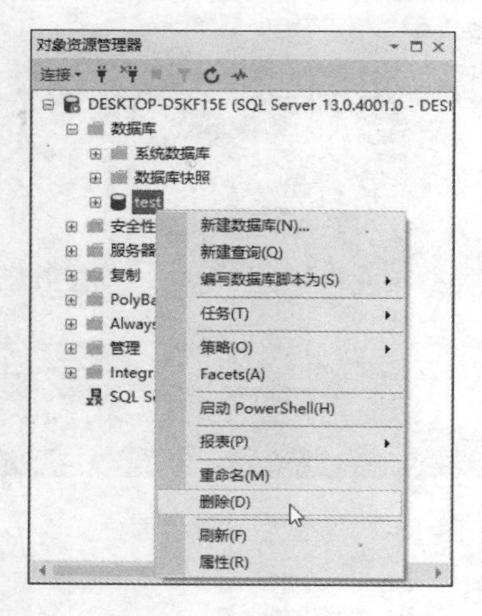

图 13-5　删除数据库

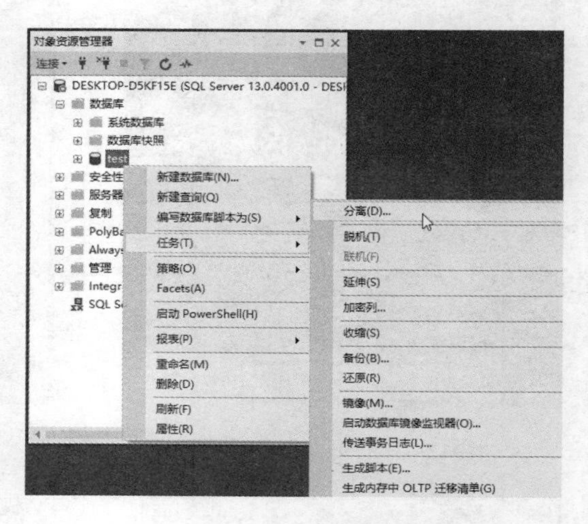

图 13-6　分离数据库操作

13.1.4　数据表相关操作

在完成数据库的创建后，下面以 test 数据库为例讲解如何在数据库中进行数据表的相关操作。

1. 创建数据表

创建数据表的步骤如下：

01 单击数据库 test 左侧的“+”按钮，展开子项目，在 “表”上单击鼠标右键，在弹出的快捷菜单中选择“新建”→“表”菜单命令，如图 13-7 所示。

02 打开表结构创建窗口，输入表的列名，设置字段数据类型及长度，设置是否允许为空，如图 13-8 所示。

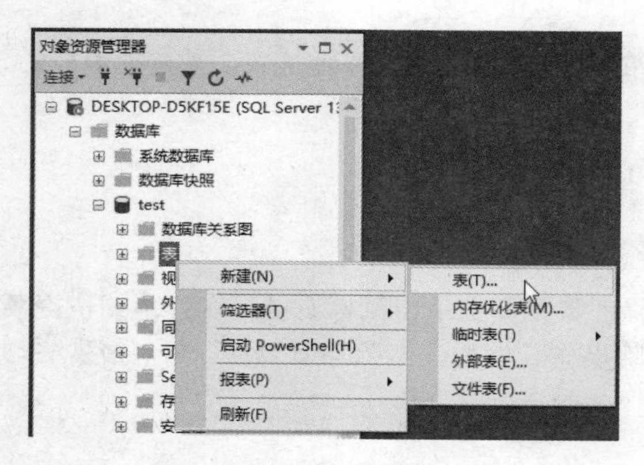

图 13-7　新建数据表

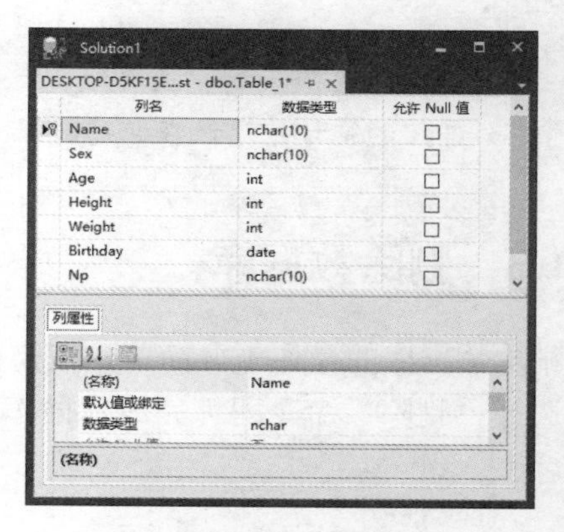

图 13-8　创建表结构

03 单击工具栏中的💾按钮，在弹出的“选择名称”对话框中输入数据表的名称，如图 13-9 所示，输入完成后单击“确定”按钮，即可完成数据表的创建。

2. 删除数据表

删除数据表的操作十分简单，只需要在某个表名上单击鼠标右键，在弹出的快捷菜单中选择“删除”命令即可，如图 13-10 所示。

图 13-9　保存数据表

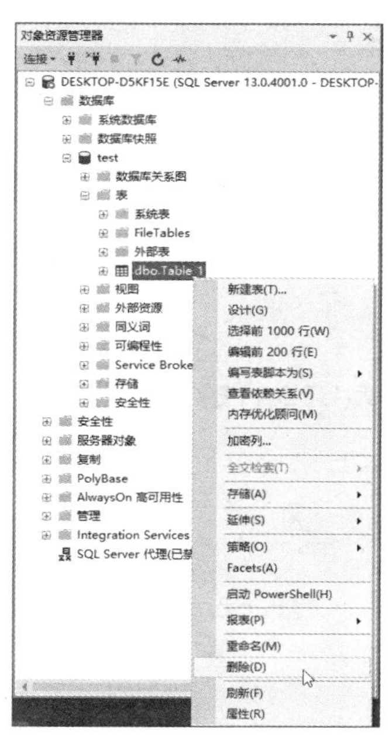

图 13-10　删除数据表

13.1.5　常用 SQL 语句的应用

结构化查询语言(Structured Query Language，SQL)，是一种用来与关系数据库管理系统通信的标准计算机语言。使用 SQL 语句可对数据库进行查询、插入、更新以及删除等操作。

1. 查询(SELECT)

SELECT 语句用于从表中选取数据，它的返回结果被存储在一个结果表中(称为结果集)。语法格式如下：

```
SELECT 列名称 FROM 表名称
SELECT * FROM 表名称
```

注意　SQL 语句对大小写不敏感。SELECT 等效于 select。

例如，使用 SELECT 语句从表 Persons 中获取 LastName 和 FirstName 列的内容，代码如下：

```
SELECT LastName,FirstName FROM Persons
```

2. 插入(INSERT INTO)

INSERT INTO 语句用于向表格中插入新的行。语法格式如下：

```
INSERT INTO 表名称 VALUES (值1, 值2,...)
INSERT INTO table_name (列1, 列2,...) VALUES (值1, 值2,...)
```

例如，向 Persons 表中插入一个新行，代码如下：

```
INSERT INTO Persons VALUES ('Gates', 'Bill', 'Xuanwumen 10', 'Beijing')
```

还可以向指定列中插入数据，例如，在指定的 LastName 和 Address 列中插入数据，代码如下：

```
INSERT INTO Persons (LastName, Address) VALUES ('Wilson', 'Champs-Elysees')
```

如果某列定义为不允许为空，那么在插入数据时，此列必须存在合法的插入值。

3. 更新(UPDATE)

UPDATE 语句用于修改表中的数据。语法格式如下：

```
UPDATE 表名称 SET 列名称 = 新值
WHERE 列名称 = 某值
```

例如，为表 Persons 中 LastName 是 Wilson 的人添加 FirstName，代码如下：

```
UPDATE Person SET FirstName = 'Fred'
WHERE LastName = 'Wilson'
```

例如，修改 Wilson 的 Address 列，并添加 City 信息，代码如下：

```
UPDATE Person SET Address = 'Zhongshan 23', City = 'Nanjing'
WHERE LastName = 'Wilson'
```

4. 删除(DELETE)

DELETE 语句用于删除表中的行。语法格式如下：

```
DELETE FROM 表名称
WHERE 列名称 = 值
```

例如，删除表 Persons 中的 Wilson 数据，代码如下：

```
DELETE FROM Person
WHERE LastName = 'Wilson'
```

例如，删除 Persons 表中所有行，语法如下：

```
DELETE FROM table_name
```

删除表中所有行并不代表此表也被删除，而是指在不删除表的情况下删除所有行，这意味着表的结构、属性和索引都是完整的。

13.2　ADO.NET 简介

ADO.NET 是一组向.NET 程序开发者公开数据访问服务的类，ADO.NET 为创建分布式数据共享应用程序提供了一组丰富的组件。

13.2.1　认识 ADO.NET

ADO.NET 以 ActiveX 数据对象(ADO)为基础，但与依赖于连接的 ADO 不同。ADO.NET 是专门为了对数据存储进行无连接数据访问而设计的，ADO.NET 的作用如图 13-11 所示。ADO.NET 以 XML(扩展标记语言)作为传递和接收数据的格式，与 ADO 相比，它提供了更大的兼容性和灵活性。

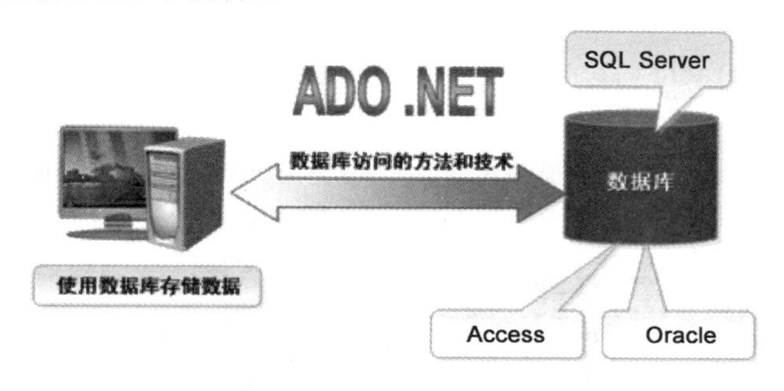

图 13-11　ADO.NET 数据访问技术

ADO.NET 具有很多优点，使数据操作过程变得更容易。

(1) 互操作性：用不同工具开发的组件可以通过数据存储进行通信。

(2) 性能： ADO.NET 中的数据存储是用 XML 格式传送的，不需要数据类型转换过程，提高了访问的效率；而在早期的 ADO 中，借助 COM 组件使用记录集传送数据时，记录集中的数据必须转换为 COM 数据类型。

(3) 标准化：数据统一。

(4) 可编程性：可用多种语言进行编程，是强类型化的编程环境。

使用 ADO.NET 访问数据库的过程，如图 13-12 所示。

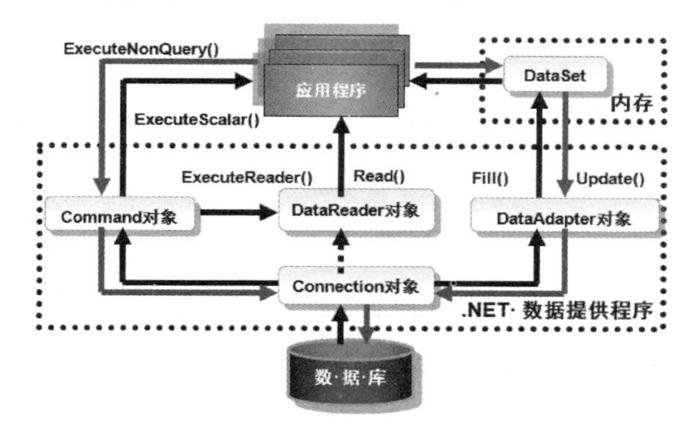

图 13-12　ADO.NET 访问数据库的过程

13.2.2 ADO.NET 的组件及其访问流程

ADO.NET 支持断开式和连接式两种访问数据库的方式。所谓断开式访问，是指应用程序把数据库中感兴趣的数据读入，建立一个副本，数据库应用程序对副本进行操作，必要时将修改的副本存回数据库。所谓连接式访问，是指应用程序通过 SQL 语句直接对数据库进行增加、删除、修改和查询等操作。

1. ADO.NET 的组件及结构

ADO.NET 由两个核心组件构成：DataSet 和.Net Framework 数据提供程序。

1) DataSet

DataSet 是 ADO.NET 的断开式结构的核心组件。DataSet 独立于任何数据源，因此，它可以用于多种不同的数据源，如数据库、XML 数据、Excel、文本文件等。

DataSet 是一个或多个 DataTable 对象的集合，这些对象由数据行和数据列以及主键、外键、约束和有关 DataTable 对象中数据的关系信息组成。

2) .NET Framework 数据提供程序

.NET Framework 数据提供程序由 Connection、Command、DataReader 和 DataAdapter 对象组成。它采用的访问形式为连接。ADO.NET 的对象模型如图 13-13 所示。

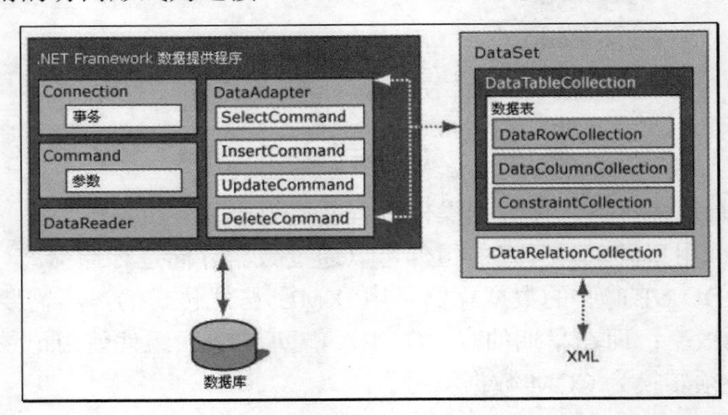

图 13-13 ADO.NET 的对象模型

.NET Framework 数据提供程序提供了多种数据库类型访问的程序，如表 13-1 所示。

表 13-1 .NET Framework 数据提供程序的类型

.NET Framework 数据提供程序	说 明
SQL Server .NET 数据提供程序	Microsoft SQL Server 数据源。System.Data.SqlClient 命名空间
OLE DB .NET 数据提供程序	OLE DB 公开的数据源。System.Data.OleDb 命名空间
ODBC .NET 数据提供程序	ODBC 公开的数据源。System.Data.Odbc 命名空间
Oracle .NET 数据提供程序	Oracle 数据源。System.Data.OracleClient 命名空间

2. ADO.NET 组件访问数据库的工作流程

ADO.NET 的两个核心组件提供的对象，实现了应用程序对数据的访问，根据连接的方式不同，将其分为断开式访问数据库和非断开式访问数据库两种形式。应用程序与数据库之间通信时，各对象的作用及工作流程如图 13-14 所示。

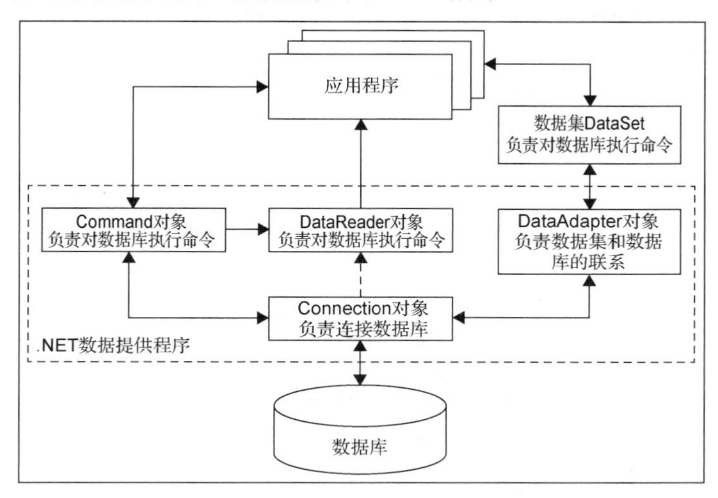

图 13-14　ADO.NET 操作数据库结构

从图 13-14 可以发现，Connection 对象提供与数据源的连接；Command 对象用于访问返回数据、修改数据、运行存储过程以及发送或检索参数信息的数据库命令；DataReader 从数据源中读取只进且只读的数据流；DataAdapter 提供连接 DataSet 对象和数据源的桥梁，DataAdapter 使用 Command 对象在数据源中执行 SQL 命令，以便将数据加载到 DataSet 中，并使对 DataSet 中数据的更改与数据源保持一致。

本书讲解的 ADO.NET 主要是针对 SQL Server 数据库的连接，因此在使用时，一定要先导入 System.Data.SqlClient 命名空间。连接数据库采用 SqlConnection 类，对数据库执行命令使用 SqlCommand 类，对数据库执行只读命令使用 SqlDataReader 类，数据集与数据库建立连接使用 SqlDataAdapter 类。

若数据源是 SQL Server 数据库，使用.NET Framework 数据提供程序的对象时，需要导入 System.Data.SqlClient 命名空间，使用 DataSet 对象时需要导入 System.Data 命名空间。

13.3　数据库的访问

ADO.NET 架起了应用程序与数据库之间的桥梁，并提供了大量类的方法实现对数据库数据的增加、删除、修改和查询操作。

13.3.1　连接数据库

应用程序若要操作数据库中的数据，首先需要与数据建立连接。Connection 是一个连接数据库的对象，主要功能是建立与物理数据库的连接。OdbcConnection 对象连接 ODBC 公开的数据库，例如，Access、MySQL；OleDbConnection 连接 OLEDB 公开的数据库；

OracleConnection 对象连接 Oracle 数据库；SqlConnection 对象连接 SQL Server 数据库。本节以 SqlConnection 对象为例进行讲解。

1. SqlConnection 对象常用的属性与方法

SqlConnection 对象常用的属性及其说明如表 13-2 所示。

表 13-2 SqlConnection 对象常用的属性及其说明

属 性	说 明
ConnectionString	连接字符串
Database	获取当前数据库或连接打开后要使用的数据库的名称
DataSource	获取要连接的 SQL Server 实例的名称
State	连接的数据库是打开还是关闭状态

其中 State 属性为 ConnectionState 枚举类型，其枚举取值及说明如表 13-3 所示。

表 13-3 ConnectionState 枚举取值及其说明

属 性	说 明
Closed	连接处于关闭状态
Open	连接处于打开状态
Connecting	连接对象正在与数据源连接
Executing	连接对象正在执行命令
Fetching	连接对象正在检索数据
Broken	与数据源的连接中断。只有在连接打开之后才可能发生这种情况。可以关闭处于这种状态的连接，然后重新打开

Connection 对象常用的方法及其说明如表 13-4 所示。

表 13-4 Connection 对象常用的方法及其说明

方 法	说 明
Open	打开数据库连接
Close	关闭数据库连接
Dispose	释放使用的所有资源

2. 连接数据库

在连接 SQL Server 数据库时，其实就是对 SqlConnection 对象进行实例化及初始化连接信息。连接数据库的操作步骤如下。

01 定义连接字符串。连接字符串就是将数据库的相关信息写成一个字符串，在初始化 SqlConnection 对象时使用。定义数据库连接字符串的格式如下：

```
Data Source=服务器名;Initial Catalog=数据库名; User ID=用户名;Pwd=密码
```

其中，密码若为空则等号后面什么也不写。如果连接的服务器是本机，那么可使用以下四项之一代替：

(1) 圆点。

(2) local。

(3) 127.0.0.1。

(4) 本地机器名称。

例如，定义连接字符串 MyConString，代码如下：

```
String MyConString=" server=.;Database=test;uid=sa;pwd=sa;";
```

02 创建 SqlConnection 实例。在创建时构造函数提供了两种方法，因此创建连接对象时，有以下两种方法：

```
方法 1：SqlConnection 对象名 = new SqlConnection(连接字符串);
方法 2：SqlConnection 对象名 = new SqlConnection();
                         对象名.ConnectionString=连接字符串;
```

例如，利用上面声明的 MyConString 字符串创建连接对象 conNothWind，代码如下：

```
SqlConnection conNothWind = new SqlConnection(MyConString);
```

03 打开与数据库的连接。

如果希望操作数据库，那么连接后的数据库必须先打开。使用 Open 方法可以打开数据库，格式如下：

```
SqlConnection 对象名.Open()
```

13.3.2　执行 SQL 语句：Command 对象

建立与数据源的连接后，就要使用 Command 对象对数据源执行查询、更新、删除、添加操作。使用 Command 对象是直接对数据库进行操作的，因此要求数据库一直处于连接状态，即连接式访问。

OdbcCommand 对象可以向 ODBC 公开的数据库发送 Sql 语句；OleDbCommand 对象可以向 OLEDB 公开的数据库发送 Sql 语句；OracleCommand 对象可以向 Oracle 数据库发送 Sql 语句；SqlCommand 对象可以向 SQL Server 数据库发送 Sql 语句。

1. Command 对象常用的属性和方法

Command 对象常用的属性及其说明如表 13-5 所示。

表 13-5　Command 对象常用的属性及其说明

属　性	说　明
CommandText	获取或设置要对数据源执行的 Transact-SQL 语句、表名或存储过程
CommandType	获取或设置一个值，设置 CommandText 属性的类型
Connection	获取或设置 SqlCommand 实例使用的 SqlConnection

其中，CommandType 为枚举类型，其枚举取值及说明如表 13-6 所示。

表 13-6　CommandType 的枚举取值及其说明

属　性	说　明
Text	SQL 文本命令
StoredProcedure	存储过程的名称
TableDirect	表的名称

Command 对象常用的方法及其说明如表 13-7 所示。

表 13-7　Command 对象常用的方法及其说明

方　法	说　明
ExecuteNonQuery	执行 SQL 语句，并返回受影响的行数，通常用于执行增加、删除、修改等 SQL 语句
ExecuteReader	执行 SQL 语句，返回包含数据的 DataReader 对象，通常配合 DataReader 对象用于完成只读、只向前进的查询操作
ExecuteScalar	执行 SQL 语句，返回结果集中第一行的第一列 Object 类型对象，通常用于查询操作，并配合 SQL 语句的聚合函数，如执行 COUNT(*)

2. 使用 Command 对象的步骤

使用 Command 对象执行 SQL 语句，并用连接方式完成数据库的增加、删除、修改及简单的查询。使用 Command 对象的步骤如下。

1) 创建数据库连接

使用 Connection 对象创建数据库连接，不再赘述。

2) 定义 SQL 语句或存储过程

这里主要介绍定义 SQL 语句。SQL 语句是 string 类型，有时 SQL 语句中出现的条件或更新语句的值是变量或字符串类型，这时就存在冲突。可以采用下列三种方法之一定义 SQL 语句。

方法 1：字符串连接方式。使用运算符“+”将字符串连接起来。

例如，定义如下 SQL 语句：

```
string sql="SELECT COUNT(*) FROM Student WHERE LogInId=' + txtLogInPwd + "'" + "AND
LogInPwd='" + txtLogInPwd + "'"";
```

方法 2：格式化字符串。方法一的单引号和双引号过多，如果 SQL 语句过长，就很容易导致单引号和双引号不匹配，比较麻烦，可采用 string 类的 Format 方法，将字符串格式化。

例如，上述 SQL 语句使用格式化字符串，代码如下：

```
string sql=string. Format ("SELECT COUNT(*) FROM Student WHERE LogInId='{0}'AND
LogInPwd='{1}'",txtLogInId, txtLogInPwd);
```

方法 3：参数方式。使用参数方式时，在变量值前加“@”符号，再通过 sqlCommand 对象的 Parameters 集合属性的 AddWithValue 方法为变量命名，并在集合中增加值。

例如，使用参数方式定义 SQL 语句，代码如下：

```
string sql="SELECT COUNT(*) FROM Student WHERE LogInId=@txtLogInId AND
```

```
LogInPwd=@txtLogInPwd)";
    sqlCommand 对象.Parameters.AddWithValue(" LogInId ", txtLogInId);
    sqlCommand 对象.Parameters.AddWithValue(" LogInPwd " txtLogInPwd);
```

3) 创建 lCommand 对象

当数据源为 SQL Server 数据库时，需要使用 SqlCommand 类，SqlCommand 类提供了多种重载的构造函数，最为常用的是下列方法，格式如下：

```
SqlCommand(string cmdText,SqlConnection connection)
```

其中，cmdText 为 SQL 语句、表或存储过程。connection 表示到 SQL Server 实例的连接。

实例 1　实现对用户表的添加、删除和修改操作(源代码\ch13\13.1.txt)。

编写程序，创建一个 Windows 应用程序，在窗体中添加一个 TabControl 控件，tabPage1 为“添加用户”，tabPage2 为“修改用户”，tabPage3 为“删除用户”。在“添加用户”页面上添加 1 个分组控件 GroupBox1，在分组控件中添加 2 个标签 label1～label2，2 个文本框 textBox1～textBox2，2 个按钮 button1～button2；在“删除用户”页面上添加 1 个标签 label3，1 个文本框 textBox3，1 个按钮 button1，使用 SqlConnection 对象连接数据库，SqlCommand 对象执行 SQL 语句，实现对用户表的添加、删除和修改操作。

```
public partial class Form1 : Form
{
    public Form1()
    {
        InitializeComponent();
    }
    SqlConnection contest;        //连接数据库对象
    SqlCommand cmdLoginOP;        //执行 SQL 命令对象
    string cmdString;             //Sql 语句字符串
    //判断指定的用户名是否存在，如果存在返回 true，否则返回 false
    bool IsExist(string Name)
    {
        string str = string.Format("select count(*) from Table_2 where Name='{0}'", Name);
        cmdLoginOP = new SqlCommand(str, contest);
        contest.Open();
        int count = Convert.ToInt32(cmdLoginOP.ExecuteScalar());
        contest.Close();
        if (count != 0)
        {
            return true;
        }
        return false;
    }
    //执行 Sql 命令，执行成功返回 true，否则返回 false
    bool GetSqlCmd(string CmdStr)
    {
        cmdLoginOP = new SqlCommand(CmdStr, contest);
        contest.Open();
        int count = cmdLoginOP.ExecuteNonQuery();    //执行 SQL 命令并返回受影响的行数
        contest.Close();
        if (count != 0)
        {
            return true;
        }
        return false;
    }
```

```
    private void Form1_Load(object sender, EventArgs e)
    {
        string ConString = "server=.;database=test;uid=sa;pwd=sa;";
        contest = new SqlConnection(ConString);
    }
    //选项卡选择页面更改事件执行代码
    private void tabControl1_SelectedIndexChanged(object sender, EventArgs e)
    {
        if (tabControl1.SelectedIndex == 0)
        {
        gropbox1.Parent = tabControl1.TabPages[0];  //将组中对象放入第 1 个页面
        }
        if (tabControl1.SelectedIndex == 1)
        {
        gropbox1.Parent = tabControl1.TabPages[1];  //将组中对象放入第 2 个页面
        }
    }
    //保存按钮单击事件执行代码
    private void button1_Click(object sender, EventArgs e)
    {
        if (textBox1.Text == string.Empty || textBox2.Text == string.Empty)
        {
        MessageBox.Show("用户名和密码不能为空！");
        return; //中止该方法
        }
        string StuName = textBox1.Text.Trim();
        string StuPass = textBox2.Text.Trim();
        if (tabControl1.SelectedIndex == 0)    //组合框内的控件在添加页面
        {
            cmdString = string.Format("insert into Table_2 values('{0}','{1}')",
StuName, StuPass);
            if (IsExist(StuName))
            {
                MessageBox.Show("对不起，该用户名已经存在");
            }
            else
            {
                if (GetSqlCmd(cmdString))
                {
                    MessageBox.Show("添加用户成功！");
                    textBox1.Text = "";
                    textBox2.Text = "";
                    textBox1.Focus();    //获取光标
                }
            }
        }
        if (tabControl1.SelectedIndex == 1)    //组合框内的控件在修改页面
        {
            cmdString = string.Format("update Table_2 set Name='{0}',Pass='{1}'
where Name='{0}'",
            StuName, StuPass);
            if (!IsExist(StuName))
            {
                MessageBox.Show("对不起，修改的用户名不存在");
            }
            else
            {
                if (GetSqlCmd(cmdString))
                {
                    MessageBox.Show("修改用户成功！");
                    textBox1.Text = "";
                    textBox2.Text = "";
                    textBox1.Focus();    //获取光标
```

```
                }
            }
        }
    }
    //退出按钮单击事件执行代码
    private void button2_Click(object sender, EventArgs e)
    {
        contest.Dispose();
        this.Close();
    }
    //删除按钮单击事件执行代码
    private void button3_Click(object sender, EventArgs e)
    {
        string StuName = textBox3.Text.Trim();
        cmdString = string.Format("delete Table_2 where Name='{0}'", StuName);
        if (!IsExist(StuName))
        {
            MessageBox.Show("对不起，该用户不存在");
        }
        else
        {
            if (GetSqlCmd(cmdString))
            {
                MessageBox.Show("删除用户成功！");
                textBox3.Text = "";
                textBox3.Focus(); //获取光标
            }
        }
    }
}
```

程序运行结果如图 13-15 到图 13-18 所示。

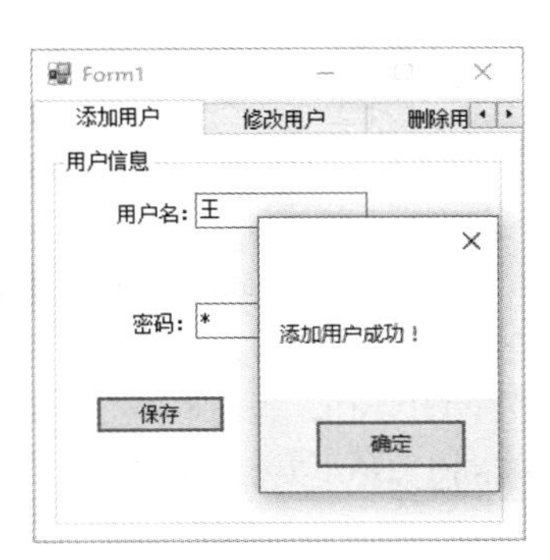

图 13-15　添加用户

图 13-16　修改用户

图 13-17　错误提示

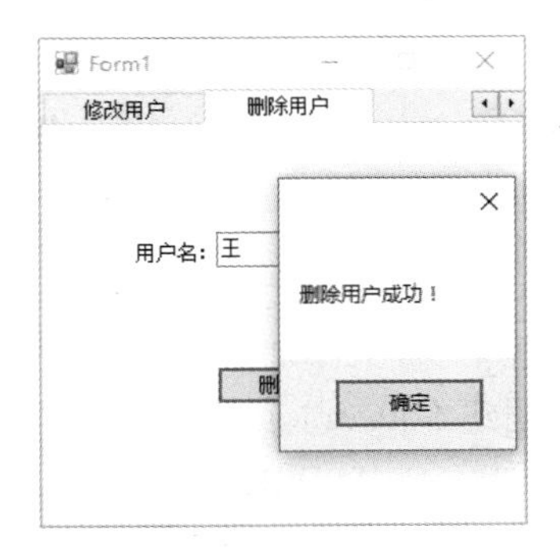

图 13-18　删除用户

13.3.3 读取数据：DataReader 对象

使用 DataReader 对象可以从数据库中检索只读、只向前进的数据流，查询结果在查询执行时返回，大大加快了访问和查看数据的速度，尤其是需要快速访问数据库，又不需要远程存储数据时很方便，该方法一次在内存中存储一行，从而降低了系统的开销，但是 DataReader 不提供对数据的断开式访问。

ODBC 公开的数据库可以调用 OdbcDataReader 类；OLEDB 公开的数据库可以调用 OleDbDataReader 类；Oracle 数据库可以调用 OracleDataReader 类；SQL Server 数据库可以调用 SqlDataReader 类。

1. DataReader 对象的常用属性及方法

DataReader 对象的常用属性及其说明如表 13-8 所示。

表 13-8　DataReader 对象的常用属性及其说明

属　性	说　明
HasRows	表示 SqlDataReader 是否包含数据
FieldCount	表示由 SqlDataReader 得到的一行数据中的字段数
IsClosed	表示 SqlDataReader 对象是否关闭

DataReader 对象常用的方法及其说明如表 13-9 所示。

表 13-9　DataReader 对象常用的方法及其说明

方　法	说　明
Close	Close()方法不带参数，无返回值，用来关闭 SqlDataReader 对象。由于 SqlDataReader 在执行 SQL 命令时一直要保持与数据库的连接，所以在 SqlDataReader 对象开启的状态下，该对象所对应的 SqlConnection 连接对象不能用来执行其他操作。所以，在使用完 SqlDataReader 对象时，一定要使用 Close()方法关闭，否则不仅会影响数据库连接的效率，更会阻止其他对象使用 SqlConnection 连接对象来访问数据库
Read	Read()方法会让记录指针指向结果集中的下一条记录，返回值是 true 或 false。当 SqlCommand 的 ExecuteReader 方法返回 SqlDataReader 对象后，必须用 Read()方法来获得第一条记录；如果当前记录已经是最后一条，那么调用 Read()方法将返回 false。也就是说，只要该方法返回 true，就可以访问当前记录所包含的字段

2. 使用 DataReader 对象的步骤

DataReader 对象配合 Command 对象的 ExecuteReader()方法实现数据库的查询操作。当数据源为 SQL Server 数据库时，使用 SqlDataReader 对象，实现查询的步骤如下。

01 创建 SqlCommand 对象，请参阅创建 SqlCommand 实例部分。

02 创建 SqlDataReader 对象，SqlDataReader 类是抽象类，不能直接实例化。要创建 SqlDataReader 对象，首先要创建一个 SqlCommand 对象，然后调用 SqlCommand 对象的

ExecuteReader 方法，而不能使用构造函数。格式如下：

```
SqlDataReader 对象名 = SqlCommand 对象.ExecuteReader()
```

例如，创建 SqlDataReader 对象 dtrStudent，已声明 SqlCommand 对象 cmdStudent，代码如下：

```
SqlDataReader dtrStudent = cmdStudent. ExecuteReader();
```

03 使用 SqlDataReader 的 Read()方法逐行读取数据，可使 SqlDataReader 前进到下一条记录。SqlDataReader 的默认位置在第一条记录前面。因此，必须调用 Read 来开始访问数据，当所有记录读取完成后该方法返回 false 值。

04 读取某列的数据，Read()方法可以读取某条记录，如果希望获取某列的值，那么可使用下述两种方法：

```
方法 1：(type)SqlDataReader 对象名[列的索引值]
```

其中，type 指定列的类型；索引值按照列的个数依次排列，从 0 开始。

```
方法 2：(type)dataReader["列名"]
```

其中，type 指定列的类型；列名为 SQL 查询语句指定的列名。

05 关闭 SqlDataReader 对象。对于每个关联的 SqlConnection，一次只能打开一个 SqlDataReader，在第一个关闭之前，打开另一个的任何尝试都将失败。类似地，在使用 SqlDataReader 时，关联的 SqlConnection 正忙于为它提供服务，直到调用 Close()时为止。为了保证程序正常使用，使用完 SqlDataReader 对象，一定要使用 Close()方法将其关闭。

实例 2　查询学生信息(源代码\ch13\13.2.txt)。

编写程序，创建一个 Windows 应用程序，向窗体中添加 2 个标签 label1～label2，2 个文本框 textBox1～textBox2，1 个按钮 button1，设计一个学生信息查询程序，实现根据输入的姓名查询学生信息的功能。

```
public partial class Form1 : Form
{
    public Form1()
    {
        InitializeComponent();
    }
    private void button1_Click(object sender, EventArgs e)
    {
        try
        {
        //创建数据库连接并打开
        string ConString = "server=.;database=test;uid=sa;pwd=sa;";
        SqlConnection ConStudent = new SqlConnection(ConString);
        string CmdString = string.Format("select * from Student where StudentName
like '%{0}%'",
        textBox1.Text.Trim());
        SqlCommand cmdStudent = new SqlCommand(CmdString, ConStudent);
        ConStudent.Open();
        //创建读取对象 SqlDataReader
        SqlDataReader dtrStudent = cmdStudent.ExecuteReader();
        textBox2.Text = " 学号\t\t 姓名\t 性别\t 专业\r\n";
        //使用 HasRows 属性判断读取的 dtrStudent 对象中是否有数据
```

```
        if (dtrStudent.HasRows)
        {
            //从 dtrStudent 中一条一条读取数据
            while (dtrStudent.Read())
            {
                textBox2.Text += string.Format("  {0}\t{1}\t{2}\t{3}\t\r\n",
                dtrStudent[0].ToString(), dtrStudent[1].ToString(),
dtrStudent[2].ToString(),
                dtrStudent[3].ToString());
            }
        }
        else
        {
            MessageBox.Show("查无此人! ");
        }
        dtrStudent.Close();
        ConStudent.Close();
    }
    //返回异常
    catch (Exception ex)
    {
        MessageBox.Show(ex.Message);
    }
  }
}
```

程序运行结果如图 13-19 和图 13-20 所示。

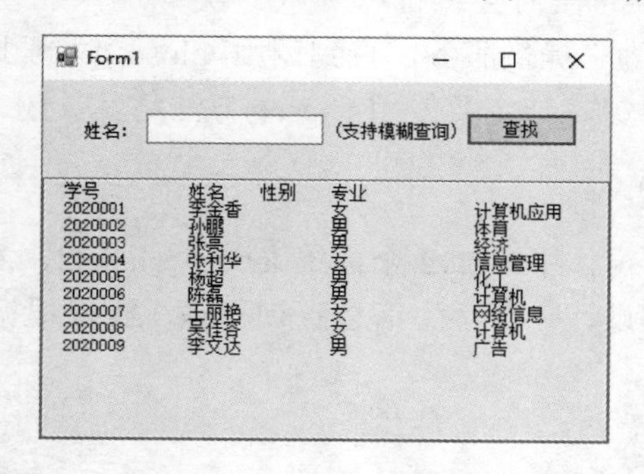

图 13-19　查询所有学生

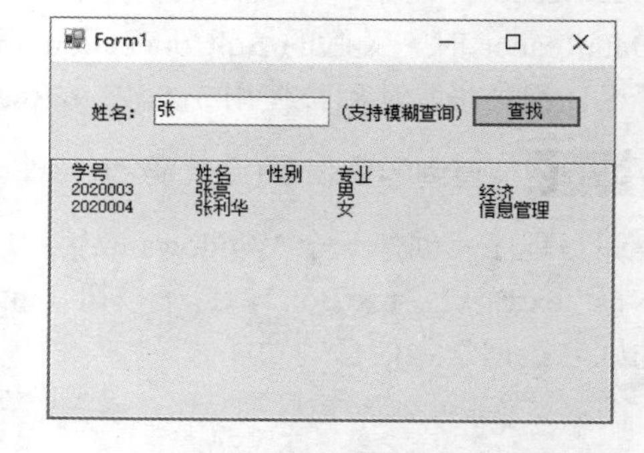

图 13-20　模糊查询

13.3.4　数据适配器：DataAdapter 对象

DataAdapter 对象实现 DataSet 和数据源之间的连接，能够检索和保存数据。DataAdapter 类包含一组数据库命令和一个数据库连接，它们用来填充 DataSet 对象和更新数据源。每个 DataAdapter 对象都在单个 DataTable 对象和单个结果集之间交换数据。也就是说，DataAdapter 对象是一个双向通道，用来把数据从数据源读到内存的表中，以及把内存中的数据写回到一个数据源中。这两种情况下使用的数据源既可能相同，也可能不同，一旦数据载入内存，Windows 窗体应用程序或 ASP.NET 页面执行的客户端更新就可以作用于它们，客户端的更新包括添加新行、删除或更新已有的行。

ODBC 公开的数据库可以调用 OdbcDataAdapter 类；OLEDB 公开的数据库可以调用 OleDbDataAdapter 类；Oracle 数据库可以调用 OracleDataAdapter 类；SQL Server 数据库可

以调用 SqlDataAdapter 类。

1. DataAdapter 对象常用属性

DataAdapter 对象常用的属性及其说明如表 13-10 所示。

表 13-10 DataAdapter 对象常用的属性及其说明

属　性	说　明
SelectCommand	用于从数据源检索数据
InsertCommand	从 DataSet 中把插入的数据行插入数据库
UpdateCommand	从 DataSet 中把修改的数据行更新到数据库
DeleteCommand	从数据源中删除数据行

使用 DataAdapter 对象在一个 DataAdapter 对象和一个数据源之间交换数据时，可以使用 DataAdapter 的 4 个属性中的某一个指定要执行的操作。

2. DataAdapter 对象常用方法

1) 填充数据集 Fill 方法

使用 SqlDataAdapter 对象的 Fill 方法可以检索数据库的数据，其作用是首先打开一个连接(相当于调用 SqlConnection 对象的 Open 方法)，接着执行一个查询后，把结果填充到 DataSet 中的表对象里，最后关闭连接(相当于调用 SqlConnection 对象的 Close 方法)。Fill 方法有多种重载形式，在此仅说明三种常用的格式。

```
格式 1：Fill(DataSet dataSet)
```

参数 dataSet：要用记录和架构(如果必要)填充的 DataSet，随后讲述。

```
格式 2：Fill(DataTable dataTable)
```

dataTable：用于表映射的 DataTable 的名称，用该方法填充一个单独的 DataTable 对象。

```
格式 3：Fill(DataSet dataSet,string srcTable)
```

dataSet：要用记录和架构(如果必要)填充的 DataSet。
srcTable：用于表映射的源表的名称。

注意

该方法返回 int 类型，表示已在 DataSet 中成功添加或刷新的行数。

2) 更新数据集 Update 方法

Update 方法为指定 DataSet 中的每个已插入、已更新或已删除的行调用相应的 INSERT、UPDATE 或 DELETE 语句。常用的两种格式如下：

```
格式 1：Update(DataSet dataSet)
```

dataSet：用于更新数据源的 DataSet。

```
格式 2：Update(DataTable dataTable)
```

dataTable：用于更新数据源的 DataTable。

该方法返回 int 类型，表示已在 DataSet 中成功添加或刷新的行数。

3. 使用 DataAdapter 对象的步骤

SqlDataAdapter 对象可以架起 SQL Server 数据库与 DataSet 对象之间的桥梁。使用该对象包括以下步骤。

1) 创建 SqlDataAdapter 对象

SqlDataAdapter 构造函数提供了多种重载形式，常用的构造函数格式如下：

```
SqlDataAdapter(string selectCommandText, SqlConnection selectConnection)
```

参数介绍如下：

- selectCommandText：字符串类型的 SQL 语句或存储过程。
- selectConnection：表示该连接的 SqlConnection 对象。

例如，创建 dadStudent 对象，代码如下：

```
SqlConnection conStudent = new SqlConnection("server=.database=MySchool;uid=sa;pwd=;");
string cmdString = "select * from Student";
SqlDataAdapter dadStudent = new SqlDataAdapter(cmdString, conStudent);
```

2) 调用 Fill()方法

使用 Fill()方法填充数据集或使用 Update()方法更新数据集。当使用 Fill()方法时，它将向数据存储区传输一条 SQL SELECT 语句。该方法主要用来填充或刷新 DataSet，返回值是影响 DataSet 的行数。

Fill()方法常用定义如下：

```
int Fill(DataSet dataset)
```

dataset：需要更新的 DataSet。

```
int Fill(DataSet dataset,string srcTable)
```

参数介绍如下：

- dataset：需要更新的 DataSet。
- srcTable：填充 DataSet 的中的数据表。

实例 3 添加学生信息模块(源代码\ch13\13.3.txt)。

编写程序，创建一个 Windows 应用程序，向窗体中添加 7 个标签 label1～label7，5 个文本框 textBox1～textBox5，2 个组合框 comboBox1～comboBox2，2 个按钮 button1～button2，编写程序实现学生管理系统中添加学生信息模块的相关功能。

```
public partial class Form1 : Form
{
   public Form1()
   {
      InitializeComponent();
   }
   SqlConnection conStudent;          //连接对象
   SqlCommand cmdStudent;             //执行 SQL 语句对象
```

```
    SqlDataReader dtrStudent;         //读取数据对象
    /// <summary>
    ///清空所有文本框的内容
    /// </summary>
    void ContentClear()
    {
        Control.ControlCollection TxtObj = this.Controls; //获取窗体的控件
        foreach (Control C in TxtObj)
        {
            if (C.GetType().Name == "TextBox")               //判断控件是否为 TextBox
            {
                C.Text = string.Empty;                        //将所有文本框内容清空
            }
        }
        textBox1.Focus();
    }
    /// <summary>
    ///根据班级名称获取班级编号
    /// </summary>
    /// <param name="className">班级名称</param>
    /// <returns></returns>
    string GetClassId(string className)
    {
        string cmdStr = "select classId from class where className='" + className +
"'";
        cmdStudent = new SqlCommand(cmdStr, conStudent);
        conStudent.Open();
        string Id = Convert.ToString(cmdStudent.ExecuteScalar());
        conStudent.Close();
        return Id;
    }
    /// <summary>
    ///判断用户编号是否存在
    /// </summary>
    /// <param name="stuId">学生编号</param>
    /// <returns></returns>
    bool IsExists(string stuId)
    {
        string CmdStr = string.Format("select count(*) from student where
stuId='{0}'", stuId);
        cmdStudent = new SqlCommand(CmdStr, conStudent);
        conStudent.Open();
        int Count = Convert.ToInt32(cmdStudent.ExecuteScalar());
        conStudent.Close();
        if (Count == 0)
        {
            return true;
        }
        return false;
    }
    //"添加"按钮单击事件
    private void button1_Click(object sender, EventArgs e)
    {
        try
        {
            string Number = textBox1.Text.Trim();        //学号
            string Name = textBox2.Text.Trim();          //姓名
            string Sex = comboBox1.Text;                 //性别
            string ClassName = comboBox2.Text;           //班级名称
            float Score = Convert.ToSingle(textBox3.Text.Trim());   //成绩
```

```
            string Telephone = textBox4.Text.Trim();   //电话
            string Address = textBox5.Text.Trim();     //通信地址
            string cmdStr = string.Format("insert into student
values('{0}','{1}','{2}','{3}',{4},'{5}','{6}')",
                Number, Name, Sex, GetClassId(ClassName), Score, Telephone, Address);
                cmdStudent = new SqlCommand(cmdStr, conStudent);
                conStudent.Open();
                int count = cmdStudent.ExecuteNonQuery();
                conStudent.Close();
                if (count > 0)
                {
                    MessageBox.Show("添加成功！", "成功", MessageBoxButtons.OK,
                    MessageBoxIcon.Information);
                    ContentClear();
                }
            }
            catch (Exception ex)
            {
                MessageBox.Show(ex.Message);
            }
        }
        private void Form1_Load(object sender, EventArgs e)
        {
            textBox1.Focus();   //获取光标
            //为性别组合框添加选项内容
            comboBox1.Items.Add("男");
            comboBox1.Items.Add("女");
            comboBox1.SelectedIndex = 0;   //默认选择项为第一项
            //为班级组合框添加选项内容
            try
            {
                string conStr = "server=.;database=student;uid=sa;pwd=sa;";
                conStudent = new SqlConnection(conStr);
                string cmdStr = "select className from class";
                cmdStudent = new SqlCommand(cmdStr, conStudent);
                conStudent.Open();
                dtrStudent = cmdStudent.ExecuteReader();
                while (dtrStudent.Read())
                {
                    comboBox2.Items.Add(dtrStudent["className"].ToString());
                }
                comboBox2.SelectedIndex = 0;   //默认选择项为第一项
                dtrStudent.Close();            //关闭读取流
                conStudent.Close();            //关闭数据库
            }
            catch (Exception ex)
            {
                MessageBox.Show(ex.Message);
            }
        }
        //学号文本框失去焦点事件
        private void textBox1_Leave(object sender, EventArgs e)
        {
            string Number = textBox1.Text.Trim();   //学号
            if (Number == string.Empty)
            {
                MessageBox.Show("学号不能为空！", "错误", MessageBoxButtons.OK,
                MessageBoxIcon.Error);
                textBox1.Focus();
                return;
```

```
            }
            if (!IsExists(Number))
            {
                MessageBox.Show("学号已经存在！", "错误", MessageBoxButtons.OK,
                MessageBoxIcon.Error);
                textBox1.SelectAll();
                textBox1.Focus();
                return;
            }
        }
        //“重置”按钮单击事件
        private void button2_Click(object sender, EventArgs e)
        {
            ContentClear();    //调用清空方法
        }
}
```

程序运行结果如图 13-21 到图 13-24 所示。

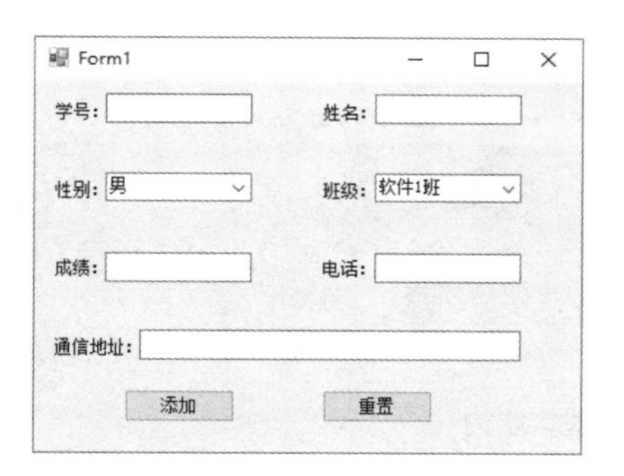

图 13-21　程序运行界面

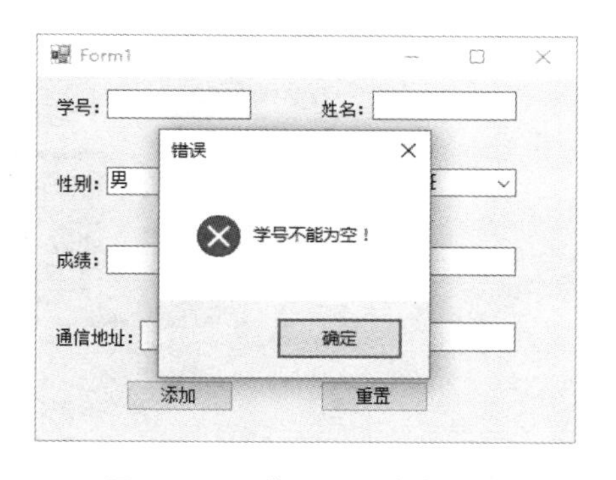

图 13-22　学号不能为空提示

图 13-23　学号已经存在提示

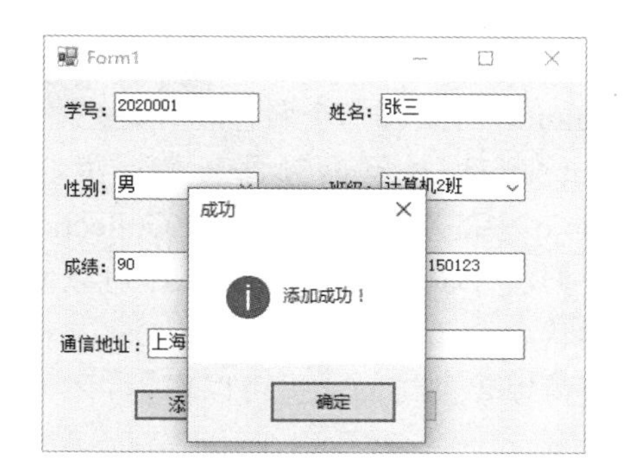

图 13-24　学生信息添加成功

13.4　数据集(DataSet 对象)简介

如果希望在断开数据库连接的情况下，对大量来自多个数据源的数据进行查询、修改，连接式访问数据库方法已显不足。.NET Framework 提供的数据集 DataSet 对象可以完成该操作。

13.4.1 DataSet 对象简介

DataSet 是 ADO.NET 的核心组件，位于 System.Data 命名空间。可以把 DataSet 对象简单理解为一个临时数据库，将数据源的数据保存在内存中，它独立于任何数据库，这里的独立是指即使断开数据库，DataSet 中的数据也不变。正是由于 DataSet 使程序员在编写程序时可以屏蔽数据库之间的差异，从而获得一致的编程模型。

DataSet 中的数据用 XML 的形式保存。DataSet 对象可以包含一个或多个表对象(DataTable)，以及表之间的关系和约束。DataSet 的基本结构如图 13-25 所示。

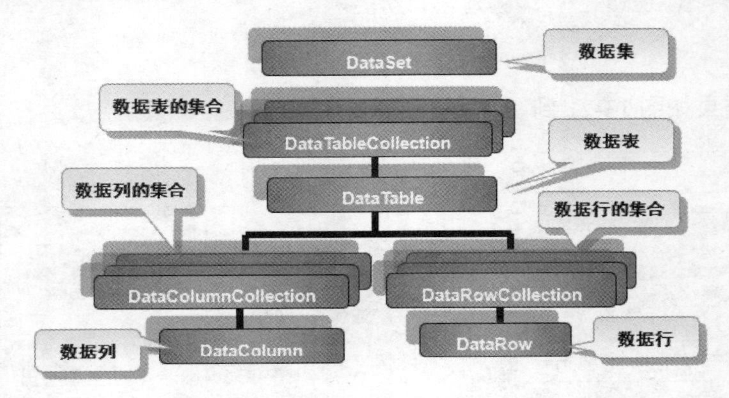

图 13-25　DataSet 的基本结构

DataTable 代表内存中的一张表，包含一个列集合(ColumnsCollection)对象，ColumnsCollection 对象代表数据表的各个列。该列集合由多个 DataColumn 对象组成。DataColumn 对象代表 DataTable 对象中的一列，有描述该列的特征和能力的属性，DataColumn 对象有一个名称和类型。

DataTable 对象也包含一个行集合(RowsCollection)对象，RowsCollection 对象含有 DataTable 中的所有数据。RowsCollection 对象由多个 DataRow 对象组成，DataTable 中的实际数据由 DataRow 对象表示，可以修改 DataRow 对象中的数据，该对象不仅维护数据的原始状态，还维护当前状态。DataRow 对象代表 DataTable 对象中的一行，一行中的所有值既可以单独访问，也可以作为一个整体访问。

13.4.2 DataSet 对象中的常用属性与方法

DataSet 对象中的常用属性包括表集合 Tables 和数据集名称 DataSetName。DataSet 对象中最常用的属性是表集合 Tables，该属性是集合属性，用于获取包含在 DataSet 中的表的集合，可通过下标或表名访问某个表；DataSetName 属性可以获取 DataSet 数据集对象的名称。

DataSet 对象的常用方法及其说明如表 13-11 所示。

表 13-11　DataSet 对象的常用方法及其说明

方　法	说　明
Clear	通过移除所有表中的所有行来清除任何数据的 DataSet
Clone	复制 DataSet 的结构，包括所有 DataTable 架构、关系和约束。不要复制任何数据
Copy	复制 DataSet 的结构和数据
Merge	将指定的 DataSet、DataTable 或 DataRow 对象的数组合并到当前的 DataSet 或 DataTable 中

13.4.3　使用 DataSet 对象的步骤

使用 DataSet 对象时，包括下列步骤。

1. 创建 DataSet 对象

DataSet 提供了两种构造函数，即指定数据集名称和不指定数据集名称两种形式。如果不指定名称，就默认被设为“new DataSet”。格式如下：

```
DataSet 对象名称=new DataSet(["数据集名称"])
```

例如，声明 DataSet 对象 dstStudent，数据集名称为 MyDataSet，代码如下：

```
DataSet dstStudent = new DataSet("MyDataSet");
```

2. 填充 DataSet 对象

创建数据集对象后，数据集是空的，一般常用 DataAdapter 对象的 Fill 方法向数据集内添加数据表，格式如下。

```
DataAdapter 对象. Fill(数据集对象, ["数据表名称字符串"]);
```

例如，已声明的类对象 dadStudent，使用 dadStudent 的 Fill 方法填充 dstStudent 数据集。

```
DataSet dstStudent = new DataSet("MyDataSet");
dadStudent.Fill(dstStudent);
```

3. 保存 DataSet 中的数据

使用 SqlDataAdapter 类的 Update 方法可以把数据集中修改过的数据及时更新到数据库中。调用该方法前，要先实例化 SqlCommandBuilder 对象，该对象能够自动生成 INSERT 命令、UPDATE 命令和 DELETE 命令。这样就不需要设置 SqlDataAdapter 的 InsertCommand、Command 和 Command 属性，而直接使用 Update 方法更新 DataSet、DataTable 或 DataRow 数组即可。创建 SqlCommandBuilder 对象的格式如下：

```
SqlCommandBuilder 对象名 = new SqlCommandBuilder(SqlDataAdapter 对象);
```

Update 方法常用的重载形式有 3 种，如表 13-12 所示。

表 13-12　Update 方法的重载形式

方　法	说　明
Update(DataSet)	用指定数据集更新(增加、删除和修改)数据库
Update(DataTable)	用指定数据表更新(增加、删除和修改)数据库
Update(DataSet, String)	用指定数据集中的指定表更新(增加、删除和修改)数据库

4. DataSet 和 DataReader 查询的区别

DataSet 和 DataReader 分别为断开式访问和连接式访问，但它们都可以获取查询数据。那么，应如何在两者之间进行选择呢？通常来说，下列情况适合使用 DataSet 查询。

(1) 操作结果中含有多个分离的表。

(2) 操作来自多个源的数据(例如来自多个数据库、XML 文件的混合数据)。

(3) 在系统的各个层之间交换数据，或使用 XML Web 服务。

(4) 通过缓冲重复使用相同的行集合以提高性能(例如排序、搜索或过滤数据)。

(5) 每行执行大量的处理。

(6) 使用 XML 操作(例如 XSLT 转换和 XPath 查询)维护数据。

在应用程序需要以下功能时，可以使用 DataReader 对象进行查询。

(1) 不需要缓冲数据。

(2) 正在处理的结果集太大而不能全部放入内存中。

(3) 需要迅速地一次性访问数据，采用只向前的只读方式。

13.5　就业面试问题解答

问题 1：ADO.NET 具有哪些特点？

答：在 ADO.NET 中，数据是以 XML 格式存储的，具有较好的互操作性，而且可以使用 C#、VB.NET 等语言编写程序，并且 ADO.NET 的性能比基于 COM 的 ADO 好。

问题 2：DataAdapter 对象与 DataSet 对象的区别和联系是什么？

答：DataAdapter 是 DataSet 和 SQL Server 之间的桥接器，用于检索和保存数据。DataAdapter 通过对数据源使用适当的 Transact-SQL 语句映射 Fill(它可更改 DataSet 中的数据以匹配数据源中的数据)和 Update(它可更改数据源中的数据以匹配 DataSet 中的数据)来提供桥接。当 DataAdapter 填充 DataSet 时，它将为返回的数据创建必要的表和列。

13.6　上机练练手

上机练习 1：显示数据表中的内容。

编写程序，创建一个 Windows 应用程序，向窗体中添加 DataGridView 控件，将数据表 test 中的数据显示出来。程序运行结果如图 13-26 所示。

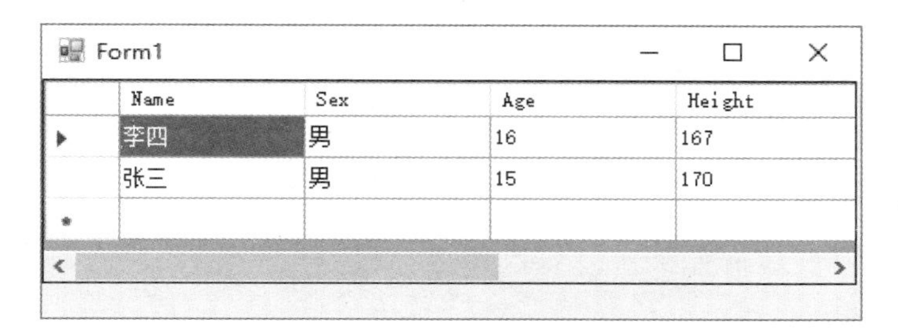

图 13-26　在 DataGridView 控件中显示数据

上机练习 2：设置选中行的背景色。

编写程序，创建一个 Windows 应用程序，在窗体中添加一个 DataGridView 控件，通过 SelectionMode(选择模式)、ReadOnly 和 SelectionBackColor 属性来实现选中某行时显示不同背景颜色。程序运行结果如图 13-27 所示。

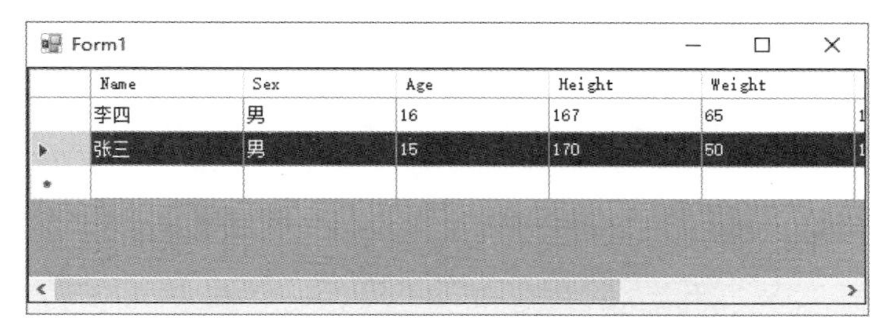

图 13-27　设置选中行的背景色

第14章

C#中的GDI+技术

在开发某些应用程序时，需要在屏幕上使用颜色和图形对象，如直线、曲线、圆形、图像和文本等，对此单靠窗体和控件是无法完成的，为此，C#语言提供了GDI+(图形设备环境接口)技术，专门用于绘制各类图形图像。本章就来介绍C#中的GDI+技术。

14.1 GDI+介绍

图形设备接口(Graphics Device Interface Plus，GDI)是.NET Framework 的绘图技术，System.Drawing 命名空间提供了对 GDI+基本图形功能的访问。GDI+为用户提供了以下功能：

(1) 在 C#.NET 中，使用 GDI+处理二维的图形和图像，允许程序员用库中的函数编写与显示器、打印机和文件等图形设备交互的应用程序。

(2) GDI+主要由二维矢量图形、图像处理和版式 3 部分组成。

(3) GDI+提供了与存储基元自身信息相关的类和结构、与存储基元绘制方式信息相关的类以及实际进行绘制的类。

(4) GDI+可以使用各种字体、字号和样式来显示文本，为此提供了大量的支持功能。

不管什么图形一般都是由最基本的元素点构成的，C#中用坐标 x 和 y 来表示点，在绘制图形的时候总是要求给出点信息作为绘图参数。GDI+图形库提供了很多类和结构进行绘图，在此列出几个辅助绘图的常用结构，如表 14-1 所示。

表 14-1 GDI+图形库的常用结构及其说明

类	说　明
CharacterRange	指定字符串内字符位置的范围
Color	表示一种 ARGB 颜色(alpha、红色、绿色、蓝色)
Point	表示在二维平面中定义点的、整数 x 和 y 坐标的有序对
PointF	表示在二维平面中定义点的浮点 x 和 y 坐标的有序对
Rectangle	存储一组整数，共四个，表示一个矩形的位置和大小。对于更高级的区域函数，请使用 Region 对象
RectangleF	存储一组浮点数，共四个，表示一个矩形的位置和大小。对于更高级的区域函数，请使用 Region 对象
Size	存储一个有序整数对，通常为矩形的宽度和高度
SizeF	存储有序浮点数对，通常为矩形的宽度和高度

例如，创建 Point 点类型、Size 大小类型、Rectangle 类型的区域，代码如下：

```
Point PT = new Point(20, 20);           //声明坐标点，点位置在 20，20 处
Size S=new Size(50,30);                 //指定 size 类型的宽为 50，高为 30
Rectangle Rect = new Rectangle(PT, S);  //声明矩形区域，在 PT 点处，大小为 S
```

创建的这些结构只是在内存中存储了它们的信息，并不会在窗体中绘制它们的大小，如果绘制需要结合 GDI+提供的绘图类进行。

14.2 Graphics 类

C#语言中绘制图形的过程类似于手工画图，手工绘制图形的步骤为：首先准备绘图的纸，然后选择笔的种类，最后在纸上绘图。延伸到 GDI+的绘图过程为：由 Graphics 类提供绘图环境(纸)，绘图的笔由 Pen 类或 Brush 类提供，最后利用 Graphics 类提供的绘图方

法绘制各种图形。

Graphics 类是密封类，不能有派生类。Graphics 类提供了一些方法可以绘制各种图形，例如直线、曲线、圆形、椭圆、矩形、多边形、图像和文本等。

创建 Graphics 类的对象可以使用下述 3 种方法之一。

方法 1：在窗体或控件的 Paint 事件中创建，利用 PaintEventArgs 类的 Graphics 属性来创建。

例如，在容器 Panel 控件的 Paint 事件中，创建 Graphics 类的对象 GP，代码如下：

```
    private void PanelGP_Paint(object sender, PaintEventArgs e)
{
    Graphics GP = e.Graphics;
}
```

方法 2：通过控件或窗体的 CreateGraphics 方法创建 Graphics 对象。

例如，在窗体的 Load 事件中，通过容器 Panel 控件的 CreateGraphics 方法，创建 Graphics 类的对象 GP，代码如下：

```
private void Form1_Load(object sender, EventArgs e)
{
    //声明一个 Graphics 对象
    Graphics GP;
    //使用 Panel 控件的 CreateGraphics 方法创建 Graphics 对象
    GP = PanelGP.CreateGraphics();
}
```

方法 3：使用 Graphics 类的几个静态方法创建 Graphics 对象，常用的是 FromImage 方法，此方法在需要更改已存在的图像时十分有用。

例如，在窗体的 Load 事件中，通过 Graphics 类的 FromImage 静态方法，创建 Graphics 类的对象 GP，代码如下：

```
private void Form1_Load(object sender, EventArgs e)
{
    Bitmap BM = new Bitmap(@"E:\PIC1.BMP"); //实例化 Bitmap 类
    //通过 FromImage 方法创建 Graphics 对象
    Graphics GP = Graphics.FromImage(BM);
}
```

14.3　Pen 类对象

在 GDI+中，使用笔对象来呈现图形、文本和图像。笔是 Pen 类的实例，可用于绘制线条和空心形状，或者线条组合成的其他几何形状。

14.3.1　创建 Pen 类对象

Pen 类提供了 4 种创建笔对象的方法，即提供了 4 种构造函数，如表 14-2 所示。

表 14-2　Pen 类的构造函数及其说明

名　称	说　明
Pen(Brush)	用指定的 Brush 初始化 Pen 类的新实例
Pen(Color)	用指定颜色初始化 Pen 类的新实例
Pen(Brush, Single)	使用指定的 Brush 和 Width 初始化 Pen 类的新实例
Pen(Color, Single)	用指定的 Color 和 Width 属性初始化 Pen 类的新实例

通过指定颜色和宽度创建笔对象是最常用的一种方法。例如，创建一个 Pen 对象，使其颜色为红色，宽度为 2.4，代码如下：

```
Pen MyPen = new Pen(Color.Red, 2.4F);
```

14.3.2　Pen 类对象的常用属性

Pen 类的常用属性及其说明如表 14-3 所示。

表 14-3　Pen 类的常用属性及其说明

名　称	说　明
Color	获取或设置 Pen 的颜色
Width	获取或设置 Pen 的宽度，以用于绘图的 Graphics 对象为单位
DashStyle	获取或设置通过 Pen 绘制的虚线的样式
StartCap	获取或设置要在通过 Pen 绘制的直线起点使用的样式
EndCap	获取或设置要在通过 Pen 绘制的直线终点使用的样式

DashStyle 属性用于设置虚线的样式，其为枚举类型，其枚举取值及说明如表 14-4 所示。

表 14-4　DashStyle 枚举取值及其说明

名　称	说　明
Solid	指定实线
Dash	指定由下划线样式组成的直线
Dot	指定由点构成的直线
DashDot	指定由重复的下划线与点图案构成的直线
Custom	指定用户自定义划线段样式

StartCap 属性、EndCap 属性分别用于设置直线起点使用的样式和终点使用的样式，取值为枚举类型的 LineCap。其枚举取值及说明如表 14-5 所示。

表 14-5　LineCap 枚举取值及说明

成员名称	说　明
Flat	指定平线帽
Square	指定方线帽
Round	指定圆线帽

续表

成员名称	说　明
Triangle	指定三角线帽
NoAnchor	指定没有锚
SquareAnchor	指定方线帽
RoundAnchor	指定圆线帽
DiamondAnchor	指定菱形线帽
ArrowAnchor	指定箭头状线帽
Custom	指定自定义线帽

例如，将 Pen 对象的起点设置为圆线帽，终点设置为菱形线帽，代码如下：

```
Pen MyPen = new Pen(Color.Red, 2.4F);         //创建红色宽度为 2.4 的笔对象
MyPen.StartCap = LineCap.Round;               //设置起点线帽
MyPen.EndCap = LineCap.DiamondAnchor;         //设置终点线帽
```

DashStyle 枚举和 LineCap 枚举都位于 System.Drawing.Drawing2D 命名空间，使用时请先导入该命名空间。

14.4　Brush 类的使用

画刷类对象指定填充封闭图形内部的颜色和样式，封闭图形包括矩形、椭圆、扇形、多边形和任意封闭图形。Brush 类是一个抽象基类，不能进行实例化，若要创建一个画笔对象，则需要使用从 Brush 派生的类，如 SolidBrush、TextureBrush 和 LinearGradientBrush 等。

GDI+系统提供了几个预定义画刷类，如表 14-6 所示。

表 14-6　画刷类型及其说明

名　称	说　明
SolidBrush	定义单色画笔，即用单色填充封闭区域
HatchBrush	纹理画刷是指定样式、指定填充线条的颜色和指定背景颜色的画刷
TextureBrush	纹理画刷使用图像填充封闭曲线的内部
LinearGradientBrush	双色渐变和自定义多色渐变画刷
PathGradientBrush	通过渐变填充对象的内部

14.4.1　创建 SolidBrush 画刷对象

SolidBrush 用于定义单色画刷对象的类，位于 System.Drawing 命名空间，只有一种创建方法，创建的格式如下：

```
SolidBrush 画刷对象名=new SolidBrush(颜色)
```

例如，创建 SolidBrush 类画刷 MySB，颜色为绿色，代码如下：

```
SolidBrush MySB = new SolidBrush(Color.Green);
```

实例 1 使用 SolidBrush 画刷对象绘制图形(源代码\ch14\14.1.txt)。

编写程序，创建一个 Windows 应用程序，在窗体中添加一个 Panel 控件，在它的 Paint 事件中使用 SolidBrush 画刷对象绘制圆形、椭圆形和正方形。

```
public partial class Form1 : Form
    {
        public Form1()
        {
            InitializeComponent();
        }
        private void panel1_Paint(object sender, PaintEventArgs e)
        {
            //在容器 Panel 控件的 Paint 事件中，创建 Graphics 类的对象 g
            Graphics g = e.Graphics;
            //使用 SolidBrush 类创建一个 Brush 对象，设置绘图的颜色为绿色
            Brush greenBrush = new SolidBrush(Color.Green);
            //设置直径变量
            int radius = 60;
            //绘制圆，(10, 10)为左上角的坐标，radius 为直径
            g.FillEllipse(greenBrush, 10, 10, radius, radius);
            Brush redBrush = new SolidBrush(Color.Red);
            //绘制椭圆，其实圆是一种特殊的椭圆，即两个定点重合，(70, 80)为左上角的坐标，
            //90 为椭圆的宽度，60 为椭圆的高度
            g.FillEllipse(redBrush, 70, 80, 90, 60);
            //绘制正方形
            Brush blueBrush = new SolidBrush(Color.RoyalBlue);
            Rectangle r = new Rectangle(150, 10, 50, 70);
            //填充 Rectangle
            g.FillRectangle(blueBrush, r);
        }
    }
```

程序运行结果如图 14-1 所示。

注意：使用与 Brush 相关的类时需要导入 System.Drawing.Drawing2D 命名空间，此后不再赘述。

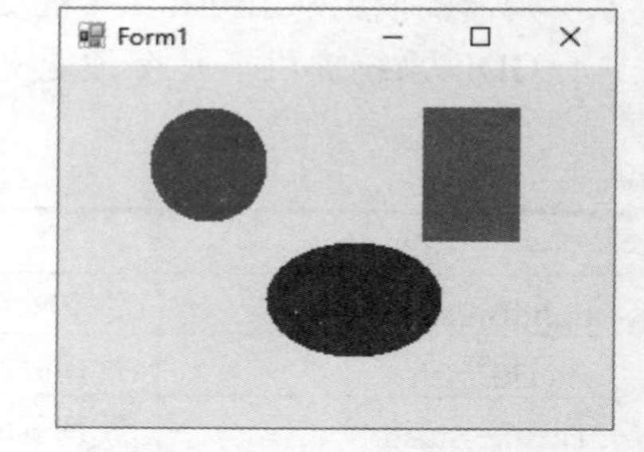

图 14-1 SolidBrush 画刷

14.4.2 创建 HatchBrush 画刷对象

HatchBrush 类提供了一种特定样式的图形，用来制作填满整个封装区域的绘图效果，HatchBrush 类位于 System.Drawing.Drawing2D 命名空间。HatchBrush 类有两种构造函数，如表 14-7 所示。

表 14-7 HatchBrush 类构造函数

名 称	说 明
HatchBrush(HatchStyle, Color)	使用指定的 HatchStyle 枚举和前景色创建 HatchBrush 类的新实例
HatchBrush(HatchStyle, Color, Color)	使用指定的 HatchStyle 枚举、前景色和背景色创建 HatchBrush 类的新实例

其中，HatchStyle 枚举的取值非常多，表 14-8 列举了几个常用的取值。

表 14-8　HatchStyle 枚举的取值及其说明

名　称	说　明
Horizontal	水平线的图案
Vertical	垂直线的图案
ForwardDiagonal	从左上到右下对角线的线条图案
BackwardDiagonal	从右上到左下对角线的线条图案
Cross	指定交叉的水平线和垂直线
DiagonalCross	交叉对角线的图案

例如，创建 HatchBrush 类画刷 MyHB1，水平线图案，前景色为蓝色，画刷 MyHB2，垂直线图案，背景色为红色，前景色为白色，代码如下：

```
HatchBrush MyHB1 = new HatchBrush(HatchStyle.Horizontal, Color.Blue);
HatchBrush MyHB2 = new HatchBrush(HatchStyle.Vertical, Color.Red, Color.White);
```

实例 2　使用 HatchBrush 画刷对象绘制矩形(源代码\ch14\14.2.txt)。

编写程序，创建一个 Windows 应用程序，在窗体中添加一个 Panel 控件，通过 Panel 控件的 Paint 事件，使用 HatchBrush 画刷对象绘制矩形。

```
public partial class Form1 : Form
   {
       public Form1()
       {
           InitializeComponent();
       }
       private void panel1_Paint(object sender, PaintEventArgs e)
       {
           //在容器 Panel 控件的 Paint 事件中，创建 Graphics 类的对象 g
           Graphics g = e.Graphics;
           //创建 HatchBrush 类，设置 HatchStyle 值、前景色以及背景色
           HatchBrush h = new HatchBrush(HatchStyle.Vertical, Color.Red, Color.White);
           //绘制矩形
           Rectangle r = new Rectangle(10, 10, 300, 200);
           //填充矩形
           g.FillRectangle(h, r);
       }
   }
```

程序运行结果如图 14-2 所示。

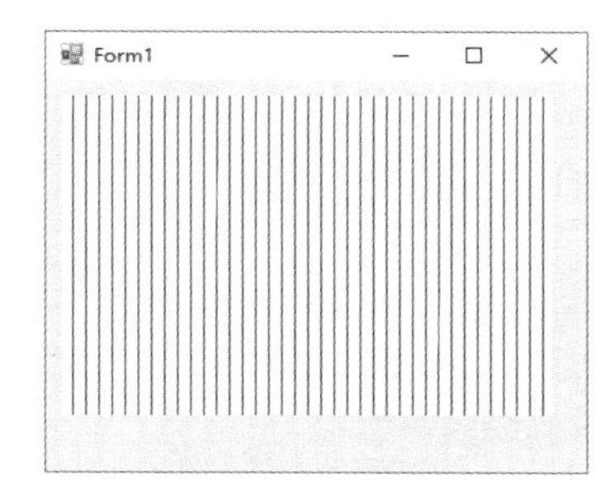

图 14-2　HatchBrush 画刷

14.4.3 创建 LinearGradientBrush 画刷对象

LinearGradientBrush 画刷提供双色渐变的特效。双色渐变是指定两条平行线分别为颜色渐变的开始位置和结束位置，沿着两条平行线的垂直方向，从一种颜色均匀、线性地渐变为另一种颜色。该类位于 System.Drawing.Drawing2D 命名空间，创建对象的方法如下：

```
LinearGradientBrush 画刷名=new LinearGradientBrush(point1,point2,color1,color2)
```

其中，point1 表示线性渐变起始点的 Point 结构；point2 表示线性渐变终结点的 Point 结构；color1 表示线性渐变起始色的 Color 结构；color2 表示线性渐变结束色的 Color 结构。

例如，创建 LinearGradientBrush 类画刷对象 LGB，渐变开始点为(50，50)，渐变结束点为(150，150)，渐变开始色为红色，渐变结束色为白色，代码如下：

```
Point PT1 = new Point(50, 50);
Point PT2 = new Point(150, 150);
LinearGradientBrush LGB = new LinearGradientBrush(PT1, PT2, Color.Red, Color.White);
```

实例 3 绘制一个渐变图形(源代码\ch14\14.3.txt)。

编写程序，创建一个 Windows 应用程序，在窗体中添加一个 Button 控件，使用 LinearGradientBrush 画刷对象，实现单击 Button 按钮，在窗体中绘制一个渐变图形。

```
public partial class Form1 : Form
    {
        public Form1()
        {
            InitializeComponent();
        }
        private void button1_Click(object sender, EventArgs e)
        {
            //实例化两个 point 类，作为渐变图形的起始点和结束点
            Point pt1 = new Point(50, 50);
            Point pt2 = new Point(200, 200);
            //实例化 Graphics
            Graphics g = this.CreateGraphics();
            //实例化 LinearGradientBrush，设置起始点和终止点以及渐变色
            LinearGradientBrush l = new LinearGradientBrush(pt1, pt2, Color.Black,
Color.AntiqueWhite);
            //填充矩形
            Rectangle r = new Rectangle(10, 10, 250, 200);
            g.FillRectangle(l, r);
        }
    }
```

程序运行结果如图 14-3 所示。

14.4.4 创建 TextureBrush 画刷对象

TextureBrush 画刷可以指定图像作为新 TextureBrush 对象。该类位于 System.Drawing.Drawing2D 命名空间，创建该类对象的方法如下：

```
TextureBrush 画刷名=new TextureBrush(图像路径)
```

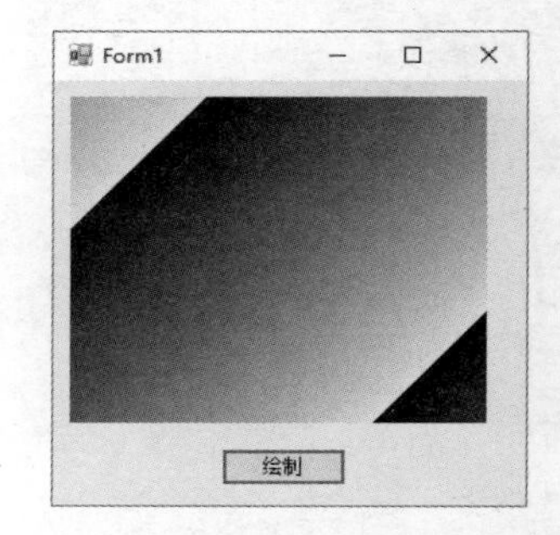

图 14-3 LinearGradientBrush 画刷

例如，创建 TextureBrush 类画刷对象 TB，以"E:\pic\myface.jpg"图像填充画刷，代码如下：

```
TextureBrush TB = new TextureBrush(@"E:\pic\myface.jpg");
```

路径前加@表示“\”作为路径分隔符使用，而非转义字符。

实例 4　填充图像到指定窗体中(源代码\ch14\14.4.txt)。

编写程序，创建一个 Windows 应用程序，使用 TextureBrush 画刷对象，通过在窗体的 Paint 对象中编写代码，实现将指定图像填充到窗体中。

```
public partial class Form1 : Form
    {
        public Form1()
        {
            InitializeComponent();
        }
        private void Form1_Paint(object sender, PaintEventArgs e)
        {
            //创建 Graphics 对象
            Graphics g = this.CreateGraphics();
            //实例化 Bitmap 对象，用于获取图像的路径
            Bitmap b = new Bitmap(@"E:\test\ch14\14-4\14-4\bin\Debug\1.jpg");
            //实例化 TextureBrush 对象
            TextureBrush t = new TextureBrush(b);
            //使用 TranslateTransform 方法，令图像从坐标(50, 50)处开始填充
            g.TranslateTransform(50, 50);
            g.FillRectangle(t, 0, 0, 150, 150);
        }
    }
```

程序运行结果如图 14-4 所示。

14.4.5　使用画刷填充图形

Graphics 类提供了很多使用画刷填充封闭图形内容的方法，如表 14-9 所示。

图 14-4　TextureBrush 画刷

表 14-9　Graphics 类提供的填充图形的方法及其说明

名　称	说　明
FillEllipse	填充边框所定义的椭圆的内部，该边框由一对坐标、一个宽度和一个高度指定
FillPath	填充 GraphicsPath 的内部
FillPie	填充由一对坐标、宽度、高度以及两条射线指定的椭圆所定义的扇形区的内部

续表

名 称	说 明
FillPolygon	填充 Point 结构指定的点数组所定义的多边形的内部
FillRectangle	填充由一对坐标、一个宽度和一个高度指定的矩形的内部
FillRectangles	填充由 Rectangle 结构指定的一系列矩形的内部
FillRegion	填充 Region 的内部

实例 5 使用不同的画刷填充矩形(源代码\ch14\14.5.txt)。

编写程序，创建一个 Windows 应用程序，向窗体中添加 1 个标签控件 Label1、1 个容器控件 Panel、1 个组合框 ComboBox1、1 个对话框 OpenFileDialog1，适当调整对象的大小和位置。通过选择组合框中的选项，分别使用单色画刷、渐变画刷、纹理画刷和图像画刷填充矩形。

```
public partial class Form1 : Form
{
    public Form1()
    {
        InitializeComponent();
    }
    //声明 Graphics 类型对象
    Graphics g;
    //创建 Rectangle 矩形结构，并指定其大小
    Rectangle r = new Rectangle(30, 20, 150, 150);
    private void Form1_Load(object sender, EventArgs e)
    {
        //初始化 Graphics 对象
        g = panel1.CreateGraphics();
        //设置 comboBox1 控件的 DropDownStyle 属性，只能从下拉列表项中选择
        comboBox1.DropDownStyle = ComboBoxStyle.DropDownList;
    }
    private void comboBox1_SelectedIndexChanged(object sender, EventArgs e)
    {
        //通过下拉列表中项的索引绘制图像
        switch (comboBox1.SelectedIndex)
        {
            case 0:
                {
                    //单色画刷
                    SolidBrush SB = new SolidBrush(Color.Green);
                    g.FillRectangle(SB, r);
                    break;
                }
            case 1:
                {
                    //纹理画刷
                    HatchBrush HB = new HatchBrush(HatchStyle.Cross, Color.Blue, Color.Orange);
                    g.FillRectangle(HB, r);
                    break;
                }
            case 2:
                {
                    //渐变画刷
                    LinearGradientBrush LGB = new LinearGradientBrush(new Point(20, 20), new
                    Point(25, 30), Color.Black, Color.Firebrick);
```

```
                g.FillRectangle(LGB, r);
                break;
            }
        default:
            {
                //图像画刷，通过打开文件对话框控件，使选择的图像填充到窗体
                openFileDialog1.Filter = "图形图像(*.jpg)|*.jpg|图像(*.gif)|*.gif";
                if (openFileDialog1.ShowDialog() == DialogResult.OK)
                {
                    TextureBrush TB = new
                    TextureBrush(Image.FromFile(openFileDialog1.FileName));
                    //设置 TranslateTransform 属性使图像从坐标(30, 20)处开始填充
                    g.TranslateTransform(30, 20);
                    g.FillRectangle(TB, 0,0,150,150);
                }
                break;
            }
        }
    }
}
```

程序运行结果如图 14-5 到图 14-8 所示。

图 14-5　单色画刷

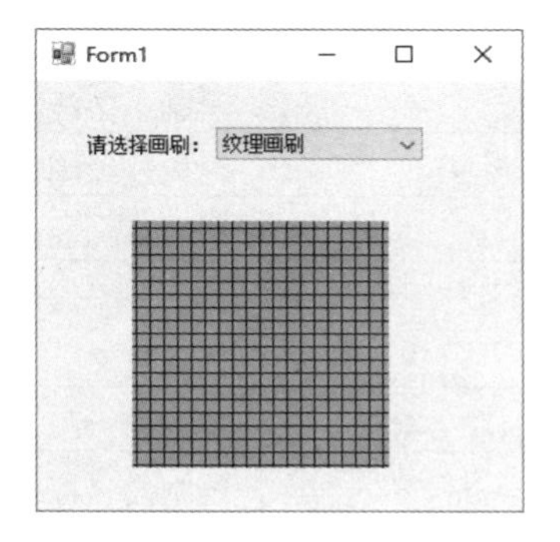

图 14-6　纹理画刷

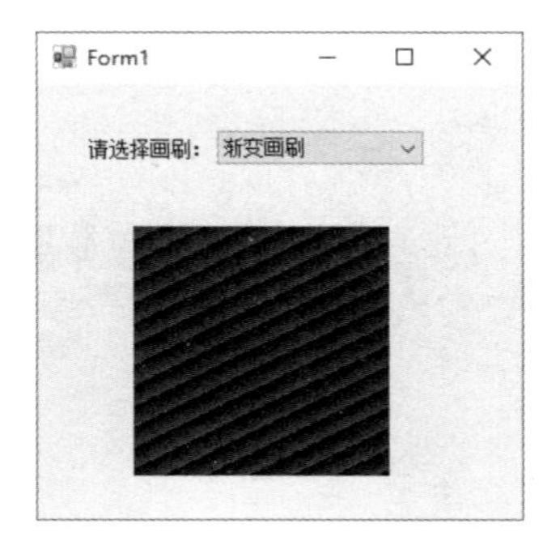

图 14-7　渐变画刷

图 14-8　图像画刷

14.5　绘制基本图形

GDI+绘制基本图形的步骤：通过设置笔(Pen 类)的颜色及粗细，调用 Graphics 的方法来绘制图形，对于封闭形状还可以调用刷子(Brush 类)来填充内部。Graphics 类提供的绘图

方法如表 14-10 所示，常见的几何图形包括直线、贝塞尔曲线、弧形、矩形、多边形、圆形、椭圆形和扇形等。

表 14-10　Graphics 类的绘图方法及说明

方法名称	说　明
DrawArc	绘制一段弧线，它表示由一对坐标、宽度和高度指定的椭圆部分
DrawBezier	绘制由 4 个 Point 结构定义的贝塞尔样条
DrawBeziers	用 Point 结构数组绘制一系列贝塞尔样条
DrawClosedCurve	绘制由 Point 结构的数组定义的闭合基数样条
DrawCurve	绘制经过一组指定的 Point 结构的基数样条
DrawEllipse	绘制一个由边框(该边框由一对坐标、高度和宽度指定)定义的椭圆
DrawIcon	在指定坐标处绘制由指定的 Icon 表示的图像
DrawIconUnstretched	绘制指定的 Icon 表示的图像，而不缩放该图像
DrawImage	在指定位置并且按原始大小绘制指定的 Image
DrawImageUnscaled	在由坐标对指定的位置，使用图像的原始物理大小绘制指定的图像
DrawLine	绘制一条线段，线段的起点与终点由坐标指定
DrawLines	已重载绘制一系列连接一组 Point 结构的线段
DrawPath	绘制 GraphicsPath
DrawPie	绘制一个扇形，该形状由一个坐标对、宽度、高度以及两条射线所指定的椭圆定义
DrawPolygon	绘制由一组 Point 结构定义的多边形
DrawRectangle	绘制由坐标对、宽度和高度指定的矩形
DrawRectangles	绘制一系列由 Rectangle 结构指定的矩形
DrawString	在指定位置并且用指定的 Brush 和 Font 对象绘制指定的文本字符串

14.5.1　绘制直线

Graphics 类的 DrawLine 方法实现了绘制直线。DrawLine 方法有 4 个重载版本，这里只介绍两个有代表性的方法。

方法 1：给定笔参数、两个 Point 结构点，形式如下：

```
DrawLine(Pen pen,Point pt1,Point pt2)
```

其中参数说明如下：

(1) pen 类型：给线条指定 Pen 对象，它确定线条的颜色、宽度和线条样式。

(2) pt1：为 Point 类型结构，它指定线段的起点。

(3) pt2：为 Point 类型结构，它指定线段的终点。

如果 pt2 的值大于 pt1，那么该直线将会逆向绘制。

例如，绘制一条宽度为 2，红色实线型直线，起点坐标为(10，20)，终点坐标为(100，120)，在窗体的 Paint 事件中键入如下代码：

```
    Graphics GPS = this.CreateGraphics();
    Pen MyPen = new Pen(Color.Red, 2f);
    Point pt1 = new Point(10, 20);
Point pt2 = new Point(100, 120);
GPS.DrawLine(MyPen, pt1, pt2);
```

方法 2：给定笔参数，指定起点的 x 坐标和 y 坐标，指定终点的 x 坐标和 y 坐标。形式为：

```
DrawLine(Pen pen,int x1,int y1,int x2,int y2)
```

其中参数说明如下：

(1) pen：给线条指定 Pen 对象，它确定线条的颜色、宽度和线条样式。

(2) x1：线条起点的 x 坐标值。

(3) y1：线条起点的 y 坐标值。

(4) x2：线条终点的 x 坐标值。

(5) y2：线条终点的 y 坐标值。

例如，绘制一条宽度为 2，红色实线型直线，起点 x 坐标为 10，起点 y 坐标为 20，终点 x 坐标为 100，终点 y 坐标为 120，在窗体的 Paint 事件中键入如下代码：

```
    Graphics GPS = this.CreateGraphics();
    Pen MyPen = new Pen(Color.Red, 2f);
GPS.DrawLine(MyPen, 10, 20,100,120);
```

实例 6　绘制直线(源代码\ch14\14.6.txt)。

编写程序，创建一个 Windows 应用程序，在窗体中添加两个 Button 控件，使用两种绘制方法绘制直线。

```
public partial class Form1 : Form
{
    public Form1()
    {
        InitializeComponent();
    }
    private void button1_Click(object sender, EventArgs e)
    {
        //创建 Graphics 对象
        Graphics GPS = this.CreateGraphics();
        //创建黑色 Pen 对象
        Pen MyPen = new Pen(Color.Black, 2f);
        //确定起点、终点
        Point pt1 = new Point(70, 20);
        Point pt2 = new Point(200, 320);
        //使用 DrawLine 方法绘制直线
        GPS.DrawLine(MyPen, pt1, pt2);
    }
    private void button2_Click(object sender, EventArgs e)
    {
        //创建 Graphics 对象
        Graphics GPS = this.CreateGraphics();
        //创建红色 Pen 对象
```

```
        Pen MyPen = new Pen(Color.Red, 2f);
        //使用 DrawLine 方法绘制直线
        GPS.DrawLine(MyPen, 50, 20, 300, 220);
    }
}
```

程序运行结果如图 14-9 所示。

14.5.2 绘制矩形

绘制矩形可以使用 DrawRectangle 方法，常用以下两种方法。

方法 1：按指定的 Rectangle 结构绘制矩形，它的表现形式如下：

```
DrawRectangle(Pen pen,Rectangle rect)
```

图 14-9 绘制直线

其中参数说明如下：

(1) pen：给线条指定 Pen 对象，确定矩形的颜色、宽度和线条样式。

(2) rect：是一个 Rectangle 类型的结构，即要绘制的矩形位置及大小。

例如，绘制一条宽度为 1，蓝色实线型矩形，使用 Rectangle 结构(30,30,150,100)，在窗体的 Paint 事件中键入如下代码：

```
    Graphics GPS = this.CreateGraphics();
    Pen MyPen = new Pen(Color.Blue, 1f);
    //绘制起点为(30,30)，宽为 150，高 100 的矩形
    Rectangle Rect = new Rectangle(30, 30, 150, 100);
GPS.DrawRectangle(MyPen, Rect);
```

方法 2：绘制坐标对、宽度和高度指定的矩形，表现形式如下：

```
DrawRectangle(Pen pen,int x,int y,int width,int height)
```

其中参数说明如下：

(1) pen：给线条指定 Pen 对象，确定矩形的颜色、宽度和线条样式。

(2) x：要绘制的矩形左上角的 x 轴坐标值。

(3) y：要绘制的矩形左上角的 y 轴坐标值。

(4) width：要绘制的矩形的宽度。

(5) height：要绘制的矩形的高度。

如果参数 width 和 height 值为负，那么该矩形将不会在窗体中显示。

例如，绘制一个线条宽度为 1、蓝色实线型矩形，矩形左上角 x 坐标值为 10，y 坐标值为 20，宽度为 100，高度为 80，在窗体的 Paint 事件中键入如下代码：

```
    Graphics GPS = this.CreateGraphics();
    Pen MyPen = new Pen(Color.Blue, 1f);
GPS.DrawRectangle(MyPen, 10,20,100,80);
```

实例 7　绘制矩形(源代码\ch14\14.7.txt)。

编写程序，创建一个 Windows 应用程序，在窗体中添加一个 Button 控件，使用 DrawRectangle 方法绘制矩形。

```
public partial class Form1 : Form
{
    public Form1()
    {
        InitializeComponent();
    }
    private void button1_Click(object sender, EventArgs e)
    {
        //创建 Graphics 对象
        Graphics GPS = this.CreateGraphics();
        //给定 Pen 对象，确定矩形的颜色为红色，宽度为 2
        Pen MyPen = new Pen(Color.Red, 2f);
        //绘制起点为(35,35)，宽为 200，高 100 的矩形
        Rectangle Rect = new Rectangle(35, 35, 200, 100);
        //使用 DrawRectangle 进行绘制
        GPS.DrawRectangle(MyPen, Rect);
    }
}
```

程序运行结果如图 14-10 所示。

图 14-10　绘制矩形

14.5.3　绘制椭圆

Graphics 类提供的 DrawEllipse 方法用于绘制椭圆，常用的两种绘图方法如下。

方法 1：绘制一个由 Rectangle 边界定义的椭圆，它的表现形式如下：

```
DrawEllipse(Pen pen,Rectangle rect)
```

其中参数说明如下：

(1) pen：给线条指定 Pen 对象，确定椭圆的颜色、宽度和线条样式。

(2) rect：Rectangle 结构，定义椭圆的边界。

例如，创建一个椭圆，绿色边线宽度为 1.5，使用 Rectangle 结构(10,10,80,50)，在窗体的 Paint 事件中键入如下代码：

```
    Graphics GPS = this.CreateGraphics();
    Pen MyPen = new Pen(Color.Green, 1.5f);
Rectangle Rect = new Rectangle(10, 10, 80, 50);
GPS.DrawEllipse(MyPen, Rect);
```

方法 2：绘制一个指定边界左上角坐标、宽度和高度的椭圆的方法，它的表现形式如下：

```
DrawEllipse(Pen pen,int x,int y,int width,int height)
```

其中参数说明如下：

(1) pen：给线条指定 Pen 对象，确定椭圆的颜色、宽度和线条样式。

(2) x：要绘制的椭圆左上角的 x 坐标值。

(3) y：要绘制的椭圆左上角的 y 坐标值。

(4) width：要绘制的椭圆的宽度。

(5) height：要绘制的椭圆的高度。

例如，创建一个椭圆，绿色边线宽度为 1.5，位置的 x 坐标值为 10，y 坐标值为 10，宽度为 80，高度为 50，在窗体的 Paint 事件中键入如下代码：

```
Graphics GPS = this.CreateGraphics();
Pen MyPen = new Pen(Color.Green, 1.5f);
GPS.DrawEllipse(MyPen, 10,10,80,50);
```

注意　圆形的绘制方法与椭圆完全一样，只需要把宽度和高度设置为相同的值即可。

实例 8　绘制椭圆(源代码\ch14\14.8.txt)。

编写程序，创建一个 Windows 应用程序，在窗体中添加两个 Button 按钮，使用两种方法绘制椭圆。

```
public partial class Form1 : Form
{
    public Form1()
    {
        InitializeComponent();
    }
    private void button1_Click(object sender, EventArgs e)
    {
        //创建一个 Graphics 对象
        Graphics GPS = this.CreateGraphics();
        //给线条指定 Pen 对象确定椭圆颜色为绿色，宽度为 2
        Pen MyPen = new Pen(Color.Green, 2f);
        //使用 Rectangle 结构定义椭圆的边界，位置为(30,30)，宽为 150，高为 70
        Rectangle Rect = new Rectangle(30, 30, 150, 70);
        //使用 DrawEllipse 绘制椭圆
        GPS.DrawEllipse(MyPen, Rect);
    }
    private void button2_Click(object sender, EventArgs e)
    {
        //创建 Graphics 对象
        Graphics GPS = this.CreateGraphics();
        //给线条指定 Pen 对象确定椭圆颜色为黑色，宽度为 2.5
        Pen MyPen = new Pen(Color.Black, 2.5f);
        //使用 DrawEllipse 方法绘制椭圆，坐标为(150,90)，宽为 100，高为 60
        GPS.DrawEllipse(MyPen, 150, 90, 100, 60);
    }
}
```

程序运行结果如图 14-11 所示。

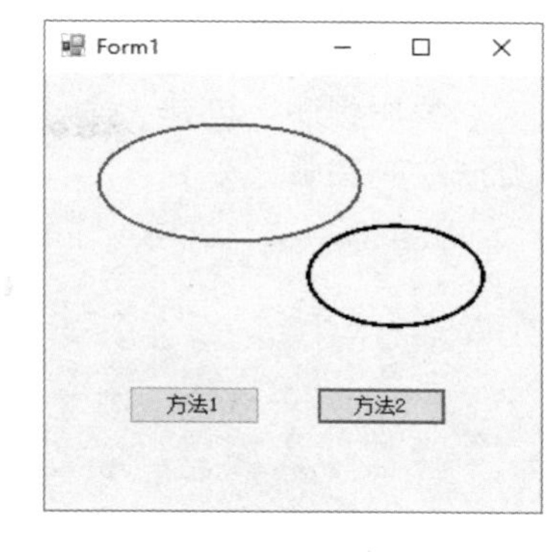

图 14-11　绘制椭圆

14.5.4　绘制圆弧

Graphics 类提供的 DrawArc 方法用于绘制圆弧，常用的两种绘图方法如下。

方法 1：绘制一个由 Rectangle 定义边界，指定开始角度和结束角度的圆弧，它的表现形式如下：

```
DrawArc(Pen pen,Rectangle rect,float
startAngle,float sweepAngle)
```

其中参数说明如下：

(1) pen：给线条指定 Pen 对象，确定圆弧的颜色、宽度和线条样式。

(2) rect：Rectangle 结构，定义圆弧的边界。

(3) startAngle：从 x 轴到弧线的起始点沿顺时针方向度量的角(以度为单位)。

(4) sweepAngle：从 startAngle 参数到弧线的结束点沿顺时针方向度量的角(以度为单位)。

例如，绘制一个圆弧，Rectangle 结构为(0,0,100,80)，起点角度为 45 度，结束角度为 270 度，在窗体的 Paint 事件中键入如下代码：

```
    Graphics GPS = this.CreateGraphics();
    Pen MyPen = new Pen(Color.Green, 1.5f);
    Rectangle Rect = new Rectangle(0, 0, 100, 80);
GPS.DrawArc(MyPen, Rect, 45, 270);
```

方法 2：绘制一个由左上角 x 坐标和 y 坐标指定宽度和高度、开始角度和结束角度的圆弧，它的表现形式如下：

```
DrawArc(Pen pen,int x,int y,int width,int height,int startAngle,int sweepAngle)
```

其中参数说明如下：

(1) pen：给线条指定 Pen 对象，确定圆弧的颜色、宽度和线条样式。

(2) x：定义圆弧的矩形的左上角的 x 坐标。

(3) y：定义圆弧的矩形的左上角的 y 坐标。

(4) width：定义圆弧的矩形的宽度。

(5) height：定义圆弧的矩形的高度。

(6) startAngle：从 x 轴到弧线的起始点沿顺时针方向度量的角(以度为单位)。

(7) sweepAngle：从 startAngle 参数到弧线的结束点沿顺时针方向度量的角(以度为单位)。

例如，绘制一个圆弧，矩形位置在 x 坐标 10，y 坐标 10，宽度为 80，高度为 50，起始角度为 45 度，结束角度为 270 度，在窗体的 Paint 事件中键入如下代码：

```
    Graphics GPS = this.CreateGraphics();
    Pen MyPen = new Pen(Color.Green, 1.5f);
GPS.DrawArc(MyPen, 10, 10, 80, 50, 45, 270);
```

实例 9 绘制圆弧(源代码\ch14\14.9.txt)。

编写程序，创建一个 Windows 应用程序，在窗体中添加两个 Button 按钮，通过两种方法绘制圆弧。

```
public partial class Form1 : Form
{
    public Form1()
    {
        InitializeComponent();
    }
    private void button1_Click(object sender, EventArgs e)
    {
        //创建 Graphics 对象
        Graphics GPS = this.CreateGraphics();
        //创建 pen 对象，给圆弧指定颜色为黑色，宽度为 2
        Pen MyPen = new Pen(Color.Black, 2f);
        //定义 Rectangle 结构，确定坐标为(30,30)，宽为 150，高为 80
        Rectangle Rect = new Rectangle(30, 30, 150, 80);
        //使用 DrawArc 方法绘制圆弧，起始角度为 45 度，结束角度为 260 度
        GPS.DrawArc(MyPen, Rect, 45, 260);
    }
    private void button2_Click(object sender, EventArgs e)
    {
        //创建 Graphics 对象
        Graphics GPS = this.CreateGraphics();
        //创建 pen 对象，给圆弧指定颜色为红色，宽度为 3
        Pen MyPen = new Pen(Color.Red, 3f);
        //使用 DrawArc 方法绘制圆弧
        GPS.DrawArc(MyPen, 30, 30, 150, 80, 45, 260);
    }
}
```

程序运行结果如图 14-12 所示。

图 14-12 绘制圆弧

14.5.5 绘制扇形

Graphics 类提供的 DrawPie 方法用于绘制扇形，常用的两种绘图方法如下。

方法 1：绘制由一个 Rectangle 结构和两条射线所指定的椭圆定义的扇形，它的表现形式如下：

```
DrawPie(Pen pen,Rectangle rect,float startAngle,float
sweepAngle)
```

其中参数说明如下：

(1) pen：确定扇形的颜色、宽度和样式。

(2) rect：Rectangle 结构，表示定义扇形所属的椭圆的边框。

(3) startAngle：从 x 轴到扇形的第 1 条边沿顺时针方向度量的角(以度为单位)。

(4) sweepAngle：从 startAngle 参数到扇形的第 2 条边沿顺时针方向度量的角(以度为单位)。

例如，绘制一个扇形，Rectangle 结构为(0,0,200,100)，起始角度为 0 度，结束角度为 45 度，在窗体的 Paint 事件中键入如下代码：

```
    Graphics GPS = this.CreateGraphics();
    //创建 Pen 对象
    Pen blackPen = new Pen(Color.Black, 3);
    //创建矩形大小
    Rectangle rect = new Rectangle(0, 0, 200, 100);
    //指定起始角度
    float startAngle =  0.0F;
    //指定结束角度
    float sweepAngle = 45.0F;
    //在屏幕上绘制扇形
GPS.DrawPie(blackPen, rect, startAngle, sweepAngle);
```

方法 2：绘制一个由一个坐标值、宽度、高度以及两条射线所指定的椭圆定义的扇形，它的表现形式如下：

```
DrawPie(Pen pen,int x,int y,int width,int height,int startAngle,int sweepAngle)
```

其中参数说明如下：

(1) pen：确定扇形的颜色、宽度和样式。

(2) x：边框左上角的 x 坐标，该边框定义扇形所属的椭圆。

(3) y：边框左上角的 y 坐标，该边框定义扇形所属的椭圆。

(4) width：边框的宽度，该边框定义扇形所属的椭圆。

(5) height：边框的高度，该边框定义扇形所属的椭圆。

(6) startAngle：从 x 轴到扇形的第一条边沿顺时针方向度量的角(以度为单位)。

(7) sweepAngle：从 startAngle 参数到扇形的第二条边沿顺时针方向度量的角(以度为单位)。

例如，绘制一个扇形，扇形位置的 x 坐标值为 0，y 坐标值为 0，宽度为 200，高度为 100，起始角度为 45 度，结束角度为 45 度，在窗体的 Paint 事件中键入如下代码。

```
    Graphics GPS = this.CreateGraphics();
    //创建 Pen 对象
    Pen blackPen = new Pen(Color.Black, 3);
    //创建扇形的大小和位置
    int x = 0;
    int y = 0;
    int width = 200;
    int height = 100;
    int startAngle =  0;   //指定起始角度
    int sweepAngle = 45;   //指定结束角度
    //绘制扇形
GPS.DrawPie(blackPen, x, y, width, height, startAngle, sweepAngle);
```

实例 10　绘制两种不同的扇形(源代码\ch14\14.10.txt)。

编写程序，创建一个 Windows 应用程序，在窗体中添加两个 Button 按钮，使用 DrawPie 方法绘制两种不同的扇形。

```
public partial class Form1 : Form
{
    public Form1()
    {
        InitializeComponent();
    }
```

```
    private void button1_Click(object sender, EventArgs e)
    {
        //创建 Graphics 对象
        Graphics GPS = this.CreateGraphics();
        //创建 Pen 对象，确定扇形颜色为棕色，宽度为 3
        Pen blackPen = new Pen(Color.Brown, 3);
        //创建矩形大小
        Rectangle rect = new Rectangle(0, 0, 150, 100);
        //指定起始角度
        float startAngle = 0.0F;
        //指定结束角度
        float sweepAngle = 45.0F;
        //在屏幕上绘制扇形
        GPS.DrawPie(blackPen, rect, startAngle, sweepAngle);
    }
    private void button2_Click(object sender, EventArgs e)
    {
        //创建 Graphics 对象
        Graphics GPS = this.CreateGraphics();
        //创建 Pen 对象，确定扇形颜色为黑色，宽度为 3
        Pen blackPen = new Pen(Color.Black, 3);
        //创建扇形的大小和位置
        int x = 10;
        int y = 70;
        int width = 200;
        int height = 100;
        //指定起始角度
        int startAngle = 0;
        //指定结束角度
        int sweepAngle = 75;
        //绘制扇形
        GPS.DrawPie(blackPen, x, y, width, height, startAngle, sweepAngle);
    }
}
```

程序运行结果如图 14-13 所示。

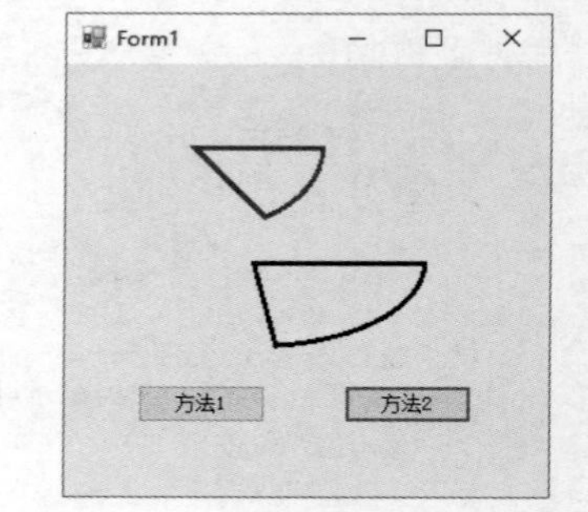

图 14-13　绘制扇形

14.5.6　绘制多边形

DrawPolygon 方法用于绘制多边形，常用于绘制由一组 Point 结构定义的多边形，表现形式如下：

```
DrawPolygon(Pen pen,Point[] points)
```

其中参数说明如下：

pen：确定多边形的颜色、宽度和样式。

points：Point 结构数组，这些结构表示多边形的顶点。

例如，创建黑色钢笔，一个数组，该数组由表示多边形顶点的七个点组成。在窗体的 Paint 事件中键入如下代码：

```
Graphics GPS = this.CreateGraphics();
//创建笔
Pen blackPen = new Pen(Color.Black, 3);
//定义多边形顶点
Point point1 = new Point(50, 50);
Point point2 = new Point(100, 25);
```

```
Point point3 = new Point(200, 5);
Point point4 = new Point(250, 50);
Point point5 = new Point(300, 100);
Point point6 = new Point(350, 200);
Point point7 = new Point(250, 250);
Point[] curvePoints = { point1,point2, point3, point4, point5, point6, point7 };
GPS.DrawPolygon(blackPen, curvePoints);
```

上述绘制图形的方法中，使用的是 Point 结构，还可以使用 PointF 结构，区别在于 Point 结构为整数，PointF 结构为浮点数 Float 类型。

实例 11　绘制一个多边形(源代码\ch14\14.11.txt)。

编写程序，创建一个 Windows 应用程序，使用 DrawPolygon 方法在窗体中绘制一个多边形。

```
public partial class Form1 : Form
{
    public Form1()
    {
        InitializeComponent();
    }
    private void Form1_Paint(object sender, PaintEventArgs e)
    {
        //创建 Graphics 对象
        Graphics GPS = this.CreateGraphics();
        //创建笔，确定多边形颜色为黑色，宽度为 3
        Pen blackPen = new Pen(Color.Black, 3);
        //定义多边形顶点
        Point point1 = new Point(90, 30);
        Point point2 = new Point(50, 60);
        Point point3 = new Point(90, 90);
        Point point4 = new Point(170, 90);
        Point point5 = new Point(210, 60);
        Point point6 = new Point(170, 30);
        //定义 Point 结构数组，用来表示多边形的点
        Point[] curvePoints = { point1, point2, point3, point4, point5, point6 };
        //绘制多边形
        GPS.DrawPolygon(blackPen, curvePoints);
    }
}
```

程序运行结果如图 14-14 所示。

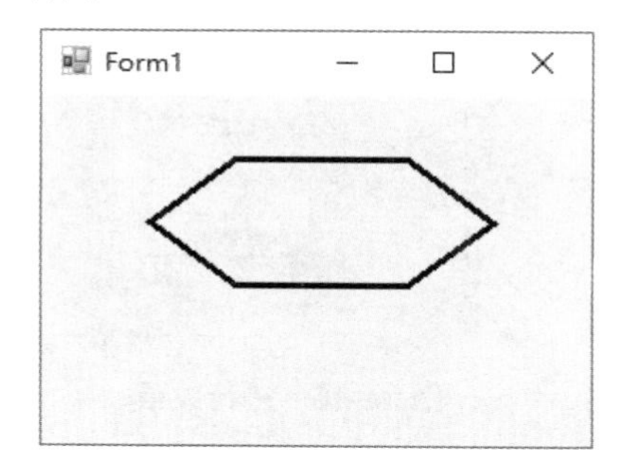

图 14-14　多边形

14.6　就业面试问题解答

问题 1：GDI+的有哪些功能？

答：GDI+的主要功能有以下三种：

(1) 二维矢量图形绘制。矢量图形包括坐标系统中的系列点指定的绘图基元(比如直线、曲线和图形)。例如，直线可通过它的两个端点来指定，而矩形可通过确定其左上角坐标并给出其宽度和高度来指定。

(2) 图像的处理技术。GDI+提供了 Image、Bitmap 和 Metafile 类，可用于显示、操作和保存位图。它们支持众多的图像文件格式，还可以进行多种图像处理的操作。

(3) 文字的显示版式。使用各种字体、字号和样式来显示文本。GDI +为这种复杂任务提供了大量的支持。GDI+中的新功能之一是子像素消除锯齿，它可以使文本在 LCD 屏幕上的呈现比较平滑。

问题 2：GDI+中绘制图形的步骤是什么？

答：由 Graphics 类提供绘图环境(纸)，绘图的笔由 Pen 类或 Brush 类提供，最后利用 Graphics 类提供的绘图方法绘制各种图形。

14.7　上机练练手

上机练习 1：使用 GDI+绘制柱形图。

编写程序，创建一个 Windows 应用程序，向 Form1 窗体添加 1 个分组控件 groupBox1，4 个单选框 radioButton1～radioButton4，2 个按钮 button1～button2，适当调整对象的大小和位置。在应用程序中，添加 Form2 窗体，向该窗体添加 1 个图片控件 pictureBox1。设计应用程序，从投票窗体上选择喜欢的足球人物，并在数据库中为该人增加一票，从数据库中读取每个人的票数，结果在窗体中以柱状图显示。程序运行结果如图 14-15 到图 14-17 所示。

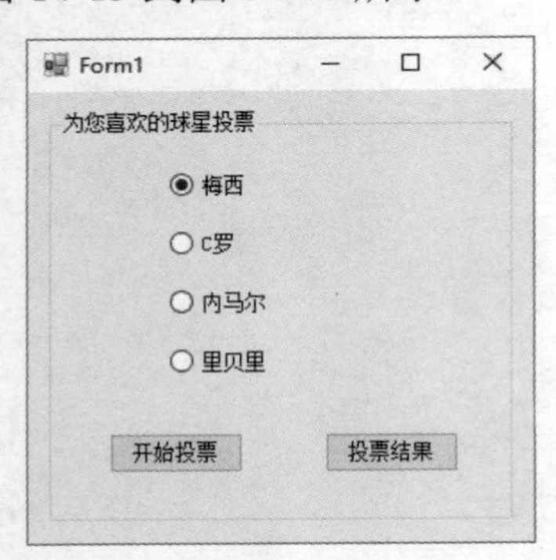

图 14-15　程序运行界面

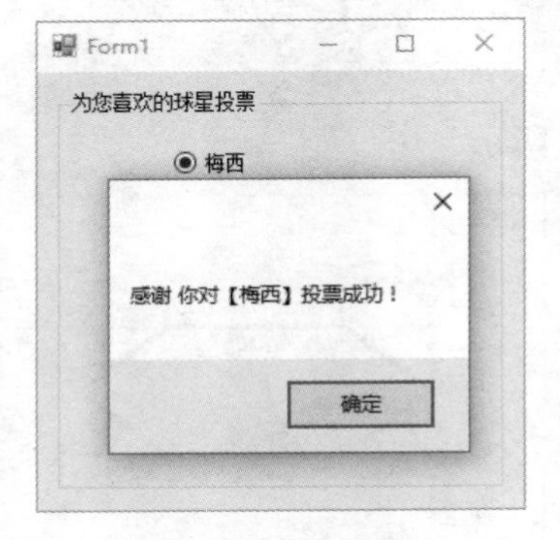

图 14-16　进行投票

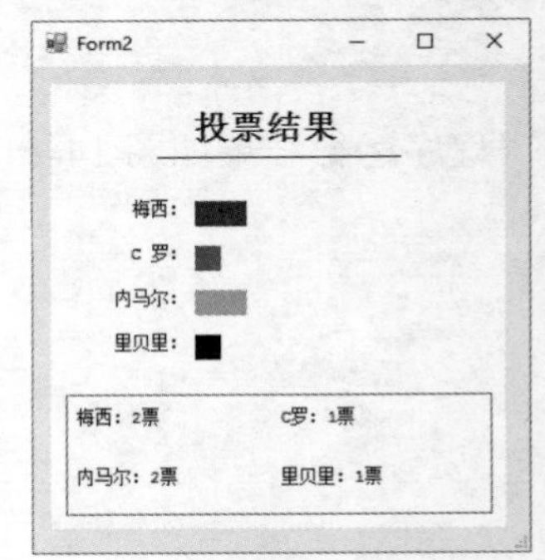

图 14-17　投票结果

上机练习 2：使用 GDI+绘制饼形图。

编写程序，创建一个 Windows 应用程序，在窗体中添加一个 pictureBox1 控件，调整大小与窗体一样。设计应用程序，从数据库中读取优、良、中、差四个等级的人数，并以饼形图显示出来。程序运行结果如图 14-18 所示。

上机练习 3：使用 GDI+绘制折线图。

编写程序，创建一个 Windows 应用程序，向 Form1 窗体添加一个 pictureBox1 控件，调整大小与窗体一样。设计应用程序，根据某年内降雨量，用折线绘制降雨量过程。程序运行结果如图 14-19 所示。

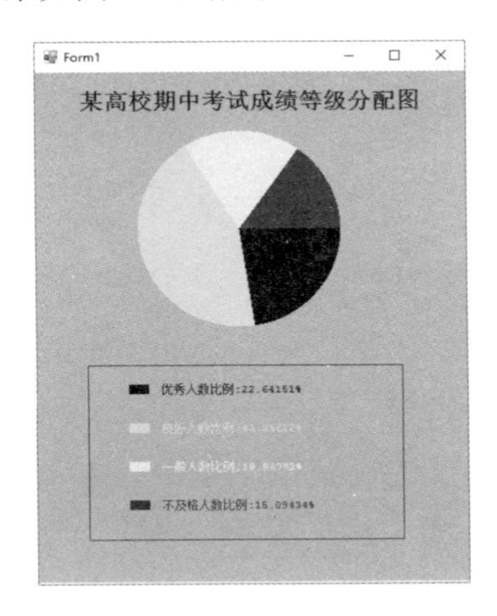

图 14-18　绘制饼形图

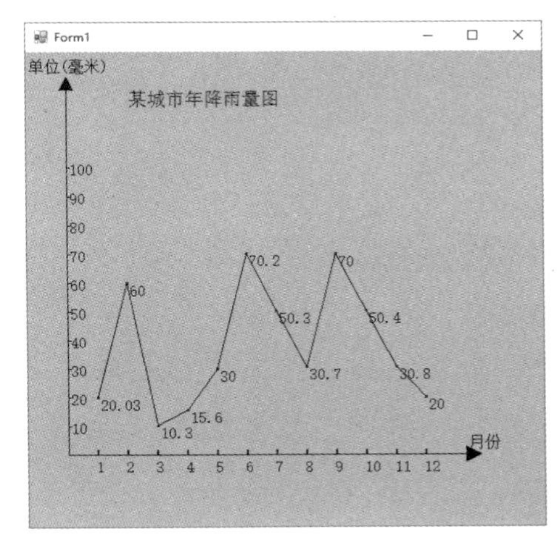

图 14-19　绘制折线图

第15章

C#应用程序的打包

C#应用程序编写完成后，需要进行一项收尾工作，那就是程序的打包。将开发完成的应用程序进行打包操作，可以使应用程序能够在任意计算机上使用。本章将通过 Visual Studio 2019 开发工具对应用程序的打包操作进行讲解。

15.1 Visual Studio Installer 简介

Visual Studio Installer 是 Visual Studio 2019 开发工具中的打包和部署工具。应用程序打包操作就是通过 Visual Studio Installer 工具将一个拥有完整功能的项目进行封装操作，使该项目能够像一般的应用程序一样在其他计算机上正常使用。

总的来说，Visual Studio Installer 工具拥有的支持公共语言运行库程序集的功能如下：

(1) 安装、修复以及移除全局程序集缓存中的程序集。

(2) 安装、修复以及移除为特定应用程序指定的专用位置中的程序集。

(3) 即需即装全局程序集缓存中具有强名称的程序集。

(4) 即需即装为特定应用程序指定的专用位置中的程序集。

(5) 回滚失败的程序集安装、修复以及移除操作。

(6) 对程序集进行修补。

(7) 生成指向程序集的快捷方式。

15.2 Visual Studio Installer 工具的下载与安装

Visual Studio Installer 工具不像以前版本那样在 Visual Studio 开发工具安装后就能在开发工具中使用。Visual Studio 2019 需要下载 Microsoft Visual Studio Installer Projects。下载步骤如下：

01 运行 Visual Studio 2019 开发工具，选择“扩展”→“管理扩展”命令，如图 15-1 所示。

02 打开“管理扩展”对话框，选择左侧“联机”选项，然后在右上方搜索框中输入 Microsoft Visual Studio Installer Projects，搜索结果中会出现相应的 Microsoft Visual Studio Installer Projects 下载项，单击“下载”按钮，如图 15-2 所示。

图 15-1 选择“管理扩展”命令

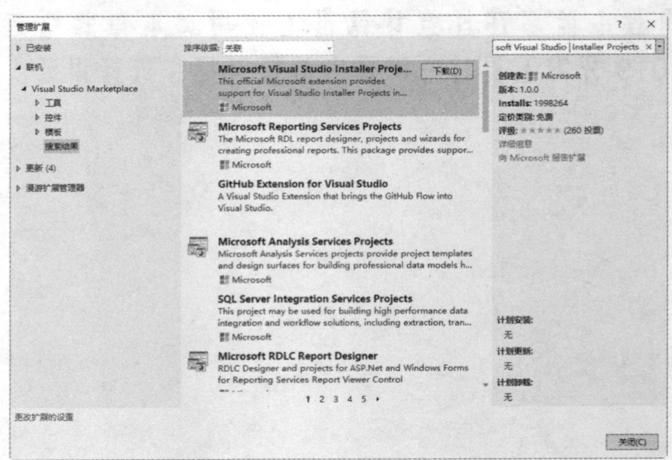

图 15-2 下载 Microsoft Visual Studio Installer Projects

03 弹出 Download and Install(下载并安装)界面，开始下载 Microsoft Visual Studio Installer Projects，如图 15-3 所示。

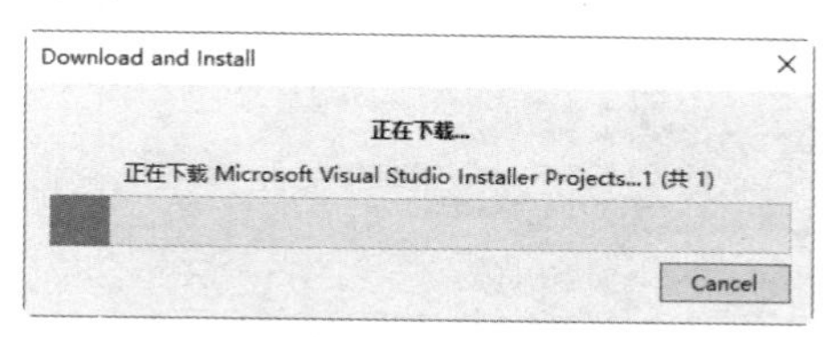

图 15-3　Download and Install 界面

04 下载并安装完毕后，返回“管理扩展”界面，可以看到 Microsoft Visual Studio Installer Projects 的相关信息，如图 15-4 所示。

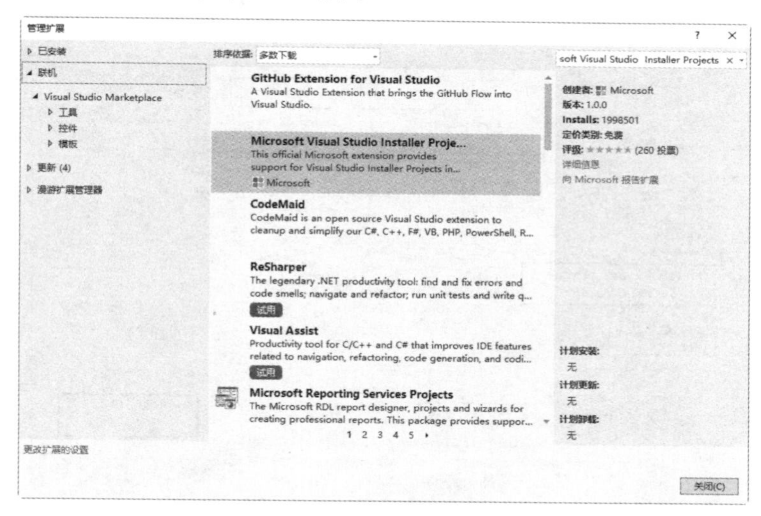

图 15-4　“管理扩展”界面

15.3　Visual Studio Installer 工具的使用

Visual Studio Installer 工具下载安装完成后，即可在 Visual Studio 2019 开发工具中使用，即通过 Visual Studio Installer 工具来打包 C#应用程序。

15.3.1　创建 Windows 安装项目

制作一个 Windows 安装程序前，需要创建相应的 Windows 安装项目。创建 Windows 安装项目的步骤如下：

01 在 Visual Studio 2019 开发工具中打开一个需要部署的项目，在“解决方案”上单击鼠标右键，在弹出的快捷菜单中选择“添加”→“新建项目”命令，如图 15-5 所示。

02 打开“添加新项目”对话框，在左侧“已安装”展开项中选择“其他项目类型”→Visual Studio Installer 选项，在右侧列表框中选择 Setup Project 选项，输入安装项目名称，如图 15-6 所示。单击“确定”按钮完成创建。

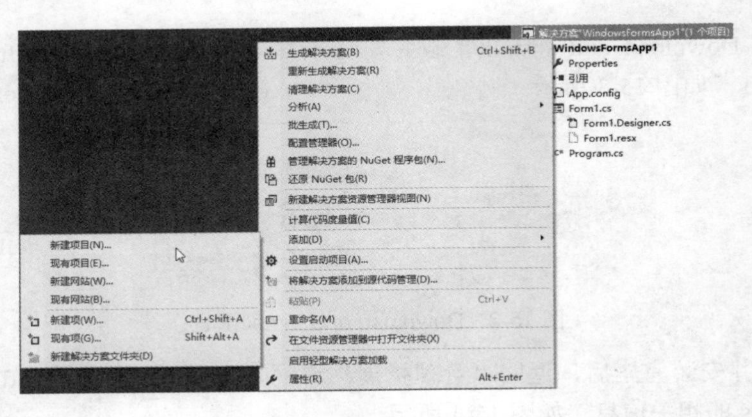

图 15-5 “新建项目”命令

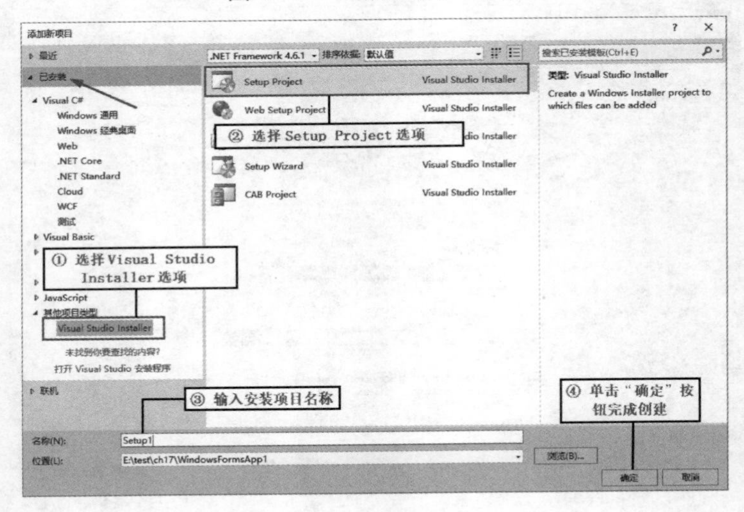

图 15-6 “添加新项目”对话框

15.3.2 输出文件的添加

添加项目输出文件的操作步骤如下：

01 添加入口文件(Main 方法)。在 File System 的 File System on Target Machine 项目下的 Application Folder 上单击鼠标右键，在弹出的快捷菜单中选择 Add→“项目输出”命令，如图 15-7 所示。

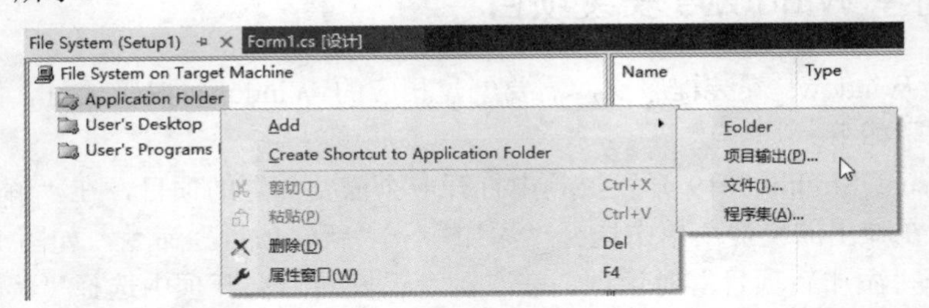

图 15-7 选择“项目输出”命令

02 打开“添加项目输出组”对话框，在“项目”下拉列表框中选择需要部署的应用程序，指定其类型为“主输出”，如图 15-8 所示，单击“确定”按钮。

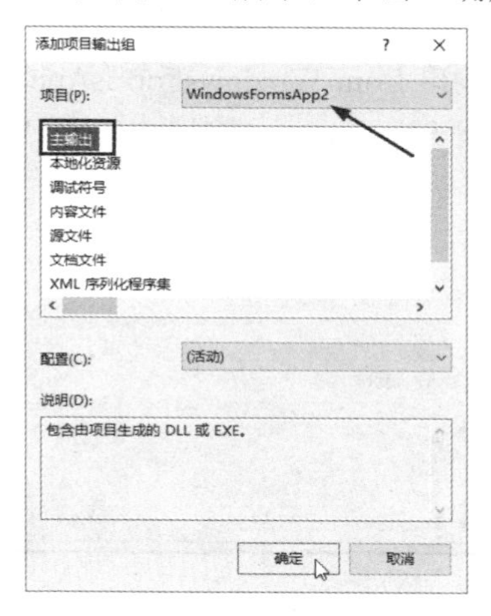

图 15-8 “添加项目输出组”对话框

15.3.3 内容文件的添加

添加项目内容文件的操作步骤如下：

01 在 File System 的 File System on Target Machine 项目下的 Application Folder 上单击鼠标右键，在弹出的快捷菜单中选择 Add→“文件”命令，如图 15-9 所示。

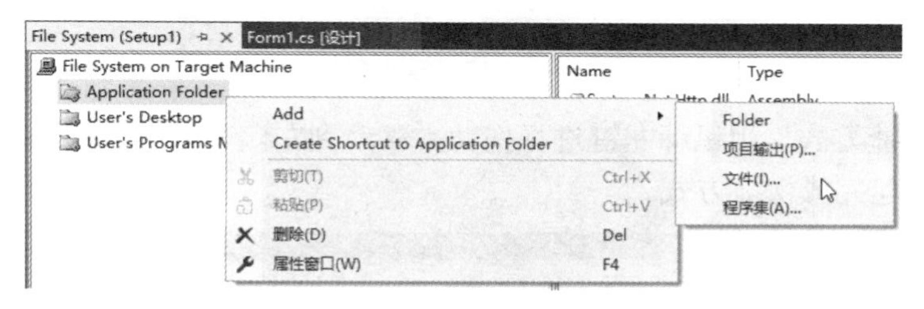

图 15-9 选择“文件”命令

02 打开 Add Files 对话框，如图 15-10 所示，选择需要添加的内容文件，单击“打开”按钮，即可完成添加。

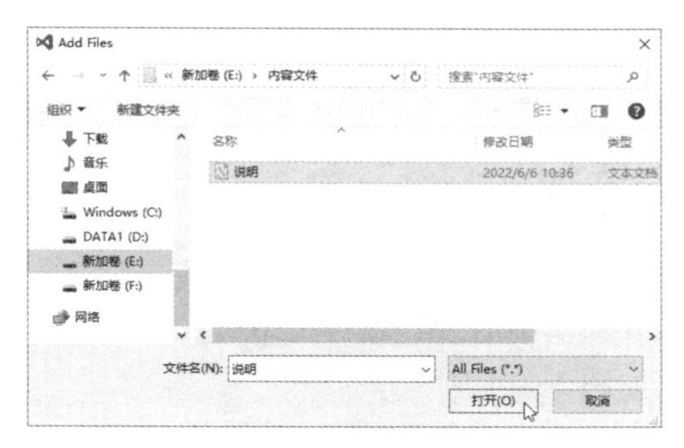

图 15-10 Add Files 对话框

15.3.4 快捷方式的创建

创建快捷方式的步骤如下：

01 在 Name 项下的“主输出 from WindowsFormsApp2(Active)”上单击鼠标右键，在弹出的快捷菜单中选择“Create Shortcut to 主输出 from WindowsFormsApp2(Active)”命令，如图 15-11 所示。

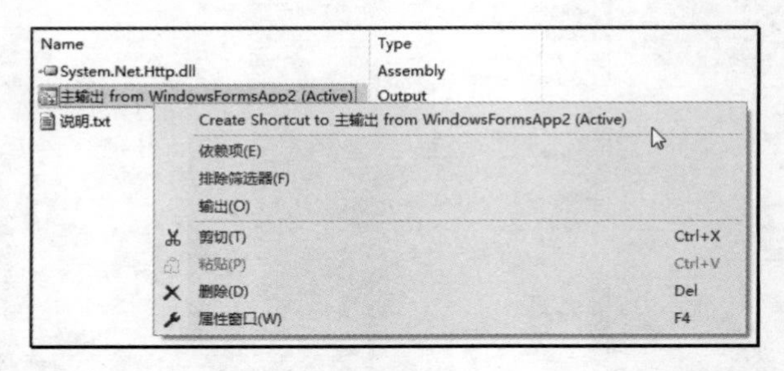

图 15-11 “Create Shortcut to 主输出 from WindowsFormsApp2(Active)”命令

02 将创建的快捷方式重命名为“快捷方式”，如图 15-12 所示。

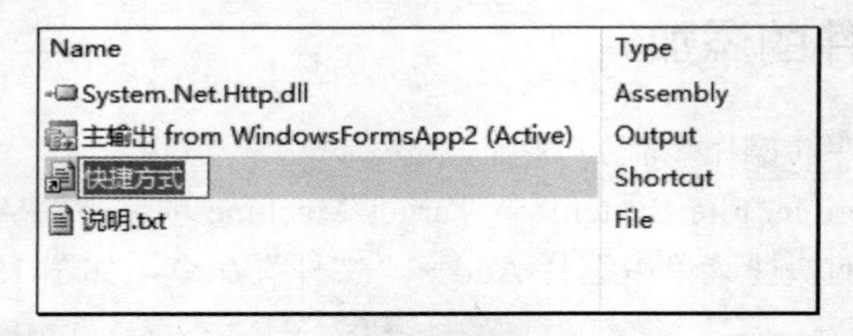

图 15-12 重命名

03 将“快捷方式”用鼠标左键进行拖动，移动到左侧 User's Desktop 中，如图 15-13 所示，如此便创建完成快捷方式。

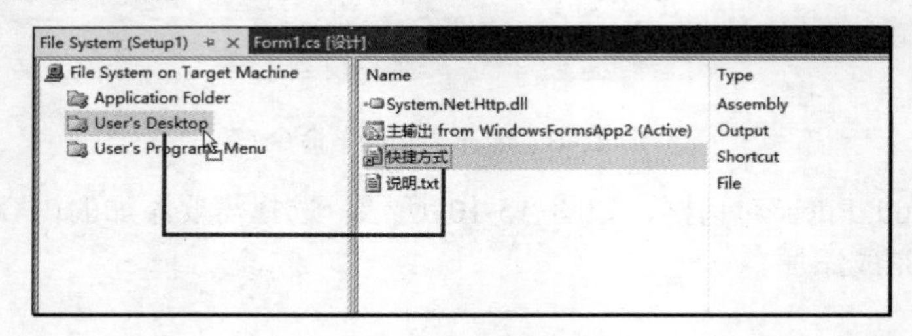

图 15-13 移动“快捷方式”

15.3.5 注册表项的添加

注册表项的添加步骤如下：

01 在解决方案资源管理器中的安装项目上单击鼠标右键，在弹出的快捷菜单中选择 View→“注册表”命令，如图 15-14 所示。

02 打开 Registry 选项卡，在下方展开项中依次展开 HKEY_CURRENT_USER/Software，对 Software 的子项[Manufacturer]进行重命名操作，如图 15-15 所示。

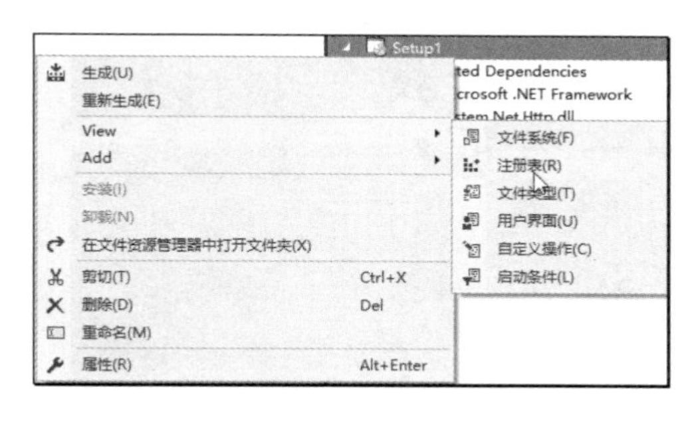

图 15-14　选择“注册表”命令

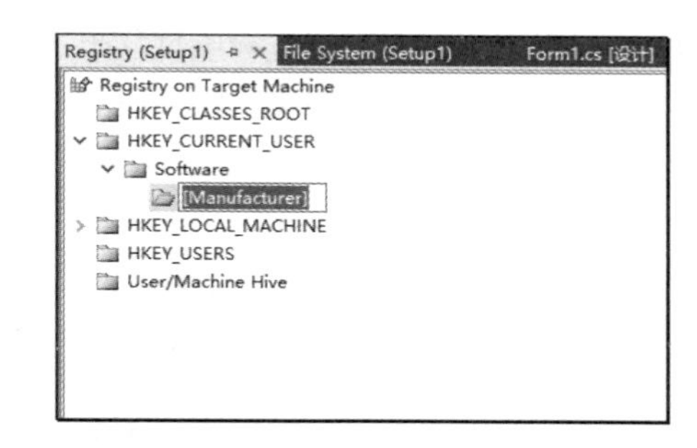

图 15-15　重命名

03 在重命名后的注册表子项上单击鼠标右键，在弹出的快捷菜单中选择 New→“字符串值”命令，如图 15-16 所示。

04 在 Name 项下会自动添加一个字符串值相关项，为此字符串输入名称，如图 15-17 所示。

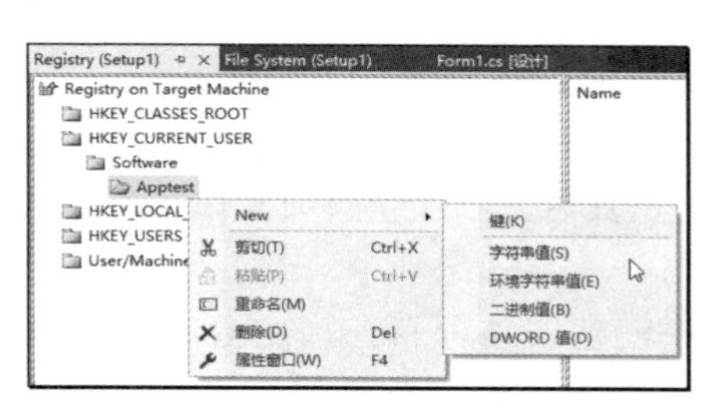

图 15-16　选择“字符串值”命令

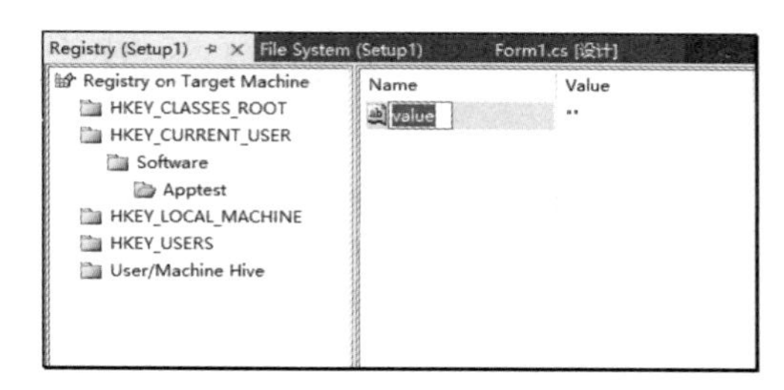

图 15-17　字符串值

05 在命名后的字符串名称上单击鼠标右键，在弹出的快捷菜单中选择“属性窗口”命令，如图 15-18 所示。

06 打开“属性”窗口，在 Value 栏中输入注册表项的键值，如图 15-19 所示，输入完毕，注册表项便创建完成。

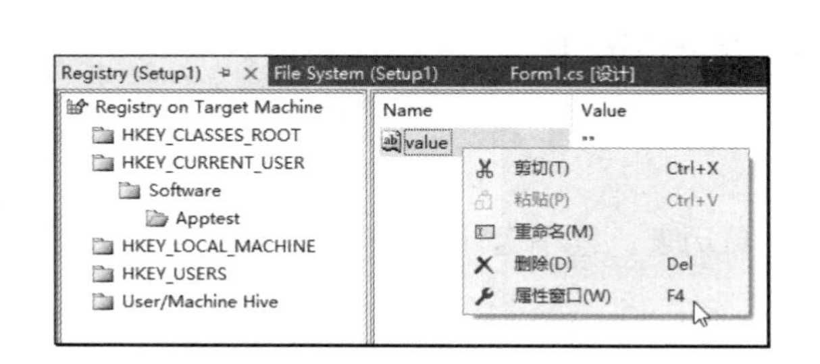

图 15-18　选择“属性窗口”命令

图 15-19　“属性”窗口

15.3.6　生成 Windows 安装程序

完成以上操作后，便可将应用程序生成 Windows 的安装程序，生成操作十分简单，只需在“解决方案资源管理器”中选择 Windows 安装项目，单击鼠标右键，在弹出的快捷菜单中选择“生成”命令，Visual Studio 2019 开发工具就会将该应用程序生成为可安装的

Windows 安装程序(.exe)。如图 15-20 所示，为开发工具生成的 Windows 安装程序，用户可像安装一般软件的操作步骤那样双击 Setup.exe 文件进行安装。

图 15-20　Windows 安装程序

15.4　就业面试问题解答

问题 1：为什么在安装 Visual Studio Installer 工具后，添加新建项操作找不到 Visual Studio Installer 工具？

答：注意操作步骤，要为 Windows 应用程序创建安装项目，一定要在“解决方案×××”上单击鼠标右键，这样在弹出的快捷菜单中选择添加新建项目才能找到 Visual Studio Installer 工具。

问题 2：为什么选择的主输出里面都是空的？

答：当发现主输出里面都是空的时，需要先打开项目，在项目解决方案里单击鼠标右键，在弹出的快捷菜单中选择“添加”→“新建项目”命令，然后再选择 setup project 就可以了。

15.5　上机练练手

上机练习 1：打印月份日历表。

编写程序，根据输入的年份，输出本年的日历表。程序运行结果如图 15-21 所示。

```
C:\Users\Administrator\source\repos\ConsoleApp1\ConsoleApp1\bin\Debug\ConsoleApp1.exe
请输入要打印日历的年份:
2022

2022年1月
周日    周一    周二    周三    周四    周五    周六
                                                1
2       3       4       5       6       7       8
9       10      11      12      13      14      15
16      17      18      19      20      21      22
23      24      25      26      27      28      29
30      31
2022年2月
周日    周一    周二    周三    周四    周五    周六
                1       2       3       4       5
6       7       8       9       10      11      12
13      14      15      16      17      18      19
20      21      22      23      24      25      26
27      28
```

图 15-21　输出日历信息

上机练习 2：设计一个猜字谜游戏。

编写程序，使用随机函数完成一个报数游戏：通过输入端输入一个 2 位整数，并与产生的随机数进行比较，输出比较结果，直到猜中为止。程序运行结果如图 15-22 所示。

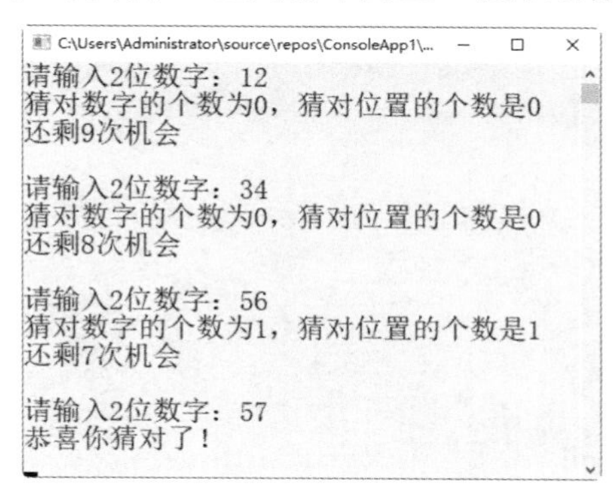

图 15-22　猜数字

第 16 章

开发人事管理系统

本章以 Windows 窗体应用程序为例来设计一个简单的人事管理系统。通过该案例的学习，读者可熟悉 C#语言编程的基本操作，提升自身的编程技能。

16.1 系 统 分 析

公司人事管理系统以操作简单方便，界面简洁美观，系统运行稳定、安全可靠为开发原则，以满足功能需求为开发目标。

程序首先从登录界面开始，验证用户名和密码之后，根据登录用户的权限不同，打开软件后展示不同的功能模块。软件的主要功能模块有人事管理、备忘录、员工生日提醒、数据库维护等。根据具体需求分析，企业人事管理系统的功能结构如图 16-1 所示。

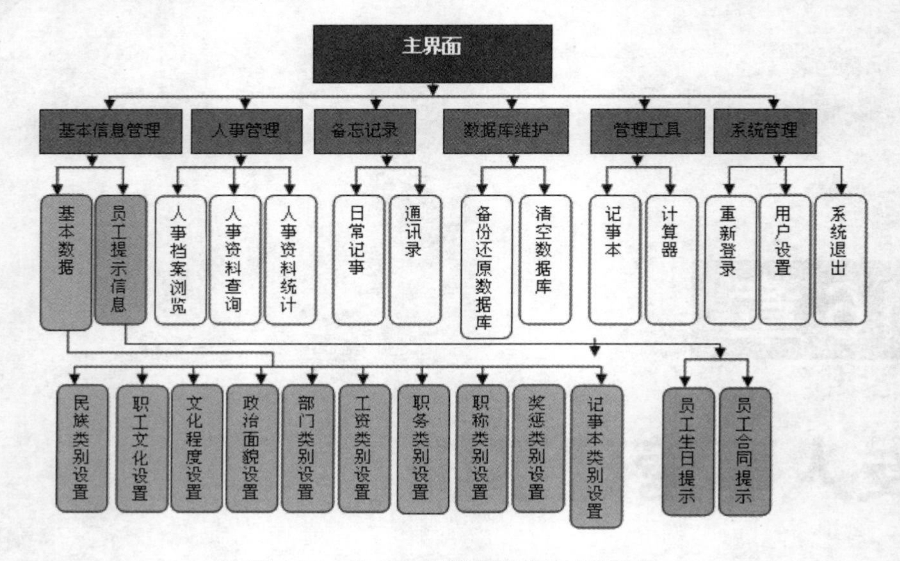

图 16-1　企业人事管理系统的功能结构

企业人事管理系统的功能介绍如下：

(1) 由于该系统的使用对象较多，所以要有较好的权限管理，每个用户可以具备对不同功能模块的操作权限。

(2) 对员工的基础信息进行初始化。

(3) 记录公司内部员工基本档案信息，提供便捷的查询功能。

(4) 在查询员工信息时，可以对当前员工的家庭情况、培训情况进行添加、修改、删除操作。

(5) 按照指定的条件对员工进行统计。

(6) 可以将员工信息以表格的形式导出到 Word 文档中以便进行打印。

(7) 具备灵活的数据备份、还原及清空功能。

16.2 数据库设计

数据库设计的好坏，将直接影响软件的开发效率及维护，以及以后能否对功能进行扩充。因此，数据库设计非常重要，良好的数据库结构，可以事半功倍。

16.2.1　数据库分析

本例公司人事管理系统主要侧重于员工的基本信息及工作简历、家庭成员、奖惩记录等，数据量的多少由公司员工的多少来决定。SQL Server 数据库系统在安全性、准确性和运行速度方面有绝对的优势，并且处理数据量大、效率高。它作为微软的产品，可以与 Visual Studio 2019 实现无缝连接，数据库命名为 db_PWMS_GSJ，其中包含 23 张表，用于存储不同的信息，如图 16-2 所示。

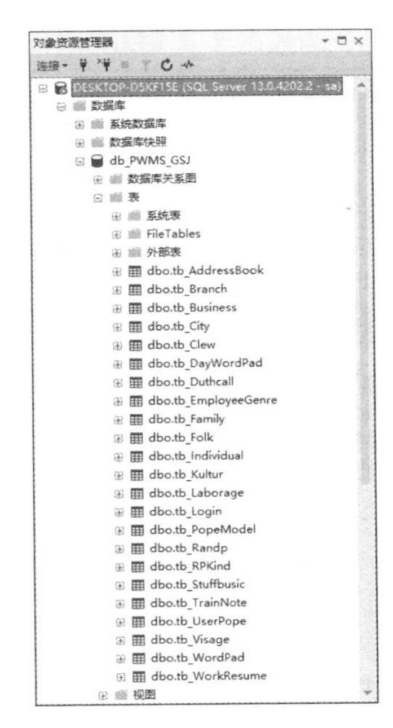

图 16-2　公司人事管理系统所用数据表

16.2.2　数据库表的设计

程序的所有信息都存放在 SQL Server 数据库中，下面列出用到的主要数据表。

(1) tb_Login(用户登录表)，用来记录操作者的用户名和密码，如表 16-1 所示。

表 16-1　tb_Login(用户登录表)

列　名	描　述	数据类型	空/非空	约束条件
ID	用户编号	Int	非空	主键，自动增长
Uid	用户登录名	Varchar(50)	非空	
Pwd	密码	Varchar(50)	非空	

(2) tb_Family(家庭关系表)，如表 16-2 所示。

表 16-2　tb_Family(家庭关系表)

列　名	描　述	数据类型	空/非空	约束条件
ID	编号	Int	非空	主键，自动增长
Sta_ID	职工编号	Varchar(50)	非空	外键
LeaguerName	家庭成员名称	Varchar(20)		
Nexus	与本人的关系	Varchar(20)		
BirthDate	出生日期	Datetime		
WorkUnit	工作单位	Varchar(50)		
Business	职务	Varchar(20)		
Visage	政治面貌	Varchar(20)		

(3) tb_Staffbasic(职工基本信息表)，如表 16-3 所示。

表 16-3　tb_Staffbasic(职工基本信息表)

列　名	描　述	数据类型	空/非空	约束条件
ID	自动编号	Int	非空	自动增长/主键
Sta_ID	职工编号	Varchar(50)	非空	唯一
StaffName	职工姓名	Varchar(20)		
Folk	民族	Varchar(20)		
Birthday	出生日期	DateTime		
Age	年龄	Int		
Culture	文化程度	Varchar(14)		
Marriage	婚姻	Varchar(4)		
Sex	性别	Varchar(4)		
Visage	政治面貌	Varchar(20)		
IDCard	身份证号	Varchar(20)		
WorkDate	单位工作时间	DateTime		
WorkLength	工龄	Int		
Employee	职工类型	Varchar(20)		
Business	职务类型	Varchar(10)		
Laborage	工资类别	Varchar(10)		
Branch	部门类别	Varchar(20)		
TitleCategory	职称类别	Varchar(20)		
Phone	电话	Varchar(14)		
Handset	手机	Varchar(11)		
School	毕业学校	Varchar(50)		
Speciality	主修专业	Varchar(20)		
GraduateDate	毕业时间	DateTime		
Address	家庭住址	Varchar(50)		
Photo	个人照片	Image		
Province	省	Varchar(30)		
City	市	Varchar(30)		
M_Pay	月工资	Money		
Bank	银行账号	Varchar(20)		
Contract_B	合同起始日期	DateTime		
Contract_E	合同结束日期	DateTime		
Contract_Y	合同年限	Float		

16.3　主要功能分析及实现

企业人事管理系统的功能比较多，下面介绍该系统的主要功能。

16.3.1　开发前的准备工作

进行系统开发之前，需要做如下准备工作：

(1) 搭建开发环境。

(2) 根据数据库设计表结构，在 SQL Server 数据库软件中实现数据库和表的创建。

(3) 创建项目。在 Visual Studio 2019 开发环境中创建“人事管理系统_GSJ”项目。

(4) 该系统的窗体比较多，为了方便窗体的操作和统一管理，在项目的根目录下创建 FormsControls 类文件，通过该类的 ShowSubForm 静态方法实现根据给定的不同参数，显示相应的窗体，代码如下：

```
using System;
using System.Collections.Generic;
using System.ComponentModel;
using System.Data;
using System.Drawing;
using System.Text;
using System.Windows.Forms;
namespace 人事管理系统_GSJ
{
    class FormsControls
    {
        /// <summary>
        ///根据不同的参数显示相应的窗体
        /// </summary>
        /// <param name="formSign">窗体的标识</param>
        public static void ShowSubForm(string formSign)
        {
            #region 基础数据
            if (formSign == "民族类别设置")
            {
                Frm_JiBen frm_jb = new Frm_JiBen();
                frm_jb.Text = formSign;
                frm_jb.ShowDialog();
                frm_jb.Dispose();
            }
            else if (formSign == "职工类别设置")
            {
                Frm_JiBen frm_jb = new Frm_JiBen();
                frm_jb.Text = formSign;
                frm_jb.ShowDialog();
                frm_jb.Dispose();
            }
            else if (formSign == "文化程度设置")
            {
                Frm_JiBen frm_jb = new Frm_JiBen();
                frm_jb.Text = formSign;
                frm_jb.ShowDialog();
                frm_jb.Dispose();
            }
            else if (formSign == "政治面貌设置")
            {
                Frm_JiBen frm_jb = new Frm_JiBen();
                frm_jb.Text = formSign;
                frm_jb.ShowDialog();
                frm_jb.Dispose();
```

```
}
else if (formSign == "部门类别设置")
{
    Frm_JiBen frm_jb = new Frm_JiBen();
    frm_jb.Text = formSign;
    frm_jb.ShowDialog();
    frm_jb.Dispose();
}
else if (formSign == "工资类别设置")
{
    Frm_JiBen frm_jb = new Frm_JiBen();
    frm_jb.Text = formSign;
    frm_jb.ShowDialog();
    frm_jb.Dispose();
}
else if (formSign == "职务类别设置")
{
    Frm_JiBen frm_jb = new Frm_JiBen();
    frm_jb.Text = formSign;
    frm_jb.ShowDialog();
    frm_jb.Dispose();
}
else if (formSign == "职称类别设置")
{
    Frm_JiBen frm_jb = new Frm_JiBen();
    frm_jb.Text = formSign;
    frm_jb.ShowDialog();
    frm_jb.Dispose();
}
else if (formSign == "奖惩类别设置")
{
    Frm_JiBen frm_jb = new Frm_JiBen();
    frm_jb.Text = formSign;
    frm_jb.ShowDialog();
    frm_jb.Dispose();
}
else if (formSign == "记事本类别设置")
{
    Frm_JiBen frm_jb = new Frm_JiBen();
    frm_jb.Text = formSign;
    frm_jb.ShowDialog();
    frm_jb.Dispose();
}
#endregion
#region 员工信息提醒
else if (formSign == "员工生日提示")
{
    Frm_TiShi frm_ts = new Frm_TiShi();
    frm_ts.Text = formSign;
    frm_ts.ShowDialog();
    frm_ts.Dispose();
}
else if (formSign == "员工合同提示")
{
    Frm_TiShi frm_ts = new Frm_TiShi();
    frm_ts.Text = formSign;
    frm_ts.ShowDialog();
    frm_ts.Dispose();
}
#endregion
#region 人事管理
```

```
else if (formSign == "人事档案管理")
{
    Frm_DangAn frm_da = new Frm_DangAn();
    frm_da.Text = formSign;
    frm_da.ShowDialog();
    frm_da.Dispose();
}
else if (formSign == "人事资料查询")
{
    Frm_ChaZhao frm_cz = new Frm_ChaZhao();
    frm_cz.Text = "人事资料查询";
    frm_cz.ShowDialog();
    frm_cz.Dispose();
}
else if (formSign == "人事资料统计")
{
    Frm_TongJi frm_tj = new Frm_TongJi();
    frm_tj.Text = formSign;
    frm_tj.ShowDialog();
    frm_tj.Dispose();
}
#endregion
#region 备忘记录
else if (formSign == "日常记事")
{
    Frm_JiShi frm_js = new Frm_JiShi();
    frm_js.Text = formSign;
    frm_js.ShowDialog();
    frm_js.Dispose();
}
else if (formSign == "员工通讯录")
{
    Frm_TongXunLu frm_txl = new Frm_TongXunLu();
    frm_txl.Text = formSign;
    frm_txl.ShowDialog();
    frm_txl.Dispose();
}
else if (formSign == "个人通讯录")
{
    Frm_TongXunLu frm_txl = new Frm_TongXunLu();
    frm_txl.Text = formSign;
    frm_txl.ShowDialog();
    frm_txl.Dispose();
}
#endregion
#region 数据库维护
else if (formSign == "备份/还原数据库")
{
    Frm_BeiFenHuanYuan frm_bfhy = new Frm_BeiFenHuanYuan();
    frm_bfhy.Text = formSign;
    frm_bfhy.ShowDialog();
    frm_bfhy.Dispose();
}
else if (formSign == "清空数据库")
{
    Frm_QingKong frm_qk = new Frm_QingKong();
    frm_qk.Text = formSign;
    frm_qk.ShowDialog();
    frm_qk.Dispose();
}
#endregion
```

```
#region 工具管理
else if (formSign == "计算器")
{
    try
    {
        System.Diagnostics.Process.Start("calc.exe");
    }
    catch
    {
    }
}
else if (formSign == "记事本")
{
    try
    {
        System.Diagnostics.Process.Start("notepad.exe");
    }
    catch
    {
    }
}
#endregion
#region 系统管理 和帮助
else if (formSign == "用户设置")
{
    Frm_XiuGaiYongHu frm_xgyh = new Frm_XiuGaiYongHu();
    frm_xgyh.Text = formSign;
    frm_xgyh.ShowDialog();
    frm_xgyh.Dispose();
}
else if (formSign == "重新登录")
{
    Application.Restart();
}
else if (formSign == "退出系统")
{
    Application.Exit();
}
else if (formSign == "显示提醒")
{
    Frm_TiXing frm_tx = new Frm_TiXing();
    frm_tx.ShowDialog();
    frm_tx.Dispose();
}
else if(formSign=="关于本软件")
{
    FrmAbout frma = new FrmAbout();
    frma.ShowDialog();
    frma.Dispose();
}
else if (formSign == "系统帮助")
{
    try
    {
        System.Diagnostics.Process.Start(Application.StartupPath + "企业人
        事管理系统使用说明书.doc");
    }

    catch
    {
```

```
            }
        }
        #endregion
    }
  }
}
```

注意　在类文件中使用了大量的#region 和#endregion 分区域，主要是代码太长，方便代码折叠。

(5) 系统中用到了大量的数据合法性验证，为了开发程序时进行复用，自定义了大量方法。在项目根目录下创建 DoValidate 类，代码如下。

```
using System;
using System.Collections.Generic;
using System.Text;
//导入正则表达式类
using System.Text.RegularExpressions;
namespace 人事管理系统_GSJ
{
    class DoValidate
    {
        /// <summary>
        ///检查固定电话是否合法
        /// </summary>
        /// <param name="str">固定电话字符串</param>
        /// <returns>合法返回 true</returns>
        public static bool CheckPhone(string str)  //检查固定电话是否合法 合法返回 true
        {
            Regex phoneReg = new Regex(@"^(\d{3,4}-)?\d{6,8}$");
            return phoneReg.IsMatch(str);
        }
        /// <summary>
        ///检查 QQ
        /// </summary>
        /// <param name="Str">qq 字符串</param>
        /// <returns>合法返回 true</returns>
        public static bool CheckQQ(string Str)//QQ
        {
            Regex QQReg = new Regex(@"^\d{9,10}?$");
            return QQReg.IsMatch(Str);
        }
        /// <summary>
        ///检查手机号
        /// </summary>
        /// <param name="Str">手机号</param>
        /// <returns>合法返回 true</returns>
        public static bool CheckCellPhone(string Str)//手机
        {
            Regex CellPhoneReg = new
            Regex(@"^1[358][0-9][0-9][0-9][0-9][0-9][0-9][0-9][0-9][0-9]$");
            return CellPhoneReg.IsMatch(Str);
        }
        ///<summary>
        ///检查 E-Mail 是否合法
        ///</summary>
        ///<param name="Str">要检查的 E-mail 字符串</param>
        ///<returns>合法返回 true</returns>
```

```
        public static bool CheckEMail(string Str)//E-mail
        {
            Regex emailReg = new
            Regex(@"^\w+((-\w+)|(\.\w+))*\@[A-Za-z0-9]+((\.|-)[A-Za-z0-9]+)*\.[A-
Za-z0-9]+$");
            return emailReg.IsMatch(Str);
        }
        /// <summary>
        /// 验证两个日期是否合法
        /// </summary>
        /// <param name="date1">开始日期</param>
        /// <param name="date2">结束日期</param>
        /// <returns>通过验证返回 true</returns>
        //验证两个日期是否合法，包括合同日期、培训日期等，不能相同，不能前大后小
        public static bool DoValidateTwoDatetime(string date1, string date2)
        {
            if (date1 == date2)//两个日期相同
            {
                return false;
            }
            //检查是否为前大后小
            TimeSpan ts = Convert.ToDateTime(date1) - Convert.ToDateTime(date2);
            if (ts.Days >0)
            {
                return false;
            }
            return true;//通过验证
        }
        /// <summary>
        /// 检查姓名是否合法
        /// </summary>
        /// <param name="nameStr">要检查的内容</param>
        /// <returns></returns>
        public static bool CheckName(string nameStr)  //检查姓名是否合法
        {
                Regex nameReg = new Regex(@"^[\u4e00-\u9fa5]{0,}$");//为汉字
                Regex nameReg2 = new Regex(@"^\w+$");//字母
                if (nameReg.IsMatch(nameStr) || nameReg2.IsMatch(nameStr))//为汉字或字母
                {
                    return true;
                }
                else
                {
                    return false;
                }
        }
    }
}
```

(6) 系统主窗体的设计。主窗体是程序功能的聚焦处，也是人机交互的重要环节。通过主窗体，用户可以调用系统相关的各子模块。为了方便用户操作，本系统将主窗体分为四部分：菜单栏、工具栏、侧边树状导航和状态栏。

16.3.2 定义数据库连接方法

本系统的所有窗体几乎都用到数据库操作，为了代码重用，提高开发效率，现将数据库相关操作定义到 MyDBControls 类文件中，由于该类和窗体中的其他类在同一命名空间

中，所以使用时直接对该类进行操作，主要代码如下。

```
using System;
using System.Collections.Generic;
using System.Text;
//导入命名空间
using System.Data;
    using System.Data.SqlClient;
    namespace 人事管理系统_GSJ
    {
        class MyDBControls
        {
            #region 模块级变量
            private static string server = ".";
            public static string Server  //服务器
            {
                get { return MyDBControls.server; }
                set { MyDBControls.server = value; }
            }
            private static string uid="sa";
            public static string Uid  //登录名
            {
                get { return MyDBControls.uid; }
                set { MyDBControls.uid = value; }
            }
            private static string pwd="";
            public static string Pwd  //密码
            {
                get { return MyDBControls.pwd; }
                set { MyDBControls.pwd = value; }
            }
            public static SqlConnection M_scn_myConn;  //数据库连接对象
            #endregion
            public static void GetConn() //连接数据库
            {
                try
                {
                    string M_str_connStr =
                    "server="+Server+";database=db_PWMS_GSJ;uid="+Uid+";pwd="+Pwd;
                    //连接字符串
                    M_scn_myConn = new SqlConnection(M_str_connStr);
                    M_scn_myConn.Open();
                }
                catch //处理异常
                {
                }
            }
            public static void CloseConn() //关闭连接
            {
                if (M_scn_myConn.State == ConnectionState.Open)
                {
                    M_scn_myConn.Close();
                    M_scn_myConn.Dispose();
                }
            }
            public static SqlCommand CreateCommand(string commStr)
            //根据字符串产生 SQL 命令
            {
                SqlCommand P_scm = new SqlCommand(commStr, M_scn_myConn);
                return P_scm;
```

```
}
public static int ExecNonQuery(string commStr) //执行命令返回受影响行数
{
      return CreateCommand(commStr).ExecuteNonQuery();
}
public static object ExecSca(string commStr) //返回结果集的第一行第一列
{
   return CreateCommand(commStr).ExecuteScalar();
}
public static SqlDataReader GetDataReader(string commStr)
//返回 DataReader
{
   return CreateCommand(commStr).ExecuteReader();
}
public static DataSet GetDataSet(string commStr)//返回 DataSet
{
   SqlDataAdapter P_sda = new SqlDataAdapter(commStr, M_scn_myConn);
   DataSet P_ds = new DataSet();
   P_sda.Fill(P_ds);
   return P_ds;
}
/// <summary>
/// 执行带图片的插入操作的 sql 语句
/// </summary>
/// <param name="sql">sql 语句</param>
/// <param name="bytes">图片转换后的数组</param>
/// <returns>受影响行数</returns>
public static int SaveImage(string sql,object bytes)
{
   SqlCommand scm = new SqlCommand();//声明 sql 语句
   scm.CommandText = sql;
   scm.CommandType = CommandType.Text;
   scm.Connection = M_scn_myConn;
   SqlParameter imgsp = new SqlParameter("@imgBytes", SqlDbType.Image);
   //设置参数的值
   imgsp.Value = (byte[])bytes;
   scm.Parameters.Add(imgsp);
   return scm.ExecuteNonQuery();//执行
}
/// <summary>
/// 还原数据库
/// </summary>
/// <param name="filePath">文件路径</param>
public static void RestoreDB(string filePath)
{
   //试图关闭原来的连接
   CloseConn();
   //还原语句
   string reSql = "restore database db_PWMS_GSJ from disk ='" + filePath
     + "' with replace";
   //强制关闭原来连接的语句
   string reSql2 = "select spid from master..sysprocesses where dbid=
     db_id('db_pwms_GSJ')";
   //新建连接
   SqlConnection reScon = new SqlConnection("server=.;database=
     master;uid=" + Uid + ";pwd=" + Pwd);
   try
   {
      reScon.Open();//打开连接
      SqlCommand reScm1 = new SqlCommand(reSql2, reScon);
```

```
                //执行查询找出与要还原数据库有关的所有连接
                SqlDataAdapter reSDA = new SqlDataAdapter(reScm1);
                DataSet reDS = new DataSet();
                reSDA.Fill(reDS);   //临时存储查询结果
                for (int i = 0; i < reDS.Tables[0].Rows.Count; i++)//逐一关闭这些连接
                {
                    string killSql = "kill " + reDS.Tables[0].Rows[i][0].ToString();
                    SqlCommand killScm = new SqlCommand(killSql, reScon);
                    killScm.ExecuteNonQuery();
                }
                SqlCommand reScm2 = new SqlCommand(reSql, reScon);//执行还原
                reScm2.ExecuteNonQuery();
                reScon.Close();//关闭本次连接
            }
            catch //处理异常
            {
            }
        }
    }
}
```

16.3.3　验证用户名和密码

当用户输入用户名和密码后，单击“登录”按钮进行登录。在“登录”的 click 事件中，调用自定义方法 DoValidated()，实现用户的登录功能。在没有输入用户名和密码的时候，提醒必须输入，输入正确进入系统主界面，否则提示用户名和密码错误。自定义验证方法的代码如下。

```
private void DoValidated() //验证登录
{
    #region 验证输入有效性
    if (txt_Name.Text == string.Empty)
    {
        MessageBox.Show("用户名不能为空!", "提示", MessageBoxButtons.OK,
        MessageBoxIcon.Warning);
        return;
    }
    if (txt_Pwd.Text == string.Empty)
    {
        MessageBox.Show("密码不能为空!", "提示", MessageBoxButtons.OK,
        MessageBoxIcon.Warning);
        return;
    }
    #endregion
    #region 连接数据库验证用户是否合法并处理异常
    GSJ_DESC myDesc = new GSJ_DESC("@gsj");     //实例化加/解密对象
    //Sql 语句查询，加密后的用户名和加密后的密码
    string P_sqlStr = string.Format("select count(*) from tb_Login where Uid='{0}' and
    Pwd='{1}'",myDesc.Encry(txt_Name.Text.Trim()),myDesc.Encry(txt_Pwd.Text.Trim()));
    try
    {
        //读取数据库的连接字符
        RegistryKey CU_software = Registry.CurrentUser;
        RegistryKey softPWMS = CU_software.OpenSubKey(@"SoftWare\PWMS");
        MyDBControls.Server = myDesc.Decry(softPWMS.GetValue("server").ToString());
        MyDBControls.Uid = myDesc.Decry(softPWMS.GetValue("uid").ToString());
        MyDBControls.Pwd = myDesc.Decry(softPWMS.GetValue("pwd").ToString());
```

```
        //MessageBox.Show(MyDBControls.Server + MyDBControls.Uid + MyDBControls.Pwd);
        MyDBControls.GetConn();//打开连接
        if (Convert.ToInt32(MyDBControls.ExecSca(P_sqlStr)) != 0)//判断是否为合法用户
        {
            FrmMain.P_currentUserName = txt_Name.Text;
            FrmMain.P_isSucessLoad = true;
            P_needValidate = false;//不需确认直接关闭
            this.Close(); //登录成功关闭本窗体
        }
        else
        {
            MessageBox.Show("用户名或密码错误,请重新输入!");
            //清空原有内容
            txt_Name.Text = string.Empty;
            txt_Pwd.Text = string.Empty;
            //用户名获得焦点
            txt_Name.Focus();
        }
        MyDBControls.CloseConn();//关闭连接
    }
    catch //数据库连接失败时
    {
        if (DialogResult.Yes == MessageBox.Show("数据库连接失败,程序不能启动!\n 是否重新
注册?", "提示", MessageBoxButtons.YesNo, MessageBoxIcon.Information))
        {
            Frm_reg frmReg = new Frm_reg();//显示注册窗体
            frmReg.ShowDialog();
            frmReg.Dispose();
        }
        else
        {
            Application.ExitThread();
        }
    }
    #endregion
    }
    //登录按钮 click 事件，代码如下。
    private void btn_Load_Click(object sender, EventArgs e)
    {
        DoValidated();//验证登录
    }
}
```

16.3.4 人事档案管理模块开发

在人事档案管理窗体可以浏览员工的基本信息、家庭情况、培训记录等，以及进行增加、修改、删除等操作。

为了编写程序代码的需要，特声明如下字段：

```
string imgPath = "";                      //图片路径
private string operaTable = "";           //指定二级菜单操作的数据表
    private DataGridView currentDGV;      //二级页面操作的 datagridview
    byte[] imgBytes = new byte[1024];     //保存图像使用的数组
    string lastOperaSql = "";             //记录修改、删除等操作后的数据信息
    private bool needClose = false;       //验证基础信息不完整时要关闭
    string showThisUser = "";             //是否有立即要显示的信息(如果有,就表示员工编号)
```

(1) 为了使员工编号能够自动产生，编写 MakeIdNo()方法，代码如下。

```
private void MakeIdNo()//自动编号
{
    try
    {
        int id = 0;
        string sql = "select count(*) from tb_Staffbasic";
        MyDBControls.GetConn();
        object obj = MyDBControls.ExecSca(sql);
        if (obj.ToString() == "")
        {
            id = 1;
        }
        else
        {
            id = Convert.ToInt32(obj) + 1;
        }
        SSS.Text = "S" + id.ToString();
    }
    catch //异常
    {
        this.Close();
        //MessageBox.Show(err.Message);
    }
}
```

(2) 为了保证数据输入的正确性，编写 DoValidatePrimary()方法，代码如下。

```
private bool DoValidatePrimary()//验证基本信息输入内容
{
    //编号
    if (SSS.Text.Trim() == string.Empty)
    {
        MessageBox.Show("编号不能为空!");
        SSS.Focus();
        return false;
    }
    //姓名 检查是否为空,不为空时要求必须为汉字或字母
    if (SSS_0.Text.Trim() == string.Empty || !DoValidate.CheckName (SSS_0.Text.Trim()))
    {
        MessageBox.Show("姓名应为汉字或英文!");
        return false;
    }
    //身份证号
    if (SSS_8.Text.Trim().Length != 20 || SSS_8.Text.Trim().IndexOf(" ") != -1)
    {
        MessageBox.Show("身份证号不合法!");
        return false;
    }
    if (SSS_8.Text.Substring(7, 4) != SSS_2.Value.Year.ToString() ||
    Convert.ToInt16(SSS_8.Text.Substring(11, 2)).ToString() !=
SSS_2.Value.Month.ToString() ||
    Convert.ToInt16(SSS_8.Text.Substring(13, 2)).ToString() !=
SSS_2.Value.Day.ToString())
    {
        MessageBox.Show("身份证号不正确!");
        return false;
    }
    //银行账号
    if (SSS_26.Text.Trim() == string.Empty || SSS_26.Text.Trim().Length < 15 ||
```

```
SSS_26.Text.Trim().IndexOf(" ") != -1)
{
    MessageBox.Show("银行账号不合法! ");
    return false;
}
//手机号
if (SSS_17.Text.Trim() != string.Empty)
{
    if (!DoValidate.CheckCellPhone(SSS_17.Text.Trim()))
    {
        MessageBox.Show("手机号不合法!");
        return false;
    }
    }
    //固定电话
    if (SSS_16.Text.Trim() != string.Empty)
    {
        if (!DoValidate.CheckPhone(SSS_16.Text.Trim()))
        {
            MessageBox.Show("固定电话格式为:三或四位区号-8 位号码!");
            return false;
        }
    }
    //验证合同日期
    if (!DoValidate.DoValidateTwoDatetime(SSS_27.Value.Date.ToString(),
SSS_28.Value.Date.ToString()))
    {
        MessageBox.Show("合同日期不合法!");
        return false;
    }
    //出生日期
    if (SSS_3.Text == "0")
    {
        MessageBox.Show("出生日期不合法!");
        return false;
    }
    //工龄
    try
    {
        if (Convert.ToDecimal(SSS_10.Text) < 0)
        {
            MessageBox.Show("工龄有误!");
            return false;
        }
    }
    catch
    {
        MessageBox.Show("工龄有误!");
        return false;
    }
    //工资
    try
    {
        if (Convert.ToDecimal(SSS_25.Text) < 0)
        {
            MessageBox.Show("工资有误!");
            return false;
        }
    }
    catch
```

```
        {
            MessageBox.Show("工资有误!");
            return false;
        }
        return true;
    }
```

(3) 初始化页面相关信息及填充下拉框的内容，例如，性别中的第一项为“男”，“政治面貌”下拉框的内容等。

```
private void Frm_DangAn_Load(object sender, EventArgs e)
{
    #region 初始化可选项
    //限制工作时间、工作简历结束时间、家庭关系中的出生日期、最大值为当前日期
    SSS_9.MaxDate = DateTime.Now;
    G_2.MaxDate = DateTime.Now;
    F_3.MaxDate = DateTime.Now;
    //查询类型选中第一项
    cbox_type.SelectedIndex = 0;
    //性别选中第一项
    SSS_6.SelectedIndex = 0;
    //婚姻状态选中第一项
    SSS_5.SelectedIndex = 0;
    //填充民族
    string sql = "select * from tb_Folk";//定义 sql 语句
    InitCombox(sql, SSS_1);
    //填充文化程度
    sql = "select * from tb_Culture";
    InitCombox(sql, SSS_4);
    //填充政治面貌
    sql = "select * from tb_Visage";
    InitCombox(sql, SSS_7);//职工基本信息中的政治面貌
    InitCombox(sql, F_5);//家庭关系中的政治面貌
    //省
    sql = "select id, Province from tb_City";
    InitCombox(sql, SSS_23);
    //市
    sql = "select id, City from tb_city where Province ='广东省'";
    InitCombox(sql, SSS_24);
    //工资类别
    sql = "select * from tb_Laborage";
    InitCombox(sql, SSS_13);
    //职务类别
    sql = "select * from tb_Business";
    InitCombox(sql, SSS_12);
    //职称类别
    sql = "select * from tb_TitleCategory";
    InitCombox(sql, SSS_15);
    //部门类别
    sql = "select * from tb_Branch";
    InitCombox(sql, SSS_14);
    //职工类别
    sql = "select * from tb_EmployeeGenre";
    InitCombox(sql, SSS_11);
    //奖惩类别
    sql = "select * from tb_RPKind";
    InitCombox(sql, R_1);
    //编号
    MakeIdNo();
    //判断是否有立即显示的内容(当被查询,提醒窗体调用时会有立即被显示的内容)
```

```
    if (showThisUser != "")
    {
        //有要显示的内容
        string showThisUsersql = "select sta_id,staffname from tb_staffbasic where
           sta_id='" + showThisUser + "'";
        try
        {
            MyDBControls.GetConn();
            dgv_Info.DataSource = MyDBControls.GetDataSet(showThisUsersql).Tables[0];
            MyDBControls.CloseConn();
            //记录此次操作方便刷新
            lastOperaSql = showThisUsersql;
            //显示此员工信息
            ShowInfo(showThisUser);
        }
        catch
        {
        }
    }
    if (needClose)
    {
        MessageBox.Show("基础数据不完整，请先进行基础信息设置！");
        this.Close();
    }
    #endregion
}
```

(4) 修改人事档案资料，修改按钮代码如下。

```
private void btn_update_Click(object sender, EventArgs e)//修改
{
    //验证输入
    if (!DoValidatePrimary())
    {
        return;
    }
    #region 修改当前员工信息
    string delStr = string.Format("delete from tb_Staffbasic where Sta_id='{0}'",
SSS.Text.Trim());
    try
    {
        MyDBControls.GetConn();
        MyDBControls.ExecNonQuery(delStr);
        MyDBControls.CloseConn();
        btn_Add_Click(sender, e);
    }
    catch
    {
        MessageBox.Show("请重试!");
    }
    #endregion
    #region 刷新
    try
    {
        MyDBControls.GetConn();
        dgv_Info.DataSource = MyDBControls.GetDataSet(lastOperaSql).Tables[0];
        MyDBControls.CloseConn();
    }
    catch
    {
    }
```

```
    #endregion
    btn_Delete.Enabled = btn_update.Enabled = false;//停用删除按钮控件
}
```

16.3.5　用户设置模块开发

用户设置模块主要是对人事管理系统中操作的用户进行管理，包括用户的添加、删除和修改以及权限的分配。

新建一个 Windows 窗体，命名为 Frm_JiaYongHu，添加用户信息和修改用户信息使用同一个窗体，主要通过布尔型字段 isAdd 判断是添加还是修改，添加修改用户窗体的代码如下。

```
using System;
using System.Collections.Generic;
using System.ComponentModel;
using System.Data;
    using System.Drawing;
    using System.Text;
    using System.Windows.Forms;
    //导入加密类
    using GSJ_Descryption;
    namespace 人事管理系统_GSJ
    {
        public partial class Frm_JiaYongHu : Form
        {
            public Frm_JiaYongHu()
            {
                InitializeComponent();
            }
            private string uidStr = "";//当前要操作的用户名,添加新用户时此项为空
            public string UidStr
            {
                get { return uidStr; }
                set { uidStr = value; }
            }
            private string pwdStr = "";//当前要操作的密码,添加新用户时此项为空
            public string PwdStr
            {
                get { return pwdStr; }
                set { pwdStr = value; }
            }
            private bool isAdd = true;//判断是添加还是修改
            public bool IsAdd
            {
                get { return isAdd; }
                set { isAdd = value; }
            }
            private void btn_exit_Click(object sender, EventArgs e)
            {
                this.Close();
            }
            private void btn_save_Click(object sender, EventArgs e)
            {
                #region 验证输入内容
                if (text_Name.Text.Trim() == string.Empty || text_Pass.Text.Trim()
== string.Empty)
                {
```

```
                MessageBox.Show("用户名和密码不允许为空!");
                text_Name.Focus();
                return;
            }
            if (txt_Pwd2.Text != text_Pass.Text)
            {
                MessageBox.Show("密码不一致,请重新填写!");
                txt_Pwd2.Text = text_Pass.Text = string.Empty;
                text_Pass.Focus();
                return;
            }
            #endregion
            #region 用户登录名加密
            GSJ_DESC myDesc = new GSJ_DESC("@gsj");
            string descryUser = myDesc.Encry(text_Name.Text.Trim());//加密后的用户名
            string descryPwd = myDesc.Encry(text_Pass.Text.Trim());//加密后的密码
            #endregion
            if (IsAdd) //添加用户时检查是否已存在
            {
                #region 验证是否已存在此用户
                string sql = "select count(*) from tb_Login where Uid='" + descryUser + "'";
                try
                {
                MyDBControls.GetConn();//打开连接
                if (Convert.ToInt32(MyDBControls.ExecSca(sql)) > 0) //检查是否存在
                {
                    MessageBox.Show("已存在此用户!");
                    text_Name.Text = string.Empty; //清空
                    text_Name.Focus(); //获得焦点
                    return;
                }
                MyDBControls.CloseConn();//关闭连接
            }
            catch
            {
                return; //出错时不再往下执行
            }
            #endregion
            #region 添加用户
            //添加用户名\密码
            string addUser = "insert into tb_Login values('" + descryUser + "','"
+ descryPwd + "')";
            string popeModel = "select popeName from tb_popeModel";//检查权限模块
            DataSet popeDS;
            try
            {
                MyDBControls.GetConn(); //打开连接
                if (Convert.ToInt32(MyDBControls.ExecNonQuery(addUser)) > 0)
                  //执行添加
                {
                popeDS = MyDBControls.GetDataSet(popeModel);
                for (int i = 0; i < popeDS.Tables[0].Rows.Count; i++)
                {
                    //逐一添加权限
                    string popeSql = "insert into tb_UserPope values('"+descryUser+"',
                      '" + popeDS.Tables[0].Rows[i][0].ToString() + "',"+0+")";
                    //MessageBox.Show(popeSql);
                    MyDBControls.ExecNonQuery(popeSql);
                }
            }
```

```
                MyDBControls.CloseConn();//关闭连接
                text_Name.Text = text_Pass.Text = txt_Pwd2.Text = string.Empty;//清空
                MessageBox.Show("添加成功!");
            }
            catch (Exception err)
            {
                if (err.Message.IndexOf("将截断字符串或二进制数据") != -1)
                {
                MessageBox.Show("输入内容长度不合法,最大长度为 20 位字母或 10 个汉字!");
                                    return;
                }
            }
            #endregion
        }
        else//修改用户时
        {
            #region 修改用户信息
            //修改语句
            string updSql = "update tb_Login set Uid='" + descryUser + "',Pwd='" +
                descryUser + "'  where Uid='" + UidStr + "'";
            try
            {
                MyDBControls.GetConn(); //打开连接
                if (Convert.ToInt32(MyDBControls.ExecNonQuery(updSql)) > 0)//执行修改
                {
                    text_Name.Text = text_Pass.Text = txt_Pwd2.Text = string.Empty;
                    //清空
                    MessageBox.Show("修改成功!");
                }
                MyDBControls.CloseConn();//关闭连接
            }
            catch (Exception err)
            {
                if (err.Message.IndexOf("将截断字符串或二进制数据") != -1)
                {
                    MessageBox.Show("输入内容长度不合法,最大长度为 20 位字母或 10 个汉字!");
                    return;
                }
            }
            #endregion
        }
        this.Close();
    }
    private void Frm_JiaYongHu_Load(object sender, EventArgs e)
    {
        text_Name.Text = UidStr;//填充用户名和密码
        txt_Pwd2.Text = text_Pass.Text = PwdStr;
        //修改时用户名为只读
        if (!IsAdd) text_Name.ReadOnly = true;
    }
  }
}
```

16.3.6 数据库维护模块开发

为了保证数据的安全，防止数据丢失，需要对数据库进行备份和还原，故在程序中需要实现数据库备份功能与还原功能。

1. 数据库备份功能

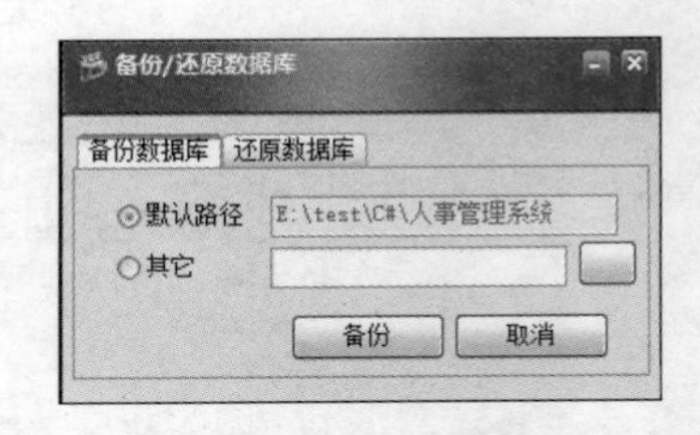

图 16-3　数据库备份

备份数据库的保存位置，提供了保存在默认路径下和用户选择路径两种方法，新建 Windows 窗体 Frm_BeiFenHuanYuan，如图 16-3 所示。

备份按钮代码如下。

```
private void btn_backup_Click(object sender, EventArgs e)//执行备份
{
    string savePath="";//最终存放路径
    if (rbtn_1.Checked)
    {
        savePath = txt_B_Path1.Text;
    }
    else
    {
        if (txt_B_Path2.Text == string.Empty)//判断路径是否为空
        {
            MessageBox.Show("请选择路径!");
            return;
        }
        savePath = txt_B_Path2.Text;
    }
    //备份语句
    string backSql = "backup database db_PWMS_GSJ to disk ='" + savePath +"'";
    //MessageBox.Show(backSql);
    //return;
    try
    {
        MyDBControls.GetConn(); //打开连接
        MyDBControls.ExecNonQuery(backSql);//执行命令
        MyDBControls.CloseConn();//关闭连接
        MessageBox.Show("已成功备份到:\n"+savePath);
        this.Close();
    }
    catch //处理异常
    {
        MessageBox.Show("文件路径不正确!");
    }
}
```

2. 数据库还原功能

还原数据库界面如图 16-4 所示。

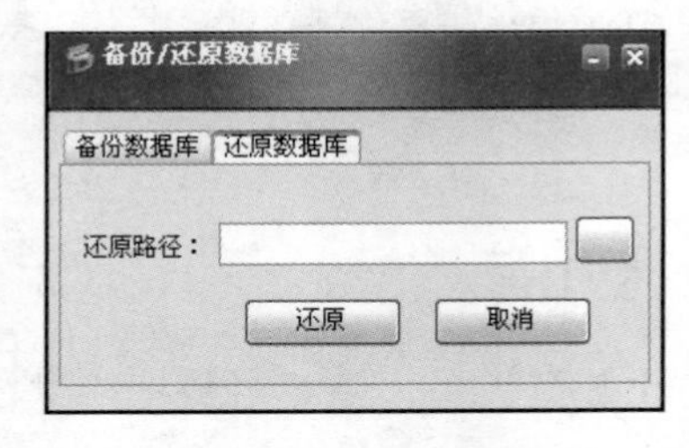

图 16-4　还原数据库

还原按钮代码如下。

```
private void btn_restore_Click(object sender, EventArgs e)
{
    btn_restore.Enabled = false;//防止还原过程中错误操作
    MyDBControls.RestoreDB(txt_R_Path.Text);
    MessageBox.Show("成功还原!为了防止数据丢失请重新登录! ");
    Application.Restart();
}
```

在还原数据库时，一定要将 SQL Server 的 SQL Server Management Studio 关闭。

16.4 系统运行与测试

企业人事管理系统的整个代码编写完成后，即可运行并测试系统了，操作步骤如下：

01 打开企业人事管理系统，通过输入用户名和密码连接数据库并验证登录信息是否正确，界面如图 16-5 所示。

02 在登录界面输入管理员用户名与密码，管理员用户名为“admin”，密码为“admin”，即可打开企业人事管理系统主界面，如图 16-6 所示。

图 16-5 “用户登录”界面

图 16-6 “企业人事管理系统”主界面

03 在企业人事管理系统主界面单击“人事档案管理”按钮，即可打开“人事档案管理”界面，如图 16-7 所示。在此界面中可进行查询、浏览、添加信息、修改信息、删除信息以及保存员工信息等操作。

04 在企业人事管理系统主界面单击“人事资料查询”按钮，即可打开“人事资料查询”界面，如图 16-8 所示。在此界面中通过输入员工的基本信息和个人信息可对企业员工进行查询，查询结果在结果栏中进行显示，通过鼠标双击某个员工信息可打开人事档案管理界面查看详细信息。

05 在企业人事管理系统主界面单击“显示提醒”按钮，即可打开“员工信息提醒”界面，如图 16-9 所示。此界面中显示了员工的重要信息提醒，如员工“小李”合同已到期，在“合同提醒”列表框中显示出他的信息。

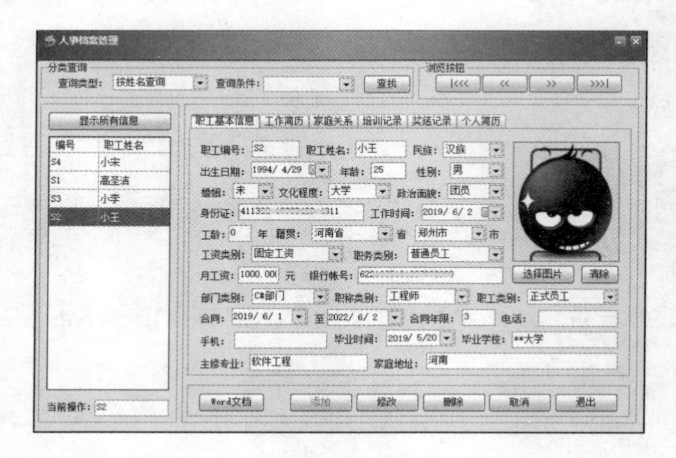

图 16-7　人事档案管理界面

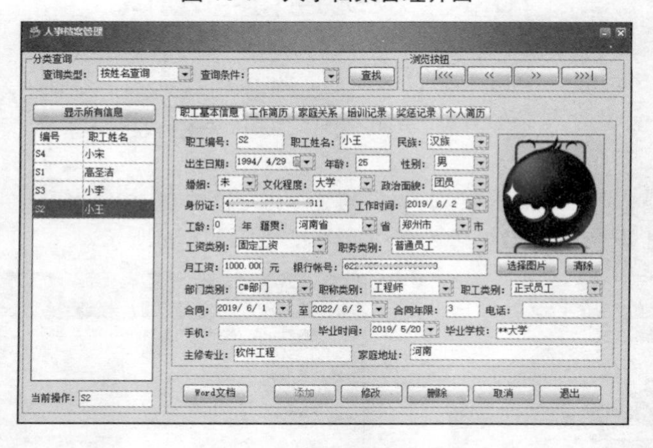

图 16-8　人事资料查询界面

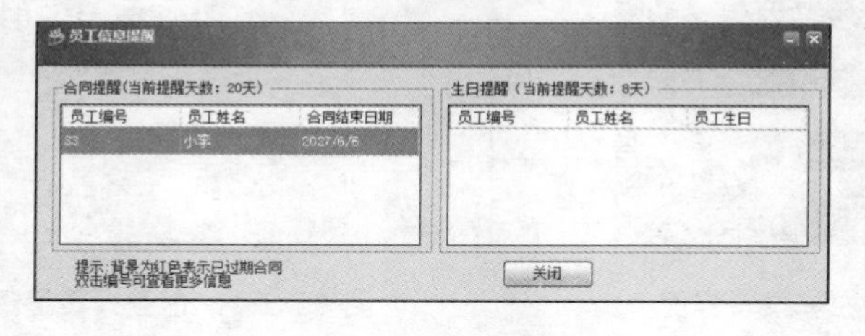

图 16-9　员工信息提醒界面

06 在企业人事管理系统主界面单击“员工通讯录”按钮，即可打开“员工通讯录”界面，如图 16-10 所示。在此界面中可对员工的个人联系方式进行查询。

07 在企业人事管理系统主界面单击“日常记事”按钮，即可打开“日常记事”界面，如图 16-11 所示。在此界面中可对以往备忘记事进行查询、修改以及删除操作，也可对新的备忘记事进行添加操作。

08 在企业人事管理系统主界面选择“系统管理”→“用户设置”菜单命令，即可打开用户设置相应窗口，如图 16-12 所示。在此窗口可对用户信息进行添加、修改、删除以及用户权限设置的操作。

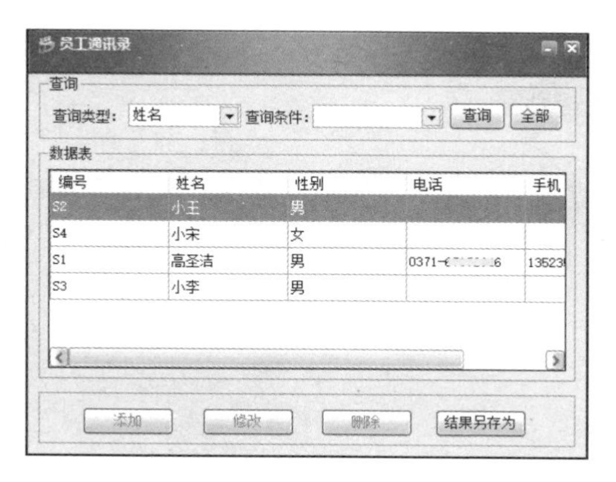

图 16-10　员工通讯录界面

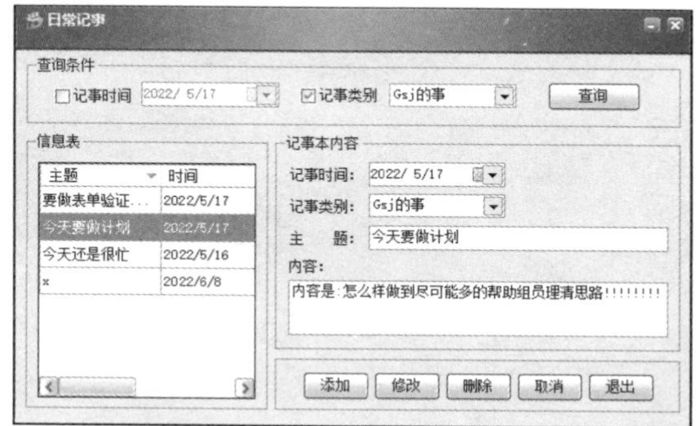

图 16-11　日常记事界面

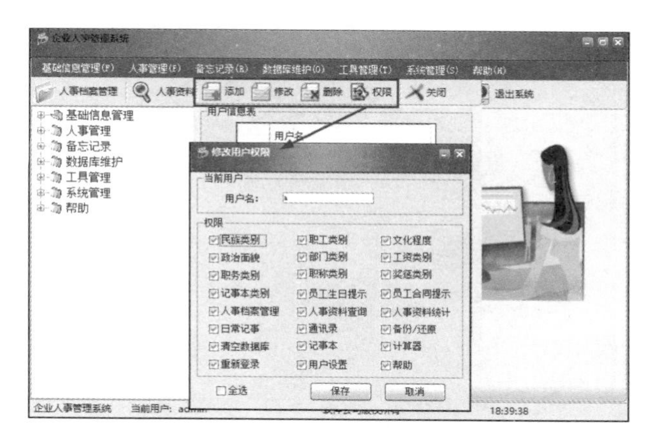

图 16-12　用户设置界面

09 在企业人事管理系统主界面中，如果需要对系统的基础信息进行维护管理，那么可通过菜单栏中的“基础信息管理”菜单或者主界面左侧树形导航栏实现，如图 16-13 所示。

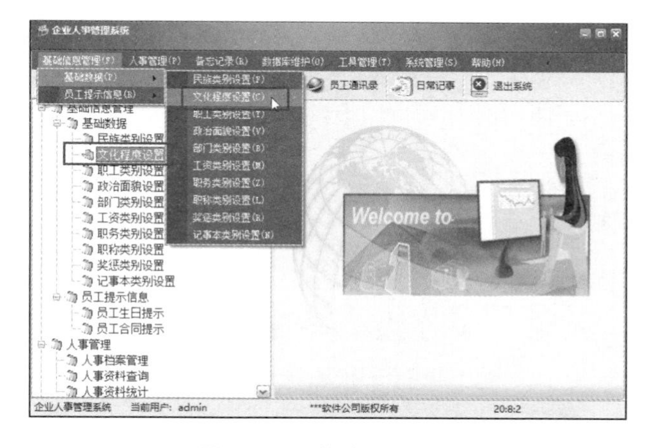

图 16-13　基础信息维护